生态视角下的环境艺术设计

曹懿 著

U0333821

中国纺织出版社

图书在版编目（CIP）数据

生态视角下的环境艺术设计 / 曹懿著. -- 北京 ：
中国纺织出版社，2018.9（2022.1重印）
ISBN 978-7-5180-4439-9

Ⅰ．①生… Ⅱ．①曹… Ⅲ．①环境设计－研究 Ⅳ.
①TU-856

中国版本图书馆CIP数据核字(2017)第315306号

责任编辑：汤　浩　　　　　　　　　　　　　　责任印制：储志伟

中国纺织出版社出版发行
地　　　址：北京市朝阳区百子湾东里A407号楼　　　　邮政编码：100124
销售电话：010-67004422　　　　传真：010-87155801
http://www.c-textilep.com
E-mail：faxing@c-textilep.com
中国纺织出版社天猫旗舰店
官方微博http://weibo.com/2119887771
北京虎彩文化传播有限公司　　　　　各地新华书店经销
2018年9月第1版　　2022年1月第9次印刷
开　　本：787×1092　　　1/16　　　印张：21.75
字　　数：300千字　　　定价：83.00元

前　言

自20世纪起，在全球范围内掀起了一股保护生态环境的浪潮。虽然人类所创造的财富是无可限量的，可是所付出的代价却是对自然界能源与资源的无尽消耗，生态环境的日益恶化令人触目惊心。在紧迫的环境问题面前，人们开始逐渐形成生态环境保护意识与可持续发展的观念。人类生态意识的觉醒使之在日常的社会生活里也越来越多地融入了生态化的理念，这为人类社会生活的各个方面都带来了一定程度的改变。这样的一种寻求在环境保护与经济发展间平和的意识自然也进入了环境艺术设计的研究视野之中。环境艺术设计中生态理念的运用在近几年来越来越受到环境艺术设计师们的关注，这使得环境艺术设计在带给人们舒适、适用、美观环境的基础上，更加寻求通过对土地及土地之上的物体与空间的安排，来使环境更具安全性、高效性与健康性。生态设计这样一种全新的理念也由此而生。

所谓生态设计，指的是在进行艺术设计的时候以生态学原理为指导，其本质目的是实现人和自然的和谐发展，使人与其他物种都能获得自己的生存空间，并且这种生存空间能够和谐共存。所使用的具体方式是运用现代化技术带来的一些先进手段和各式各样的环保材料，使人类的生存空间更加生态化，并尽可能减少对生态环境的损害。这样的一种设计方式要求设计者将环境艺术设计当成一种生态系统的维护过程，让设计能够与原来的地表结构相适应，同时还能使整个环境结构不受到破坏。

人们对于生态的研究最早可以追溯到19世纪60年代，"生态学"概念的首先提出者是德国的科学家赫克尔，他赋予了生态学"研究有机体与周围环境（包括非生物环境和生物环境）之间相互关系的科学"的定义。20世纪30年代，英国生态学家阿瑟·坦斯利提出了"生态系统"这一概念，并将之定义为"生物群落及其环境相互作用的自然系统"。20世纪50年代，尤金·奥多姆所著的《生态学原理》出版发行。而关于生态性环境艺术设计的研究开始于20世纪初期，随着Jens Jensen首次在环境设计的角度表达了其对于环境问题的关注后，越来越多的环境设计专家参与到了对生态问题的研究与探讨当中，相关的研究成果不断涌现。国内对于这一领域的研究起步较晚，尚处于初级阶段，但由于广泛吸收与借鉴了国外前人的研究成果，加之生态环境问题日益成为人们关注的焦点，也出现了许多颇具学术价值的理论研究与著作。

本书是基于生态学视角对环境艺术设计进行理论探讨与实践分析的学术专著。全书共分为九章，其中第一章、第二章分别是对环境艺术设计的概述以及对环境艺术设计的相关学科、空间设计相关概念的简单介绍；第三章阐述与分析了环境艺术设计的生态性基础；第四章、第五章分别从生态化材料、生态化视角下的环境艺术设计形态及空间与城市规划的角度探讨了生态化环境艺术设计中的一些问题；第六章、第七章分别介绍了生态化视角下的公共环境、室内环境、水环境艺术设计；第八章论述了可持续发展与艺术设计的关系；第九章选取了生态环境艺术设计的一些典型案例进行介绍。

本书在写作过程中参考了许多国内外近年来出版的教材、专著以及学术论文等研究成果，在此表示敬意与感谢。由于作者自身水平、精力和时间有限，书中恐有错谬之处，敬请各位读者多加指正。

编者 曹懿
2017年 2月

目 录

第一章　环境艺术设计概述

环境艺术设计是指对于建筑室内外的空间环境，通过艺术设计的方式进行整合设计的一门实用艺术。环境艺术所涉及的学科很广泛，包括建筑学、城市规划学、人类工程学、环境心理学、设计美学、社会学、文学、史学、考古学、宗教学、环境生态学、环境行为学等诸多学科。

环境艺术设计通过一定的组织、围合手段、对空间界面（室内外墙柱面、地面、顶棚、门窗等）进行艺术处理（形态、色彩、质地等），运用自然光，人工照明，家具、饰物的布置、造型等设计语言，以及植物花卉、水体、小品、雕塑等的配置，使建筑物的室内外空间环境体现出特定的氛围和一定的风格，来满足人们的功能使用及视觉审美上的需要。

环境艺术设计是一门新兴的设计学科，它所关注的是人类生活设施和空间环境的艺术设计。20世纪80年代以前这一学科被称为室内艺术设计，主要是指建筑物内部的陈设、布置和装修，以塑造一个美观且适宜人居住、生活、工作的空间为目的。随着学科的发展，其概念已不能适应发展的实际需要，因为设计领域已不再局限于室内空间，而是扩展为室外空间的整体设计、大型的单元环境设计、一个地区或城市环境的整体设计等多方面内容。

第一节　环境艺术设计的基本概念

一、什么是环境

环境是一个极其广泛的概念，它不能孤立地存在，总是相对某一中心（主体）而言。环境研究的范畴涉及艺术和科学两大领域，并借助于自然科学、人文科学的各种成果而得以发展。从宏观层面上我们可以按照环境的规模以及与我们生活关系的远近，将环境分为聚落环境、地理环境、地质环境和宇宙环境四个层次。其中，聚落环境——城市环境和村落环境作为人类聚居的场所和活动中心，与我们生活和工作的关系最直接、最密切，也是环境艺术设计的主要研究对象。

聚落环境是包括原生的自然环境、次生的人工环境及特定的人文社会环境的总体环境系统。

（一）自然环境

这里的自然环境是指以人类自身为中心的、自然界尚未被人类开发的领域，也就是我们常说的地球生物圈。它是由山脉、平原、草原、森林、水域、水滨等自然形式，风、雨、霜、雪、雾、阳光等自然现象以及地球上存在的全部生物共同构成的系统。自然环境是人类社会赖以生存和发展的基础，对人类有着巨大的经济价值、生态价值以及科学、艺术、历史、游览、观赏等方面的价值。对自然环境的认识因东西方文化背景差异而不同。受基督教文化的上帝创世说的教化影响，欧洲古典文化中，自然作为人类的对立面出现在矛盾关系中。而在中国的古代文明中，自然原是自然而然的意思，包含着"自"与"然"两个部分，即包含着人类自身以及周围世界的物质本体部分。中国古代两大主流哲学派别——儒家和道家都主张"天人合一"的思想，自然被看作是有生命的。唐代的《宅经》中对住宅与周边环境的关系有这样的描述："以形势为身体，以泉水为血脉，以土地为皮肉，以草木为毛发，以屋舍为衣服，以门户为冠带，若得如斯，是事严雅，乃为上吉。"这种追求人与自然和谐关系的自然观对今天的环境设计仍然有着重要的指导意义。

（二）人工环境

人工环境是指经过人为改造过的自然环境，如耕田、风景区、自然保护区等，或经人工设计和建造的建筑物、构筑物、景观及各类环境设施等适合人类自身生活的环境。建筑物包括工业建筑、居住建筑、办公建筑、商业建筑、教育建筑、文化娱乐建筑、观演建筑、医疗建筑等多种类型；构筑物包括道路、桥梁、堤坝、塔等；景观包括公园、滨水区、广场、街道、住宅小区环境、庭院等；环境设施则包括环境艺术品和公共服务设施。人工环境是人类文明发展的产物，也是人与自然环境之间辩证关系的见证。

（三）人文社会环境

人文社会环境是指由人类社会的政治、经济、宗教、哲学等因素影响而形成的文化与精神环境。在人类社会漫长的历史进程中，由于不同的自然环境和地域特征的作用，形成了不同的生活方式和风俗习惯，造就了出不同的民族及其文化。而特定的人文社会环境反过来亦影响着人与自然的关系，影响着该地域人工环境的形式和风格。正如马克思所指出的："人创造环境，同样环境也创造人。"

由此可见，自然环境是人类生存发展的基础，创建理想的人工环境是人类自身发展的动力，我们所生存的聚落环境并非单纯的自然环境，也非单一的人工环境或纯粹的人文社会环境，而是由这三者综合构成的复杂的、多层面的生态环境系统。只有对环境有全面深刻的认识，才能真正有效地保护环境，合理地利用环境，建设美好的环境。

二、艺术与设计

艺术，是通过塑造形象反映社会生活的一种社会意识形态，属于社会的上层建筑。

设计，源于英语"design"，既是动词，也是名词，包含着设计、规划、策划、思考、创造、标记、构思、描绘、制图、塑造、图样、图案、模式、造型、工艺、装饰等多重含义。从本质上讲，设计就是一种为了使事物井然有序而进行的计划，是一个充满选择的过程。由于设计含义的宽泛性，在使用时一般要明确其具体范围，从而表达一个完整准确的思想，如环境艺术设计、建筑设计、家具设计、产品设计、软件设计等。

艺术与设计的基础是相同的。两者都具备线条、空间、形状、结构、色彩与纹理等共同的元素，这些元素又通过统一与多样、平衡、节奏、强调、比例与尺度等相同的原则联结起来。艺术中掺杂着设计，而不少设计作品也可以被称为艺术。二者之间的区别在于设计是为了满足某种特定的需要，这种需要可能是某个具体的功能，如为公园设计无障碍设施；也可能是审美的需要，如设计具有中国传统装饰风格的起居空间。而艺术则更多地表达艺术家的个人情感，并无特定的目标和受众。如果一个设计作品不能满足其特定功能的要求，无论其是否具有艺术性，都不能算一个合格的设计作品。正因如此，设计可以称作科学与艺术相结合的产物，其思维具有科学思维与艺术思维的双重特性，是逻辑思维与形象思维整合的结果。

三、环境艺术

（一）环境艺术的概念与本质

"环境艺术"是指以人的主观意识为出发点，建立在自然环境美之外，为人对生活的物质需求和美的精神需要所引导而进行的艺术环境创造。它是人为的，可以存在于自然环境之外，但是又不可能脱离自然环境本体；它必须根植于特定的环境，成为融汇其中与之有机共生的艺术。我们可从以下几个方面来理解环境艺术的本质。

1.环境艺术是空间的艺术

"空间"在《现代汉语词典》中的解释是：物质存在的一种客观形式，由长度、宽度、高度表现出来。老子在《道德经》的名言"埏埴以为器，当其无，有器之用。凿户牖以为室，当其无，有室之用"阐明了空间的两种重要属性"虚"与"实"的相互关系：陶器的内部空间是其主要功能所在，建造房屋的墙体和屋顶是用来围合合适的建筑内部空间，以满足各种活动的需要。由此可见，空间依赖实体的限定而存在，而实体则赋予空间不同的特征和意义。在我们生活的环境中，小到一座景观雕塑、一个电话亭、一个花坛，大到一栋建筑、一个公园、一片村落甚至一座城市，它们都占据一定的空间并使空间具有一定的风格特征和含义。例如，居室通常由屋顶、墙面和地板等界面围合而成，而这些界面的形态、色彩、材料等则赋予该居室空间特定的环境氛围。因此环境艺术就是关于空间的艺术，它所关注的是如何使我们所居住的空间在满足物质功能的同时，又能满足精神需求和审美需求。

2.环境艺术是整体的艺术

英国建筑师和城市规划师吉伯德在《市镇设计》中将环境艺术称为"整体的艺术"。我们可以从两个方面来理解"整体"的含义。

一方面，构成环境的诸多元素，如室内环境中的界面、家具、灯具、陈设，室外环境中的建筑物、广场、街道、绿地、雕塑、壁画、广告、灯具、小品、各类公共设施甚至光影、声音、气味等，并不是简单地堆积在一起，而是相互影响，彼此作用。各元素之间、元素与整体之间都有着密切的关系，如材料关系、结构关系、色彩关系、尺度关系等。只有通过一定的艺术设计原则处理好这些关系，将诸元素有机地组合起来，才能构成一个多层次的整体环境。因此环境艺术也被称作"关系的艺术"。

另一方面，环境艺术是一门新兴学科和典型的边缘学科，是技术与艺术的结合，是自然科学与社会科学的结合。吴良镛先生在其论著《广义建筑学》中指出：城市与建筑、绘画、雕刻、工艺美术以至园林之间的相互渗透促使"环境艺术"的形成和发展。环境艺术的内容涵盖了建筑、规划、园林、景观、雕塑等各个领域，涉及城市规划、建筑学、艺术学、园艺学、人体工程学、环境心理学、美学、符号学、文化学、社会学、生态学、地理学、气象学等众多学科。当然环境艺术并不是上述这些专业的总和，而是具有极强的综合性。

3.环境艺术是体验的艺术

环境是我们生活的空间场所，环境艺术不同于绘画等纯观赏艺术，是可以亲身体验的艺术。环境空间中的形、色、光、质感、肌理、声音等各要素之间构成各种空间关系，对身临其境的人们产生视觉、听觉、味觉、嗅觉、触觉等多重刺激，进而激发人的知觉、推理和联想，然后使人们产生情绪感染和情感共鸣，从而满足人们对物质、精神、审美等多层次的需求。

4.环境艺术是动态的艺术

"罗马不是一日建成的"，任何成熟的环境都是经过漫长的时间逐渐形成并且在不断变化的。从这个意义上说，环境艺术作品永远都处于"未完成"状态。环境艺术是人类文明的体现，只要人类社会发展，环境的变化就不会停止。每一次文化的进步，技术的发展，都会给环境建设的理念、技术、方法带来新的突破。因此环境艺术是一个动态的、开放的系统，它永远处于发展的状态之中，是动态中平衡的系统。

环境是人类行为的空间载体，而人及其活动本身就是环境的组成部分，步行街上熙熙攘攘的人群、游乐园里嬉戏的儿童、广场上翩翩起舞的老人、湖畔牵手漫步的情侣，这一切都使环境充满了动感和活力。而同一环境也会随着人们观赏的时间、速度、角度的变化而呈现出多姿多彩的景观。

（二）环境艺术的功能

环境艺术是实用的艺术，为人们提供了安全、舒适、方便、优美的生活环境，其核心是为了满足人们各种环境心理和行为需求。根据人的需求的多层次性和复杂性，我们可以将环境艺术的功能分为物质功能、精神功能和审美功能三个层面。

1.物质功能

环境的物质功能体现在以下几个方面：首先，环境应满足人的生理需求。经过精心设计的环境空间，其大小、容量应与相应的功能匹配，能为人们提供具有遮风避雨、保温、隔热、采光、照明、通风、防潮等良好物理性能的空间；空间与设施的设计应符合人体工程学原理，满足不同年龄、不同性别人群的坐、立、靠、观、行、聚集等各种行为需求。例如，居住区环境中的休憩环境应为儿童提供游戏空间，为成年人提供交谈娱乐的空间，为老年人提供健身交往的活动空间等，而校园中的户外环境应满足师生进行课外学习、散步休息、集会、娱乐、缓解精神压力的需要。其次，环境应满足人们不同层次的心理需求，如对私密性、安全性、领域感的需求。公共环境还应促进人与人的交往。此外，随着人们生活水平的不断提高，对环境的认识水平不断加深，越来越多的人厌倦了城市钢筋水泥的冷漠和单调，厌倦了千篇一律、缺乏文化特色的环境，因此环境艺术也应满足人们回归自然、回归历史、回归高情感的心理需求。

2.精神功能

物质的环境往往借助空间渲染某种气氛，来反映某种精神内涵，给人们情感与精神上带来寄托和某种启迪，尤其是标志性、纪念性、宗教性的空间，最为典型的，如中国古代的寺观园林、文人园林，西方的教堂与广场，现代城市中的纪念性广场、公园及城市、商店、学校的标志性空间等。这就是环境艺术的精神功能。在此类环境中主要景观与次要景观的位置尺度、形态组织完全服务于创造反映某种含义、思想的空间气氛，使特定空间具有鲜明的主题。环境艺术可以通过形式上的含义与象征来表达精神内涵，如日本庭园中的"枯山水"，尽管不是真的山水，但人们由它的形象和题名的象征意义可以自然地联想到真实山水。这种处理引起人情感上的联想与共鸣，有时比起真的山水更为含蓄和具有更为持久的魅力。也可以通过理念上的含义与象征烘托出环境的气氛。例如，中国古典园林在植物的应用上，首选的是那些常被赋予人文色彩的植物，如松、竹、梅、兰等。北宋理学家周敦颐说："菊，花之隐逸者也；牡丹，花之富贵者也；莲，花之君子者也。"由此表达园林主人超凡脱俗、清心高雅、修身养性的生活意趣和精神追求。彼得·埃森曼在欧洲被害犹太人纪念碑群的设计中，将2 711块混凝土柱子排列在一个斜坡上，形成网格图形。混凝土柱长2.38m，宽0.95m，高度从0.2～4.8m不等，间距0.95m。从远处望去，黑灰色的石柱如同一片波涛起伏的石林，让游客不由自主地产生一种不稳定的、迷失方向的感觉。徜徉在水泥块之间，踏在同样是波浪般起伏的地面上，无论是向天空望去，还是环顾四周，人们感受到的是某种难以言说的，被冰冷的灰色挤压的逼仄和一种导致心神不安缠扰不清的气氛，使其心灵受到极大的震撼。

3.审美功能

"对美的感知是一个综合的过程，通过一段时间的感受、理解和思考从而做出某种美学上的判断。"如果说环境艺术的物质功能是满足人们的基本需求，精神功能满足人们较高层次的需求，那么审美功能则满足人们对环境的最高层次的需求。

首先，环境艺术满足人们对形式美的追求。同绘画、雕塑以及建筑一样，环境艺术也是由诸多美感要素——比例、尺度、均衡、对称、节奏、韵律、统一、变化、对比、色彩、质感等建立一套和谐、有机的秩序，并在此秩序中产生一定的视觉中心的变化，从而创造出引人入胜的景观。环境艺术中的意匠美、施工工艺美、材质美、色彩美组成了环境景观美，继而有助于带来人们的行为美、生活美、环境美。

其次，环境艺术可以创造意境美。所谓意境美可理解为一种较高的审美境界，即人对环境的审美关系达到高潮的精神状态。意境一说最早可以追溯到佛经。佛家认为："能知是智，所知是境，智来冥境，得玄即真。"这就是说凭着人的智能，可以悟出佛家最高的境界。所谓境界，和后来所说的意境其实是一个意思。按字面来理解，意即意象，属于主观的范畴；境即景物，属于客观的范畴。一切艺术作品，也包括环境艺术在内，都应当以有无意境或意境的深邃程度来确定其格调的高低。对于意境的追求，在中国古典园林中表现得可谓淋漓尽致。由于中国古典园林是文人造园，与山水画和田园诗相生相长，并同步发展，因此追求诗情画意是造园的最高境界。中国古典园林综合运用一切可以影响人的感官因素以获得意境美。例如，承德离宫中的万壑松风建筑群、拙政园中的留听阁（取意留得残荷听雨声）、听雨轩（取意雨打芭蕉）等，其意境之所寄都与听觉有密切的联系。另外，一些景观如留园中的闻木樨香、拙政园中的雪香云蔚等，则是通过味觉来影响人的感官的。此外，春夏秋冬等时令变化，雨雪雾晴等气候变化也成为创造意境的元素。例如，离宫中的南山积雪亭就是以观赏雪景最佳，而烟雨楼的妙处则在清烟沸煮、山雨迷蒙之中来欣赏烟波浩渺的山庄景色。中国古典园林还借助匾联的题词来破题，以启发人的联想来加强其感染力。如拙政园西部的与谁同坐轩，仅一几两椅，但却借宋代大诗人苏轼"与谁同坐，明月、清风、我"的佳句抒发出一种高雅的情操与意趣。

环境艺术这三个层面的功能是相互关联，共同作用的。

四、环境艺术设计的定义

从广义上讲，环境艺术设计涵盖了当代几乎所有的艺术与设计，是一个艺术设计的综合系统。从狭义上讲，环境艺术设计主要是指以建筑及其内外环境为主体的空间设计。其中，建筑室外环境设计以建筑外部空间形态、绿化、水体、铺装、环境小品与设施等为设计主体，也可称为景观设计；建筑室内环境设计则以室内空间、家具、陈设、照明等为设计主体，也可称为室内设计。这是当代环境艺术设计领域发展最迅速的两个分支，也是本书讨论的重点内容。

具体而言，环境艺术设计是指设计者在某一环境场所兴建之前，根据其使用性质、所处背景、相应标准以及人们在物质功能、精神功能、审美功能三个层次上的要求，运用各种艺术手段和技术手段对建造计划、施工过程和使用过程中存在或可能发生的问题，做好全盘考虑，拟定好解决这些问题的办法、方案，并用图纸、模型、文件等形式表达出来的创作过程。

五、环境艺术设计的内涵

环境艺术设计是一门综合学科，具有深刻的内涵，我们可从以下三个方面来进行分析。

（一）环境艺术设计的最高境界是艺术与科学技术的完美结合

环境艺术设计的宗旨是美化人类的生活环境，具有实用性和艺术性的双重属性。

实用功能是环境艺术设计的主要目的，也是衡量环境优劣的主要指标。环境艺术的实用性体现在满足使用者多层次的功能需求上，也反映在将想象转变为现实的过程中。为此环境艺术设计必须借助科学技术的力量。科学，包括技术以及由此诞生的材料，是设计中的"硬件"，是环境艺术设计得以实施的物质基础。科技的进步创造了与其相应的日常生活用品及环境，不断改变着人们的生活方式与环境，设计师成了名副其实地把科学技术日常化、生活化的先锋。例如，计算机和互联网的广泛应用不仅缩短了时空的距离，提高了工作效率，也使人们体验到了虚拟空间的无限和神奇，极大地改变了人们的生活模式和交往模式。而新技术、新材料、新工艺对环境艺术设计的理念、方法、实施也起着举足轻重的作用。例如，各种生态节能技术与建筑的结合使生态建筑不再停留在想象和方案阶段上而变为现实。从设计这一大范围来说，设计就是使用一定的科技手段来创造一种理想的生活方式。

环境艺术设计的艺术性与美学密切相关，涵盖了形态美、材质美、构造美及意境美。这些都往往通过"形式"来体现。对形式的考虑主要在于对点、线、面、体、色彩、肌理、质感等各形式元素以及它们之间的关系的推敲，对统一、变化、尺度、比例、重复、平衡、韵律等形式美的原则的把握和运用。环境艺术设计的艺术性还在于它广泛吸收和借鉴了不同艺术门类的艺术语言，其中建筑、绘画、音乐、戏剧等艺术对环境艺术设计的影响尤为突出。

艺术与科技的结合体现在形式与内容的统一、造型与功能的一致上。成功的环境艺术设计都是将艺术性与科学性完美结合的设计。"艺术与科学相连的亲属关系能提高两者的地位：科学能够给美提供主要的根据是科学的光荣；美能够把最高的结构建筑在真理之上是美的光荣。"随着环境声学、光学、心理学、生态学、植物学等学科应用于环境艺术设计之中，以及利用计算机科学、语言学、传播学的知识来对人与环境进行深入研究与分析，相信环境艺术设计会更加深化，其艺术性与科学性会结合得更为完美。

（二）环境艺术设计的过程是逻辑思维与形象思维有机结合的过程

环境艺术设计是科学与艺术相结合的产物，因此环境艺术设计思维必然是逻辑思维与形象思维的整合。

所谓逻辑思维就是一种锁链式的、环环相扣递进式的线性思维方式。它表现为对对象的间接、概括的认识，用抽象或逻辑的方式进行概括，并采用抽象材料（概念、理论、数字、公式等）进行思维；而形象思维则是非连续的、跳跃的、跨越性的非线性思维方式，主要采用典型化、具象化的方式进行概括，用形象作为思维的基本工具。形象思维是环境艺术设计过程中最常用、最灵便的一种思维方式。

逻辑思维和形象思维在实际操作中往往要共同经历两个阶段：第一个阶段是将理性与感性互融，第二个阶段是通过感性形式表现出来。也就是说，在第一个阶段（接受计划酝酿方案时期），以逻辑思维为主的理性思考及创作思维需要和以形象思维为主的感性思考及创作思维结合，但设计者偏重于理性的指导，建立适当框架，对资料与元素进行全面分析和理解，最终综合、归纳，抽象地或概念性地描述设计对象，使环境艺术作品体现出秩序化、合理化的特征。在第二个阶段（表现方案逐步实施时期），理性和感性的思考及创作思维成果需要通过感性的表达方式体现出来，设计者需要以形象、想象、联想为主要思考方式，抓住逻辑规律，运用形象语言表达构思。

环境艺术设计既具有严谨、理性的一面，又有轻松、活泼、感情丰富的一面，只有把握逻辑思维和抽象思维的特性灵活运用，将理性和感性共同融汇于其中，才能创造出满足人们各种物质与精神需求的环境场所。

（三）环境艺术设计的成果是物质与精神的结合

作为人为事物的环境艺术具有物质和精神的双重本质。其物质性首先表现为组成环境的物质因素，包括自然物和人工物。自然物由空气、阳光、风霜雨雪、气候、山脉、河流、土地、植被等组成，人工物（指环境中经过人的改造、加工、制造出来的事物）如建筑物、园林、广场、道路、灯具、休闲设施、小品、雕塑、家具、器皿等。其次表现为环境艺术的设计与完成，需通过有形的物质材料与生产技术、工艺，进行物质的改造与生产，设计制作的结果也以物品、场所的形式出现，带有实用性。环境艺术的物质性能体现出一个民族、一个时代的生活方式及科技水准。

组成环境的精神因素通常也被称为人文因素，是由于人的精神活动和文化创造而使环境向特定的方向转变或形成特定的风格与特征。这种精神因素贯穿在横向的区域、民族关系和纵向的历史、时代关系两个坐标之中。从横向上来说，不同地区、不同民族的相异的宗教信仰、伦理道德、风俗习惯、生活方式决定着不同的环境特征；从纵向上来说，同一地区、同一民族在不同历史时期，由于生产力水平、科学技术、社会制度的不同，也必然形成不同的环境特色。精神性能反映出一个民族、一个时代的历史文脉、审美心理和审美风尚等。

人对环境具有物质需求和精神需求，因此环境艺术设计也必须同时考虑这两个方面的因素，从而创造出既舒适方便又充满意境的环境空间。

第二节　环境艺术设计的发展与演变

一、环境艺术设计的产生与发展

尽管环境艺术设计是在20世纪60年代才逐渐形成的一门新兴学科，但环境艺术的产生和发展却一直伴随着人类发展的脚步，一部人类进化史，可以说就是人类用自己的力量构造理想的生存环境的历史。

在生产力十分低下的远古时期，人类的生存环境相当严酷，自然界的各种恶劣气候、毒虫猛兽和人类自身的疾病瘟疫等都对人类的生存构成威胁。在这种情况下，人们意识到人类的生存面临的最大问题是如何创造一个使自己安全的环境。虽然当时人类尚没有大规模改造环境的能力，但已懂得有意识地选择和适应自然环境。正如《诗经》中所描绘的那样："既溥乃长，既景乃冈。相其阴阳，度其流泉"，"秩秩斯干，幽幽南山。如竹苞矣，如松茂矣。西南其户，爰居爰处"。诗中体现了当时人们初步形成的环境观：理想环境是地势高亢，背山面水，松竹成林，阳光灿烂的地方。

从原始社会的穴居、巢居到构建现代城市居住环境，人类在几千年的时间里始终追求着物质与精神和谐的境界。西班牙和法国原始洞穴里精美的岩画和英格兰史前巨大石环遗址都在向我们展示着原始居民对形式美的感知和美化居住环境的朦胧意识。

在中国，我们的祖先很早便认识到环境对心灵的陶冶，黄帝时便出现了玄圃；夏商时期，有了灵囿、灵沼、灵台；春秋战国时期，有了郑之原圃、秦之具圃、吴之梧桐园、姑苏台；秦汉时期出现了阿房宫、上林苑、未央宫；自三国两晋到明清期间，古典园林设计得到了充分的发展，并最终形成了再现自然山水式的园林风格，以明清北京的圆明园和颐和园为代表的皇家园林和以苏州园林为代表的江南私家园林将中国古典造园水平推向了巅峰。这种自然山水式的园林风格对17、18世纪英国等欧洲国家的造园艺术也产生了一定的影响。而中国古典建筑在世界建筑史上也占有十分重要的位置，以其稳定的形态绵延数千年并影响了东亚各国建筑的发展。层层递进的院落式布局、巧妙的框架式木结构、灵活自由的室内空间、"如鸟斯革，如翚斯飞"的大屋顶以及丰富多彩的装饰细部，赋予官式建筑雄伟壮丽、气势恢宏的风格。同时地域环境的差异和民族文化的差异与当地的建筑结构形式相融，产生了穿斗、井干、碉楼、干阑、生土、帐篷等千姿百态的民居建筑。北国的淳厚，江南的秀丽，蜀中的朴雅，塞外的雄浑，雪域的静谧，云贵高原的绚丽多姿，无一不展示了中华民族独具地域特色的环境艺术。

与此同时，世界其他古文明发源地也在不断创造着各具特色的环境艺术。美索不达米亚的亚述帝国很早就建成了狩猎苑囿；古埃及人的住宅和花园已达到了相当高的水平（神庙、陵墓和纪念碑已趋成熟）。公元前6世纪，尼布甲尼撒二世因其妻子谢米拉密得出生于伊朗而习惯于丛林生活，在新巴比伦城下令建成了"空中花园"，被认为是世界上最古老的屋顶花园；波斯人在平坦的沙漠里按伊甸园的形制———一块围合起来的方形平面来区别充满危险与凌乱的外部世界，再用象征天国四条河流的水渠穿越花园，将水运至东南西北，并将园林隔离成四块；古希腊人受巴比伦的影响，帕提农神庙以空间秩序的意识去寻求比例、安全与平和，园林是几何式的，中央有水池、雕塑，栽植花卉，四周环以柱廊，这种园林形式为以后的柱廊式园林的发展打下了基础，开创了一个理性与思考的境界；古罗马的园林设计在奥古斯都时代以后达到了高峰，罗马富翁小普林尼给后人留下了有着特殊价值的细节描绘：人行林荫道、海景、乡村景观、联结住宅与花园并饰有浪漫墙画的荫凉柱廊、雕塑、修剪植物、盆栽、水景和石洞等。

中世纪时欧洲的城市环境特点带有浓厚的宗教氛围，巍峨的城堡、蜿蜒的街巷、直入云霄的哥特式教堂的尖顶成为这一时期城镇环境的标志。这一时期欧洲没有大规模的园林建造活动，花园只能在城堡或教堂周围及修道院庭院中，难以得到维持。在文艺复兴时期，人们开始关注人与自然的结合，在设计表达上注重内外空间的联系，以利于观赏郊外的美丽风光。文艺复兴时期的设计师们试图满足人们对于秩序、静谧与启迪的渴望，在环境设计中，要求表现出人的尊严和价值，环境设计中的艺术作品（如壁画、雕塑等）都追求歌颂人的智慧和力量，赞美人性的完美与崇高。文艺复兴时期的人们追求完美，尤其关注数学比例的内在含义，古希腊人建立的数学、音乐与人体比例的关系在当时被认为是对外在世界的内在规律的揭示。

16世纪下半叶，巴洛克风格开始盛行。巴洛克建筑和艺术鲜明的特点体现在：炫耀财富，追求新奇，打破了建筑、雕刻和绘画的界限，使它们互相渗透。不顾建筑的结构逻辑，用非理性的组合来求得反常的效果。巴洛克建筑和园林多用自由曲线，追求戏剧性和透视效果，给人以强烈的动感；在城市空间设计方面，米开朗琪罗设计的卡比多广场，开创了巴洛克城市空间的先河。建筑师桑蒂斯于1721—1725年设计的西班牙大阶梯，阶梯平面呈花瓶形，布局时分时合，巧妙地把两个不同标高、轴线不一的广场统一起来，表现出巴洛克灵活自由的设计风格。

17世纪法国古典主义时期的建筑与环境设计手法都充分体现了帝国的尊严和君主的荣耀，强调合理性、逻辑性，强调构图中的主从关系，突出轴线，讲究对称。宏伟的凡尔赛花园是这一时期环境艺术的集中体现。在整个18世纪，无论是法国还是意大利，几何式通用规则对景园设计的风格有着决定性的影响。当时，几乎所有的城市广场都和由修剪植物围抱形成的开放空间及林荫道相连接。

18世纪下半叶以来，欧美开始兴建完全对市民开放的城市公园，形成了真正面向大众的城市公共环境。较早的实例有慕尼黑的英国公园、纽约的中央公园。城市公园的思想是崭新的，但园林风格上仍继承了自然风景园的传统，不过也不回避几何式园林。19世纪，一大批艺术家在绘画、雕塑、建筑领域创造出了具有时代精神的艺术形式，掀起一个又一个艺术运动，工艺美术运动和新艺术运动正是其中重要的两个部分。前者提倡良好的功能设计，推崇自然主义和东方艺术，提倡艺术化手工业产品，反对机械化生产；后者兴起于欧洲大陆，自身没有一个统一的风格，在各国有不同的表现和名称，但目的都是希望通过装饰手段来创造一种新的设计风格，主要表现在追求自然曲线和追求直线几何两种形式。

自20世纪60年代起，生态环境恶化等问题受到广泛关注，人们由"生存意识"进展到"环境意识"，开始领悟恩格斯曾警告过我们的那句话："不要过分陶醉于我们对自然界的胜利，对于每一次这样的胜利，自然界都报复了我们。"人们寄希望于通过"设计"来改造景观与环境。环境艺术设计作为一门新兴学科伴随着经济、文化、社会的发展以及人们对自身生存环境的迫切需求产生了。

现代意义上的环境艺术设计的内涵已十分广泛：从大地生态规划到区域景观规划；从国土生态保护到国家公园建设；从城市绿地系统到城市广场、步行街规划；从城市主题公园到住区花园建设；从局部环境建设到景观小品、雕塑设计；从私家庭院到建筑室内设计等。环境艺术设计的最终目的是要对整个国土环境负责，设计对象变为所有土地。美国环境设计理论家理查德·道泊尔在其编著的环境设计丛书中有生动的描述：环境设计，它作为一种艺术，比建筑艺术更巨大，比规划更广泛，比工程更富有感情。

二、环境艺术设计的发展趋势

进入21世纪，环境艺术设计具有更加广阔的学科视野和研究范围，以整个人居环境为设计的中心，更加注重环境生态、人居质量、艺术风格、历史文脉和地域特色，其发展趋势体现在以下几个方面。

（一）不断扩展实践领域，重视细节设计

进入21世纪，环境艺术设计的实践领域日益宽广，诸如风景名胜区规划与保护、乡村景观设计、废弃地景观设计、城市水系绿系规划设计、旧建筑的更新改造设计等，都成为环境艺术设计所关注的课题。同时"以人为本"的设计理念也促使环境艺术设计更关注细节的设计。深入研究人在环境中的行为特点和心理需求特点，无障碍设计、光环境、声环境甚至嗅觉环境都成为环境艺术设计的重要内容，环境设计日趋人性化。广告、招牌、橱窗、路牌、灯箱、霓虹灯等都被纳入整体设计之中，一方面与空间环境有机结合，互为依托，发挥其审美功能；另一方面这些元素本身所具有的艺术性，对增强环境的识别性、场所性起到至关重要的作用。

（二）深入挖掘地域特征，凸显本土文化特色

随着世界科学技术的进步，交通的发达，信息迅速的传播，在世界范围内某些发达地区在不断地输出资金、技术、产品的同时，也在不断传播其所特有的主流文化、美学趣味以至处世之道等，使社会的经济、社会和文化方面的世界性日益增强。有学者认为，这种世界文化的"趋同现象"使"整个的创造性领域遭受压制，社会的个性和独特形态遭到破坏"。乡土文化、地方作风、"回归自然"为更多人所关注。人们开始追求区域特性、地方特性、民族文化，越来越有目的地、自觉地去发展地区文化，包括保留城市内部的"亚文化群"、历史城市及城市中的历史地段的保护、地区特色的追求等。设计师也积极从乡土建筑、乡土环境中寻求创作灵感，将自由构思与民族和地域的历史文化传统、社会民俗、美学特征相互结合，推陈出新。由巴格斯设计的澳大利亚卡塔丘塔文化中心位于澳大利亚的先民阿那古人曾经居住过的圣地——现在的亚乌洛陆国立公园内，建造的主旨是向游客介绍阿那古的传统文化。整座建筑的形态宛若天成，充满了对气候与环境的考虑，但更多的是对阿那古文化的暗示与表现。平面布局自由充满灵异的想象力，宛如阿那古人用手指在红沙上随意描绘的结果；深深的出檐在沙漠的正午阳光下投下浓重的阴影，使屋檐下的世界显得格外神秘；自由的屋顶，

参差的树蔓，最大限度地阐释了阿那古这一古老而神秘的地域文化。

（三）关注生态环境保护，走可持续发展之路

20世纪70年代以来，人类的快速发展与全球的环境破坏愈演愈烈。在现实面前，人们不得不重新审视过去奉为信条的发展体系和价值观。1970年罗马俱乐部米多斯提出"增长的极限"理论，该理论指出工业化过度发展导致的环境、能源、生态危机，引起人们广泛注意。1984年成立了世界环境与发展委员会；1987年委员会主席挪威首相布郎特兰在题为《我们共同的未来》报告中首次提出了可持续发展的概念，并建议召开联合国环境与发展大会；1992年6月3日联合国在里约热内卢召开了《环境与发展大会》，通过了一系列文件，世界各国普遍接受了"可持续发展战略"。1999年以"人与自然——迈向21世纪"为主题的UIA第20届大会在北京召开，通过了《北京宪章》，3R原则标志着新的环境观念深入人心。

可持续发展是指"既满足当代人的要求，又不影响子孙后代的需求能力的发展"，这一观念已渗透到了生态、社会、文化、经济等各个领域。在城市发展和环境建设过程中必须优先考虑生态平衡与可持续发展问题，把它看作与经济、社会发展同等重要的一环。作为环境艺术设计师，应该依照自然生态特点和规律，贯彻整体优先和生态优先的原则，掌握生态学和设计学的一些专业技巧，促进人工环境与自然环境的和谐共存。

可持续发展的核心是人与自然的和谐相处。美国生态建筑学家理查德·瑞杰斯特认为，生态城市是指生态方面健康的城市。它寻求人与自然的健康，并充满活力和持续力。而早在中国古代，"天人合一"的宇宙观促进了建筑与自然的相互协调与融合，并逐步形成了风水理论。风水理论所体现出的阴阳有序的环境观对中国及周边一些国家古代民居、村落和城市的形成与发展产生了深刻的影响。各种聚落的选址、朝向、空间结构及景观构成等，均有着独特的环境意象和深刻的人文含义。风水理论关注人与环境的关系，强调人与自然的和谐，表现出一种将天、地、人三者紧密结合的整体有机思想。这些思想对现代环境艺术设计、建筑学和城市规划，对"回归自然"的新的环境观与文化取向仍有启示。

建立可持续发展的环境艺术体系是一个高度复杂的系统工程。要实现它，不仅需要环境艺术设计师、建筑师和规划师运用可持续发展的设计方法和材料、

技术手段，还需要决策者、管理机构、社区组织、业主和使用者都具备深刻的环境意识，节约自然能源，少制造废弃物，自愿保护和改善生态环境，共同参与环境建设的全过程。

第三节　环境艺术设计的主要目的

一、以满足人的需求为核心

环境艺术设计的首要目的是通过创造室内外空间环境为人服务，始终把使用和精神两方面的功能放在首位，以满足人和人际活动的需要为设计的核心，综合地解决使用功能、经济效益、舒适美观、艺术追求等各种要求。这就要求设计者具备人体工程学、环境心理学和审美心理学等方面的知识，科学地、深入地研究人们的生理特点、行为心理和视觉感受等因素对室内外空间环境的设计要求。

1943年，美国人文主义心理学家马斯洛在《人类动机理论》一书中，提出了"需要等级"的理论。他认为，人类普遍具有五种主要要求，由低到高依次是：生理需求、安全需求、社会需求、自尊需求和自我实现需求。在不同的时间、不同的环境，人们各种需求的强烈程度会有所不同，总有一种占优势地位。

这五种需求都与室内外空间环境密切相关，如生理需求——空间环境的微气候条件安全需求——设施安全、可识别性等；社交需要——空间环境的公共性；自尊需求——空间的层次性；自我实现需求——环境的文化品位、艺术特色和公众参与等，都可以发现它们之间的对应性。只有当某一层次的需求获得满足之后，才可能使追求另一层次的需求得以实现。当一系列需要的满足受到干扰而无法实现时，低层次的需要就会变成优先考虑的对象。因此，环境空间设计应在满足较低层次需求的基础上，最大限度地满足高层次的需求。随着社会的日新月异，人的需求亦随之发生变化，使得这些需求与承担它们的物质环境之间始终存在着矛盾。一种需求得到满足之后，另一种需求又会随之产生。正是由于这个永不停息的动态过程，才使得我们建设空间环境的活动和研究始终处于不断延续和发展的过程当中。

二、地域性与历史性

既然城市空间总是处于一定地域和时代的文化空间，就必然离不开地域的环境启示，也不可能摆脱时代的需求和域外文化的渗透。各个地区具有文化差异，必定会存在不同的原则。虽然在功能性、合理性方面，各地区具有共同点，但是在历史、传统和地区文化方面，必须承认其多样性。可以说，地域差异是永远存在的，但是不同区域的文化差异同样应得到尊重。外来的力量和影响相互混合，它们的冲突与协调，对于推进城市空间文化的发展同样重要。由于地域主义是地方文化传统与世界性文化模式这一矛盾的对立统一，所受文化和传统的影响千差万别，时代背景也不同，所以现代城市空间环境也带有各个时期和不同地域范围的特征。

我们也看到，当今世界，尽管各民族都有自身的利益，但不同民族的存在和文化正受到比以往任何时候都要多的尊重；同样，在每个民族内部，不同的价值选择也应受到更多的尊重。因此，在发展中国家，虽然现代模式适应快速发展，但复兴民族传统文化的愿望使得地域主义表现出非凡的活力。而且，在不同民族、文化与价值观念的交往中，艺术可以显示出特有的宽容，因而自然地充当了交流的纽带，使不同的文化交织在一起。这就要求我们不仅要提高对相同文化的研究和总结，还要对陌生文化具备跨文化的沟通、思考与交融的能力。积极发展多元文化与地域文化，以自己的文化成就，构建新时代的具有文化内涵的环境空间。

三、科学性与艺术性

从建筑和室内设计的发展历程来看，新的风格与潮流的兴起，总是和社会生产力的发展水平相适应。社会生活和科学技术的进步，人们价值观和审美观的转变，都促进了新型材料、结构技术、施工工艺等在空间环境中的运用。环境艺术设计的科学性，除了物质及设计观念上的要求外，还体现在设计方法和表现手段等方面。

环境艺术设计需要借助科学技术的手段，来达到艺术审美的目标。因此人性化的科技系统将被更多的设计师所掌握，它说明了环境艺术设计科技系统渗透着丰富的人文科学内涵，具有浓厚的人性化色彩。自然科学的人性化，是为了消除工业化、信息化时代科学对人的异化、对情感的淡忘。如今节能、环保等许多前沿学科，已进入环境艺术设计中，而设计师设计手段的计算机化，以及美学本身的科学化，又开拓了室内设计的科学技术天地。

建筑和室内环境正是这种人性化、多层次、多向度的大综合，是实用、经济、技术诸物质性与审美的综合，受各种条件的制约。因此，没有高超的专业技巧，是难以实现从物质到精神的转化的。

四、整体的环境观

现代环境艺术设计需要对整体环境、文化特征及功能技术等多方面进行考虑，使得每一部分和每一阶段的设计都成为环境设计系列中的一环。

"整体设计"注重能量的可循环、低能耗／高信息、开放系统／封闭循环、材料恢复率高、自调节性强、多用途、多样性／复杂性、生态形式美等。实际上，整体化和立体化也是环境艺术设计的重要观点。

建筑室内外空间环境就是一个微观生态系统，也是生态的环境和生态活动的场所，这是一个整体的问题。我们应该从室内外空间扩展到整个城市空间，把构成空间和环境的各个要素，有机地协调地结合在一起，把人类聚居环境视为一个整体，将它"作为完整的对象考虑"，从政治、文化、社会、技术等各个方面，系统地、综合地加以研究，使之整体协调地发展。把这些具有恒久价值的因素以一种新的方式和现代生活相结合，对空间环境中各种宏观及微观因素的创造性利用，以个体环境促成对整体环境的贡献。城市是由建筑、景观、人等多种要素综合地、立体地构成优美的艺术环境作为个体的建筑形象当然要求它具有本身的完整性和表现力，但构成建筑组群时每幢建筑的形态又作为群体组合的一部分而存在，我们需要进一步考虑个体与群体的完整性。不同内容的建筑物和景观、环境构成有序的系统组合，既有各具表现力的物象形态，又有内在的有机的秩序和综合淳美的整体精神，给人以整体之美。这就要求我们恰当使用技术耐心地推敲构造，使环境形式以恰当的、有节制的、在技术上可被理解的、可行的形式呈现出来。组合不是各种要素简单地堆砌，而是挖掘出各要素之间的共通性，找出它们的契合点，科学地、合理地、动态地对其进行组合，从而创造出适合人们生活行为和精神需求的情境。

五、可持续的发展观

城市环境本身就是一个运动不止的体系。只要人群存在，社会发展，生命不止，运动就不会停息。这也使得城市空间环境具有成长的特性。正是这种成长性，要求设计师在规划设计之前对环境未来的可能发展进行科学的预测，预想到其多种可能性和灵活性，使城市的环境既具有历史文化传统，又保持鲜明的时代特征。

我们对于城市空间环境既要从整体上考虑，又要有阶段性分析，在环境的变化中寻求机会，并把环境的变化与居民的生活、感受联系起来，与环境景观的构成联系起来。将空间环境看作一个不断适应城市功能和结构的持续发展过程，而这种持续发展过程是以城市的识别性与历史文脉的延续性作为基础。强调环境艺术设计是一个连续动态的渐进过程，而不是传统的、静态的、激进的改造过程。而环境艺术设计的阶段性特征就是一个渐进的过程，每一次的设计，都应该在可能的条件下为下一层次或今后的发展留有余地。而且，如果我们想通过人工的手段来达到目的，就要使美丽的景观变成自然的而不是某个人的作品，这样所付出的努力才没有白费。艺术和审美、自然都是有生命的东西，有生命的事物倾向于聚合，相互之间建立联系，以求共生，这是大千世界之道，也是艺术和审美的根本原则。只有当文化体系和生态环境同步、同构、同态时，才能获得长期可持续发展的可能性。

这就要求我们努力将自然系统与人工系统并举，在融合、共生、互荣中去塑造城市空间环境的文化特色，体现人从赖以生存的社会和自然环境中获得的特质，从环境整体和伦理道德的平衡点上去认识自然与人工环境的辩证关系。

第四节 环境艺术设计的要素

一、尺度

所谓尺度，是空间或物体的大小与人体大小的相对关系。在环境艺术设计中，尺度的概念包括了两方面的含义：一是指空间中人的行为尺度因素，它是以满足功能要求为基本准则，同时影响到空间中人的审美；二是指人的文化尺度因素。

（一）尺度的意义

尺度有四个方面的意义：一是功能尺度，即把空间、家具便于使用的大小作为标准的尺度；二是尺度的比例，即指将目标物美观而合理的比例，如古代的黄金分割比等，作为地区、时代固有的文化遗产，与样式紧紧联系在一起；三是生产、流通所需的尺寸和作为规格的尺寸，是生产与消费主体同时出现的现代特征；四是作为设计师的工具尺度。每位设计师都具有不同的经验和各自不同的尺寸感觉及尺寸设计的方法。当然，大多数所遵循的是习惯、共通的尺度。

而人的尺度归根结底来自人本身。人和环境之间的尺度关系是通过人的身体尺度、人的感官和人在空间中的运动三个方面得以体现的，由此人的尺度与空间的尺度也联系在一起了。不同的文化具有不同的空间尺度模式，于是，空间环境中的尺度也具有了文化内涵和人性色彩。

（二）空间与尺度

尺度的一个含义就是空间界面本身构造或装修的空间尺寸。这种主要满足于空间立面构图的尺度比例标准，在空间形象审美上具有十分重要的意义，同时材料本身也扮演着尺寸度量的角色。

人们对空间的感受，来自形成空间的各个界面，主要的视觉感受也是来自界面。对设计师来说，空间界面构图的专业素质，是设计师基本艺术修养的体现。体现于室内设计就是在于对特定空间界面材料构件尺度与比例的选择：面积的大小、线型的粗细、长宽比的确定等。可以说，某种特定的空间样式，只有相应的尺度比例才能使之得以实现。设计师的任务之一就是寻找这个最佳的尺度比例关系。

（三）尺度与比例

尺度作为尺寸的定制，比例作为尺度对比的结果，在空间造型创造中具有决定性的意义。尺度与比例是时空概念的客观存在，对于设计师来说，只有将它转换成主观的意识才具有实际的意义。这种将客观存在转换为主观意识的最终结果就是一个人尺度感的确立。人的尺度感的获得主要来自人体本身尺度与客观世界物体的对比。人们总是按照自己习惯和熟悉的尺寸关系去衡量建筑的大小，于是就出现了正常尺度与超常尺度、绝对尺度与相对尺度的问题。在环境艺术设计中通过不同的尺度对比处理，就会产生完全不同的空间艺术效果。

对于一个人来说，某种尺度感一旦确立，就很难改变，而专业设计师也必须具备必要的尺度概念。例如，城市规划设计师需要确立以km为单位的尺度概念；建筑师需要确立以m为单位的尺度概念；室内设计师需要确立以cm为单位的尺度概念。

总之，空间环境的尺度比例控制并非只是一个单纯的尺度问题，而是一个复杂的综合过程。从视觉形象的概念出发，空间形象的优劣是以尺度比例为主要标准，平面布局、装修材料的组合，陈设用品的摆放，都与尺度比例密切相关。建筑的尺度、围合程度，环境空间的构成形态、各种室外活动设施的布置、软硬质地面的比例、人流空间的组织等因素，包括邻近的建筑群的细部处理，都会影响到整个构成空间的尺度感。

二、色彩

色彩具有最引人注意的特性，并对精神起到关联作用。色彩及其组合所表达的意义是最直接、最明确的，因而最容易为人们所感知，特别是在传统文化深厚的环境当中。不同色彩在不同的文化传统中，所包含的意义也是不同的。例如，西方人眼中纯洁的白色，在中国传统上表达的却是悲哀、丧葬的意义；老北京城大部分建筑都是灰色调的，只有官府和宫廷才允许用鲜亮的红色装饰外墙；

而宗教建筑用黄色，皇帝黄色的龙袍却是独一无二的。在这里，色彩表明了某些事物的特殊意义或重要性。在公共场合，65%以上的明星们不论男女，都会着黑色服装。这些在中国几乎成了尽人皆知的常识。但在现代汉语中，"黄色"成了"淫秽"的同义词；而传统上都用来表示悲哀的黑色，在现代社会中，却成了永远的时尚元素，其间的差异令人吃惊。

同样，色彩也是塑造视觉中心的有效手段之一。而人对色彩的知觉是一个牵涉到物理、生理和心理等多方面因素的问题，不仅受物体大小、形状、距离等客观条件的影响，还会受人本身心理因素的影响。可以说，对于色彩，由于时代及文化等原因，其评价标准也不断变化；根据与材料的关系及使用目的的不同，对于相同的颜色有时也会有完全不同的评价。

（一）材料质地与色彩

实体由材料组成，这就带来肌理的问题。肌理即材料表面组织结构所产生的视感，每种材料都有其特殊的肌理，而不同的肌理也有助于实体表达不同的情感。环境中每种材料的色彩和质感都在人们心中产生相应的视觉、触觉等方面的印象。

材料质地本身就有美感的一面，也常作为具有表现力的造型要素。例如，小石子铺的路面和墙面表现出拙朴、宁静、粗犷的美；高精度面材则表现出另一种效果，如平滑的塑料、镜面玻璃以及各种有色泽的面材会展示出不同特质的华贵与精美的感觉；不规则的纹理具有动感和自由的气质，而规则的纹理则可以形成一定的秩序感；天然木材给人亲切的感觉。这也就是对于材质的视觉感应，能对环境赋予一种真实感。

当然，材料色彩与肌理的效果，同样会影响到环境空间的尺度感，因此还应该同视距结合起来考虑。根据芦原信义的研究，在20～25m的距离以内，人们可以清晰地感受到裸露混凝土的质感，就是所谓的第一视感；在20～25m以外，裸露混凝土的质感就消失了，重复运用的沟槽在整个构成上开始形成视觉效果；在48～60m处，按不规则间隔设置的沟槽能特别有效的起作用，形成第二视感；而当距离超过120m时，以沟槽构成的质感也失效了，而面的感觉开始大大加强。完全相同的造型，由于所用材料质地的不同也会产生不同的效果。同样的道理，材料、质感、色彩、搭配等元素，只要有一种发生了变化，其效果（表达的意义）就可能面目全非。因此，设计师不仅要关注材料的受力特点、拼接方法、节点构造、表面处理以及各种材料之间的搭配关系，还要根据材料本身的肌理和色彩特性，尽量发挥各种材料的优势，创造出具有美感的视觉形象来。

（二）色彩设计的基本要求与方法

1.色彩设计的基本要求

在进行色彩设计时，设计师应首先了解与色彩密切相关的一些问题，如空间的使用性质。不同使用功能的空间对色彩有不同的要求。如日本某美术馆入口水池以莫奈的名画作为池底装饰图案，不仅与建筑物的使用性质相符合，而且提供了与水结合的色彩效果。

空间的大小、尺度与形式。色彩可以按照不同空间的大小、尺度和形式强调或减弱。

空间的方位。不同方位在自然光线作用下呈现出的色彩、冷暖都是不同的。如沈阳故宫崇政殿外檐柱头，虽然总是处在阴影之中，但是由于彩画颜色非常丰富、微妙，常常令人驻足。

空间的使用者。不同年龄、身份背景、职业、性别的使用者对色彩的要求各有差异，如有过海外生活经历的中年夫妻的家可以增加一些国外的元素。

周围环境。色彩与环境背景密切相关，物体之间的色彩也会产生相互影响。

2.色彩设计的基本方法

确定主色调。环境空间色彩应有主调或基调，环境风格、气氛都通过主调来体现。对于较大规模的环境空间，主调应贯穿整个环境，并在此基础上考虑局部的适当变化。主调的确定是一个决定性的步骤，必须与环境所欲表达的主题相协调，需要在众多色彩设计方案中进行遴选。因此，以什么为背景、主体和重点，是色彩设计首先应考虑的问题。同时，不同色彩物体之间的色彩关系又形成了多层次的背景关系。那么，可以把环境色彩概括为四大部分：

（1）大面积色彩，对其他物体起衬托作用的背景色。例如，室内墙面、地面、天棚等，占有很大面积并起到衬托其他物体的作用。

（2）家具色彩。家具是表现环境艺术风格的重要因素，与背景色关系密切，常成为环境整体效果的主体色彩。

（3）陈设色彩。陈设包括室内织物、用品设备、艺术品等，常作为重点色彩或点缀色彩。

（4）绿化色彩。绿化植物色彩与其他色彩容易协调，对于丰富空间环境、塑造空间意境和软化空间机体都有着主要作用。

色彩的协调统一。确定主调后，首先考虑各种色彩的部位及分配比例。作为主色调，一般占有较大的面积，而次色调作为与主色调相协调（或相对比）的色彩，只占较小的比例。色彩的同一，还可以通过限定材料来实现，如选用同样材质的木材、织物等。

加强色彩的魅力。背景色、主体色和强调色三者之间的关系是相互影响、相互关联的，既要有明确的图底关系、层次关系和视觉关系，又要灵活处置：

（1）色彩的重复与呼应。这意味着将同一色彩在所有关键部位重复使用，使其成为控制整个环境的关键色，并使色彩之间相互联系，取得彼此呼应的关系，从而取得视觉上的联系并唤起视觉运动。

（2）色彩的节奏与韵律。色彩按照一定规律进行布置，能形成某种韵律感。色彩的韵律感不一定要大面积的使用，但可以用在位置邻近的物体上，使不同物体之间由于色彩的关系而更具内聚力。

（3）色彩的对比与衬托。色彩由于相互对比而得到加强，视觉很容易集中在对比色上。通过对比，颜色本身的特性更加鲜明，从而加强了色彩的表现力。对比包括色相的对比和明度的对比。

3.色彩设计的一般规律

（1）在明度、彩度方面。

顶棚宜采用高明度、低彩度；地面宜采用低明度、中彩度；墙面宜采用中间色构成。

（2）色彩的面积效果。

尽量不用高明度、高彩度的基色系统构成大面积色彩；色彩的明度、彩度都相同，但因面积大小不同而效果不同。大面积色彩比小面积色彩的明度和彩度值看起来都要高。因此，用小的色标去确定大面积墙的色彩时，可能会造成明度和亮度过高的现象。决定大面积色彩时应适当降低其明度与彩度。

（3）色彩的识认性。

色彩有时在远处可看清楚，而在近处却模糊不清，这是受背景色的影响。

清楚可辨认的颜色叫识认度高的色，反之则叫作识认度低的色。识认度在底色和图形色差别大时增高，特别是在明度差别大时更会增高，以及受到当时照明情况和图形大小的影响。

（4）色彩的距离。

相同距离下观看，有的颜色比实际距离看起来近（前进色）；而有的颜色则看起来比实际距离远（后退色）。一般来说，暖色（R、YR、Y系统）进出、膨胀的倾向较强，是前进色；冷色（G、BG、B系统）后退、收缩的倾向较强，是后退色；明亮色为前进色，暗色为后退色；彩度高的颜色为前进色，彩度低的颜色为后退色。

相较而言大面积色彩具有较高明度、彩度，因此要充分考虑施色的部位、面积及照明条件。

被黑色包围的灰色与被白色包围的灰色尽管具有相同的明度，但被黑色包围的灰色看上去更白一些。

（三）室内色彩的分配

1.墙面色

墙面在室内对创造室内气氛起到支配的作用。墙面暗时，即使照度高也会使人感到压抑。暖色系的色彩能产生活泼温暖的感觉；冷色系色彩会引起寒冷的感觉；明快的中性色彩可引起人们明朗愉快的感觉。

2.地面色

地面色不同于墙面色，采用同色系时强调明度的对比效果不明显。

3.天花色

多数情况下，天花可用白色或接近于白色的明亮色，这是最安全的做法。当采用与墙面同一色系时，天花应比墙面的明度更高一些。

4.装修配件色

门框、窗框的色彩不应与墙面形成过分的对比，一般采用明亮色。为了统一各个房间，设计师可采用中明度的蓝灰色、浅灰色；墙面较暗时，可采用比墙面明亮一些的颜色。窗扇一般处在逆光的情况下，色彩不可过深。

5.家具色

作为办公等功能性较强的家具，如桌子可以稍微深一些，采用无刺激的色相和彩度低的色彩，能够较好的衬托书籍纸张；搭配暖色系的墙面，家具一般选用冷色系或中性色；搭配冷色系或无彩色的墙面，家具采用暖色系会有衬托效果。

三、材料

（一）材料与质地

环境中所用材料的质地，即它的肌理、纹理与线、形、色一样都能传递信息。材料的质感在视觉和触觉上同时反映出来，因此质感给予人的美感中还包括了快感，比单纯的视觉感受还胜一筹。自然界的材料多种多样，不同的材料，如金属、陶瓷、塑料、木材、石材、织物、皮革、玻璃、橡胶等，都具有不同的质地，所表达的感觉也有所不同。

1.粗糙与光滑

表面粗糙的材料有石材、未加工的原木、粗砖、磨砂玻璃、长毛织物等；光滑的材料有玻璃、抛光金属、镜面石材、釉面陶瓷、丝绸等。同样是粗糙的质地，不同材料具有不同的质感。如粗糙的石材壁炉和长毛地毯的质感是截然不同的：一硬一软、一轻一重，后者比前者有更好的触感。光滑的金属镜面和丝绸，其质地也有很大差异，前者坚硬，后者柔软。

2.软与硬

许多纤维织物都有柔软的触感，如羊毛织物虽然可以织成光滑或粗糙的质地，但摸上去都会令人感觉愉快；棉麻为植物纤维，它们都耐用且柔软，常作为轻型蒙面材料或窗帘；而化纤织物虽然品种繁多，易于保养，价格低，防火性能也好，但是触感却不太舒服。硬的材料如砖石、金属、玻璃，耐用且耐磨，不变形，线条挺拔。而且，硬质的材料多数有很好的光洁度。

3.冷与暖

质感的冷暖表现在身体接触、坐卧等处，都要求柔软且温暖的质感；而金属、玻璃、大理石等虽然是高级的材料，但若用多了却可能产生冷漠的感觉。在视觉上由于色彩的不同，其冷暖感觉也不同。如红色花岗石虽然触感冷，但视觉效果还是暖的；而白色羊毛虽然触感暖，但视觉效果却是冷的。因此，选择材料时，两方面的因素都要考虑到。木材具有独特的优势，它比织物冷，但比金属、玻璃暖；比织物要硬，但比石材软。它既可作为承重结构，又可作为装饰材料，而且便于加工，因而广泛应用于环境艺术设计中。

4.光泽与透明度

许多经过加工的材料具有很好的光泽度，如抛光金属、玻璃、石材等，光泽表面的反射作用能扩大环境的空间感，同时反射出周围的物体，是活跃环境气氛的最佳选择。而且，光泽的表面易于清洁。透明度是材料的另一个重要的特征。常见透明、半透明的材料有玻璃、丝绸、有机玻璃等，利用透明材料可扩大空间的广度和深度。从空间感上来说，透明材料是开放与轻盈的，而不透明材料是封闭且私密的。

5.弹性

人们之所以感到走在草地上比走在混凝土地面上舒服、坐在沙发上比坐在硬板凳上舒服，是因为材料弹性的反力作用，这是软质或硬质的材料都无法达到的。弹性材料包括竹子、藤、木材、泡沫塑料等。弹性材料主要用于地面、座面等。

6.纹理

材料有水平的、交错的、曲折的自然纹理，对其善加利用会使之成为环境中的亮点。

（二）材料的特性与运用

材料除了具有视觉和感觉上的特性外，在使用过程中也会表现出一定的抗耐性，我们把它分为五个等级：佳（Very Good）；好（Good）；可（Fair）；差（Poor）；劣（Very Poor）。

虽然可以把材料的不同抗耐性作一个等级比较，但抗耐性并非是材料选择的唯一标准，比如廉价的人造纤维地毯的耐磨性和耐水性比纯羊毛地毯要高，但在外观和弹性上却远不及羊毛地毯。因此应综合考虑各种因素，以做出最适当的选择。

木材不但质轻、强度高、韧性好、热工性能佳，且具有手感、触感好等特点，而且纹理和色泽优美，易于着色和油漆，便于加工、连接和安装，但须注意防火和防蛀处理，表面的油漆或涂料应选用环保涂层。

四、家具

家具是人们生活、工作的必需品，人们的大部分活动，都离不开家具的依托，而且，家具在室内外空间中占有很大比例，对环境效果起着重要的影响作用。家具的使用、设计与社会生产技术水平，政治制度、生活方式、文化习俗、思想观念以及审美意识等密切相关。可以说，家具的发展历史就是人类文明发展的历史。

（一）家具的发展与风格特征

家具发展与科技、艺术密不可分，家具作为建筑室内空间的组成部分，往往与建筑的发展同步。在家具的发展史上经历了一轮又一轮的设计运动和风格流派的演绎、更迭。对于室内设计中的家具设计而言，了解家具发展历史背景及其表现风格，有助于正确处理家具与空间的关系。

1.中国传统家具

根据象形文、甲骨文和商、周代铜器的装饰纹样推测，当时已产生了几、榻、桌、案、箱柜的雏形。从商周到秦汉时期，由于人们以席地跪坐方式为主，因此家具都较矮。魏晋南北朝时期家具形制发生了变化，家具开始由低向高发展，出现了高型坐具，这是中国家具史上一个重要的转折标志。到隋唐时期，随着人们的习惯逐渐由席地而坐过渡到垂足而坐，家具尺度进一步增高。但席地而坐的习惯同时存在，于是出现了高、低家具并用的局面，家具设计也已趋于合理、实用，尺度与人体的比例相协调。唐代已出现了定型的长桌、方凳，直至五代，我国家具在类型上已基本完善。到了宋辽金时期，高型家具已经普及，家具造型轻巧，线脚处理细腻丰富。北宋大建筑学家李诫的巨著——《营造法式》对家具结构形式的影响巨大，把建筑中的梁、枋、柱等运用到家具中来。元代在宋代家具的基础上又有所发展。

明清家具代表了我国家具艺术发展的最高成就，特别是造型艺术达到很高水平，形成我国传统家具的独特风格。明式家具以其重视人体舒适度、形式简洁、构造科学、比例适度、线条优美、重视天然材质纹理、色泽的表现而著称于世。清代家具在明式家具构造的基础上，加入大量的雕花及镶嵌装饰，形式趋于华丽、繁复，也忽视了家具结构的合理性和人体的舒适度。

2.西方古典家具

古埃及、古希腊、古罗马时期的家具（约公元前16世纪至公元5世纪）有桌椅、折凳、榻、橱柜等，座椅四腿大多采用动物腿形，显得粗壮有力。家具上往往雕刻精美的人物和动植物纹样，显得特别华丽。

哥特式家具由哥特式建筑风格演变而来，以高耸、瘦长造型及哥特式尖拱的花饰和浅浮雕形式为装饰主体，强调垂直线条。

文艺复兴时期的家具在哥特式家具的基础上，吸收了古希腊和罗马家具的特长。在风格上，一反中世纪家具封闭沉闷的态势；在装饰题材上，消除了宗教色彩，显示出更多的人情味；镶嵌技术更为成熟，还借鉴了不少建筑装饰的要素，箱柜类家具有檐板、檐柱和台座，并常用涡形花纹和花瓶式的旋木柱。

巴洛克家具完全模仿建筑造型的做法，习惯使用流动的线条，使家具的靠背面成为曲面，使腿部呈S形。巴洛克家具还采用花样繁多的装饰，如雕刻、贴金、涂漆、镶嵌象牙等，在坐卧家具上还大量使用纺织品作蒙面。

洛可可家具是在巴洛克家具的基础上发展起来的。它吸收并发展了巴洛克家具曲面、曲线形成的流动感。它以复杂多变的线形模仿贝壳和岩石，在造型方面更显纤细和花哨，且不强调对称、均衡等规律。洛可可家具以青白两色为基调，在此基调上饰以石膏浮雕、彩绘、涂金或贴金。中国风格流行也是这个时期的特色。

新古典风格的家具也称路易十六式家具，这种风格抛弃了路易十五式家具的曲线结构和虚伪装饰，以直线代替了曲线，以对称结构代替了非对称结构，以简洁明快的装饰纹样代替了烦琐隐晦的装饰，造型设计中将重点置于结构本体上，而不在家具的饰面上。

3.现代家具

从19世纪末至今，现代家具的崛起使家具设计飞速发展。设计者研究人们的行为活动特征，研究现代人的生活新变化，并开始对新材料及新工艺的探索。现代家具设计把家具的功能性作为设计的主要因素；注重利用现代生产工艺和新材料，适合工业化大生产的要求；充分发挥材料本身的特性及其构造特点，展示材料固有的本色。

第二次世界大战后，新家具的创作阵地转移到了美国。美国先后出现了许多著名的家具设计师。除此以外，北欧诸国结合本地区的材料并利用传统木工技术特点，采用胶合板、合成材料等新材料，创造出符合观念、做工细腻、造型优雅、色泽淡雅而美观实用的北欧风格家具，成为世界家具设计历史的另一个高峰。

1965年以后，意大利家具在家具界异军突起。它另辟蹊径，以更具可塑性、更便宜、色彩更加丰富的"塑胶"为家具材料，再以意大利传统的艺术造诣和天才气质而成为世界家具界的领头羊。

20世纪70年代，家具的设计进一步切合工业化生产的特点，组合家具、成套办公家具成了这一时期的代表作。

20世纪80年代后，家具设计风格多样，出现了多元并存的局面。高科技派着力表现工业技术的新成就，以简洁的造型、裸露材料和结构等手法表现所谓的"工业美"。新古典主义又称形式主义，则注重象征性的装饰，表达对古典美的怀恋之情。也是在这个时期，仿生家具、宇宙风格等家具纷纷问世。

（二）家具的分类

室内家具的类型丰富，且都与人的各种活动密切相关，通常按其使用功能可分为如下几类。

坐卧类——支持整个人体的椅、凳、沙发、卧具、躺椅、床等。

凭倚类——进行各类操作活动的桌子、茶几、操作台等。

贮存类——作为存放物品用的橱柜、货架、搁板等。

展示类——陈列展示用的陈列柜、陈列架、陈列台等。

此外，还可以按制作材料分为木制家具、藤家具、竹家具、金属家具、塑料家具等类型；按构造体系分为框式家具、板式家具、注塑家具、充气家具等类型。

（三）家具在室内环境中的作用

1.明确使用功能，识别空间性质

家具是空间性质最直接的表达者，家具的类型及其布置形式能充分反映出空间的使用目的、等级以及使用者的喜好、地位、经济条件等特征。

2.利用空间、组织空间

家具常常成为分隔空间的一种手段，既可提高空间的使用效率，丰富空间层次，提升空间的趣味性，又可减轻建筑物自身的荷载，而且方便灵活，能适应不同的功能要求。

3.塑造艺术风格

由于家具在室内空间所占比例较大，体量突出，因此而成为塑造室内空间的重要因素。而家具和建筑一样，受到各种艺术思潮的影响，其风格也总是处在变化之中，因此家具的设计和布置需要与整体环境设计协调一致。

（四）家具的选配

室内设计师应该具备家具设计的知识和能力，但室内设计师毕竟不是家具设计师，故其主要任务往往不是直接设计家具，而是从环境总体要求出发，对家具的尺寸、风格、色彩等提出要求，或直接选用现成家具，并就家具的布局提出具体的意见。

1.确定类型和数量

室内家具的多少，要根据使用要求和空间大小来决定，在诸如教室、观众厅等空间中，家具的多少是严格按学生和观众的数量决定的，家具尺寸、行距、排距在相关规范中都有明确的规定。在一般房间，如卧室、客房、门厅中，则应适当控制家具的类型和数量，在满足基本功能要求的前提下，尽量留出较多的空地，以免给人以拥挤不堪、杂乱无章的印象。

2.选择合适的款式和风格

家具款式不断翻新，在选择家具款式时，应把适用放在第一位考虑，注重使用效率和经济效益。而风格的选择则取决于室内环境整体风格的确定，应把握住整体协调的原则。

3.确定合适的格局

格局问题的实质是构图问题。总的说来，陈设格局可分规则式和不规则式两大类。规则式多表现为对称式，特点是有明显的轴线，严肃、庄重，因此，常用于会议厅、接待厅和宴会厅，主要家具大多围成圆形、方形、矩形或马蹄形。

不规则式的特点是环对称，没有明显的轴线，气氛自由、活泼、富于变化，因此，常用于休息室、起居室、活动室等。这种格局在现代建筑中最常见，因为它随和、新颖，更适合现代生活的要求。

不论采取哪种格局，家具布置都应符合有散有聚、有主有次的原则。一般来说，空间小时，宜聚不宜散；空间大时，宜适当分散，但一定要分主次。在设计实践中，可以以某件家具为中心，围绕这个中心布置另外的家具，也可以把家具分成若干组，使各组之间符合聚散主次的原则。

（五）家具布置的基本方法

家具的布置，实际上是在规范和影响人们的行为和相互关系，同时还可以强化空间的私密感、安全感和领域感。

1.周边式

家具沿四周墙布置，留出中间空间位置，空间相对集中，易于组织交通，便于布置中心陈设。

2.岛式

将家具布置在室内中心部位，留出周边空间，强调家具的中心地位，显示其重要性和独立性，周边的交通活动不会影响中心区。

3.单边式

将家具集中在一侧，留出另一侧空间（常成为走道）。动静分区明确，干扰小，线性交通。当交通线布置在房间的短边时，交通面积最节省。

4.走道式

将家具布置在室内两侧，中间留出通道，节省交通面积，但交通对两侧都有影响。

五、室内陈设设计

室内陈设设计就是对包括家具、电器、灯具、艺术品、绿色植物、织物等陈设品的选择与布置。它是对室内设计创意的完善和深化，其宗旨就是创造一种更加合理、舒适、美观的室内环境。室内陈设的目的和意义，在于它能够表达一定的思想内涵和精神文化。它对室内空间形象的塑造、气氛的表达、环境的渲染起着其他物质所无法代替的作用。

从广义上讲，室内空间中除了围护空间的建筑界面以及建筑构件外，一切实用或非实用的可供观赏和陈列的物品，都可以作为室内陈设品。需要指出的是，家具是室内陈设的重要组成部分，但因其体系庞大，地位显著，在本书中已作专题阐述，这一节将集中介绍家具以外的陈设。

（一）室内陈设的分类

室内陈设种类繁多，根据性质可大略分为四大类。

1.纯观赏性物品

主要指不具备实用功能，但具有审美和装饰的作用，或具有文化和历史意义的物品，如艺术品、高档工艺品、绿色观赏植物等。

2.实用性与观赏性为一体的物品

指既有特定的实用价值，又有良好的装饰效果的物品，如家具、家电、器皿、织物、书籍等。

3.因时空的改变而发生功能改变的物品

指原先具有实用功能的物品，随时间推移或地域改变，其实用功能已丧失，同时审美和文化价值得到提升，如古代服饰、建筑构件等。

4.原先无审美功能的、经艺术处理后成为陈设品的物品

干枯的树枝经过处理后变成了装点气氛的陈设品，等等。

（二）室内陈设设计的作用

室内陈设艺术在现代室内设计中的作用主要体现在如下几方面。

1.表达空间主题，营造空间氛围，进一步强化室内风格

特定的空间有其特定的中心目的，设计的各层面均应围绕这一中心概念展开。陈设设计有时成为表达空间主题的重要手段，某些陈设品还具有很强的象征意义。另外由于陈设品本身的造型、色彩、图案及质感反映了一定的历史文化、风俗习惯、地域特征，能给人更大的想象空间，对室内风格起着较大的明确与强化作用。

2.创造二次空间，丰富空间层次

在室内设计中利用家具、艺术品、织物、绿植、水体等陈设营造二次空间，可使空间层次更加丰富，更加贴近人的生活，使室内空间更富层次感。

3.反映使用者的爱好和生活情趣

某些陈设品具有很强的个人感情色彩，是使用者充分表达个人爱好的最直

接语言，能反映出其职业特征和品位修养。同样装修的空间中不同的陈设品可以营造不同的个性，因此陈设品往往是表现自我的最直接手段之一。

（三）室内陈设的选择与布置

陈设品均有自己的个性，只有当陈设对室内的实用功能与空间艺术效果起到积极作用时，才真正产生其自身的空间意义。选择与布置陈设品有时是同时完成的，因为布置的地方和功用直接影响了选择。通常会根据一些形式法则，如均衡、统一与变化、节奏韵律、主次分明来帮助陈设。要想达到良好的最终效果，细致地考虑陈列方式显得尤为重要。除此之外，还应考虑以下几个方面。

1.考虑空间功能细化的要求

有相当部分的陈设品具有实用功能，布置时可考虑该区域功能上的一致性，有时还需要考虑人的使用状态。

2.研究空间的风格与主题

不同功能的空间需要用不同的陈设品来烘托气氛。在布置陈设品的时候，应根据主题有序地陈列，找到这些陈设品本身的逻辑关系，如讲故事般呈现在相应的位置。在一些特殊情况下，陈设品的风格也可以与整体环境风格形成对比，以增加趣味中心。

3.考虑空间尺度的匹配

陈设品的布置应与空间的尺度相适应。一般情况下，尺度较大的空间如酒店大堂，可布置一些大尺度的陈设品以加强空间气势；而尺度小的地方如客房则可以布置一些小而精的陈设品，把更多的空间留给使用者。

4.研究空间的形体、色彩和材质

除了空间尺度以外，陈设品还应与空间环境（背景）的形体变化、色彩和材质结合起来考虑，尝试找到陈设品在形态色彩和材质上与周围空间的相关因素的联系来表达空间性格。

5.考虑观赏效果

陈设品更多的时候是用来观赏的，布置陈设品时应从使用者的观赏状态、观赏视线及观赏角度出发，寻找最佳角度和位置。比如，在雕塑的周围应留有一定的空间，以便人们全方位地观赏；在墙上悬挂画作，除了考虑画作的内容形式与尺寸大小等外，还应考虑悬挂方式、悬挂高度与视平线的关系以及照明效果等

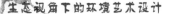

因素。

六、室内织物

用于室内的纤维织物统称为室内织物，包括窗帘、地毯、家具面料、墙布、挂毯以及桌布等。这些物品共同的特征是具有柔软的质感，不仅在触觉上带来舒适的感觉，还具有吸声性能、隔声性能及隔热效果，从古至今得到广泛应用，是室内不可或缺的元素之一。由于织物在室内的覆盖面积大，因此对室内的气氛、格调和意境等起很大的作用。而且，室内织物易于更换，能充分表现居住者的个性。在现代人的生活中，室内织物所起的作用越来越重要。

（一）窗帘

窗帘是由布、麻、纱、铝片、木片、金属材料等制作的，具有遮阳隔热和调节室内光线的功能。布帘按材质分有棉纱布、涤纶布、涤棉混纺、棉麻混纺、无纺布等，不同的材质、纹理、颜色、图案等综合起来就形成了不同风格的布帘，配合不同风格的室内来设计窗帘。

窗帘的控制方式分为手动和电动。手动窗帘包括：手动开合帘、手动拉珠卷帘、手动丝柔垂帘、手动木百叶、手动罗马帘、手动风琴帘等等。电动窗帘包括：电动开合帘、电动卷帘、电动丝柔百叶、电动天棚帘、电动木百叶、电动罗马帘、电动风琴帘；等等。随着窗帘的发展，它已成为居室不可缺少的功能性和装饰性完美结合的室内装饰品。

1.窗帘的作用

窗帘的主要作用是与外界隔绝，保持居室的私密性，同时它又是家装中不可或缺的装饰品。冬季，窗帘将室内外分隔成两个世界，给屋里增加了温馨的氛围。现代窗帘，既可以减光、遮光，以适应人对光线不同强度的需求；又可以防火、防风、除尘、保暖、消声、隔热、防辐射、防紫外线等，改善居室气候与环境。因此，装饰性与实用性的巧妙结合，是现代窗帘的最大特色。

2.窗帘的发展

窗帘的发展经历了很多变化，最明显的变化反映在窗帘的材质上。起初的窗口只不过是在墙上和天花板上凿出或留出非常粗糙的孔洞或印第安人圆锥形帐篷天窗式的开口，其基本用途还仅限于通风，这些孔洞和开口往往使用野兽之皮或草的编织物加以遮盖。兽皮和草席是最早形态的窗帘，而由于草席的美观性，这种窗饰流传至今，在南方的夏天，还有家庭会挂上草席窗帘，取其凉快。

汉朝蔡伦发明了纸后，人们开始用纸作为窗的遮盖物。中国古代的窗户上都是糊窗户纸，窗眼很小很密：一是为了防盗，二是窗眼太大窗户纸容易被风刮破。

这种糊纸的格子窗在北方民居中很常见，糊窗户的纸叫高粱纸，白色，有一定的厚度和韧性，除非故意破坏，否则它是不轻易破的。

宋朝出现布艺之后，人们便把它用作窗饰，因为它的花纹丰富，又轻便，演绎出了万众风情的窗帘。布帘按材质分有棉纱布、涤纶布、涤棉混纺、棉麻混纺等，不同的材质、纹理、颜色、图案等综合起来就形成了不同风格的布帘，配合不同风格的室内设计。这也是为什么直至今日，人们依然很喜欢使用布作为窗帘的原因。

近代，由于科技的发展，帘布的材质有了飞跃的发展，出现了以铝合金、木片、无纺布为材质做成的窗帘，这些窗帘统称为简约窗帘，随着科技的进步及阻燃技术的发展，各种功能的窗帘不断涌现，概括起来大致有阻燃、节能、吸音、隔音、抗菌、防霉、防水、防油、防污、防尘、防静电、报警、照明等各种窗帘，以及综合了以上功能的多功能窗帘。

现代，由于消费者审美的转变及环保意识的逐渐增强，窗帘不仅体现一个房间的表情，也反映了主人的生活品味和情趣，一款落落大方、简约高雅的窗帘，可以为居室锦上添花。除了装饰功能外，窗帘的材质、功能、舒适度也与我们的健康、生活息息相关。因此，隔热保温窗帘、防紫外线窗帘与现代简约风格的窗帘也越来越多，纷纷受到广大消费者的追捧。

今天，窗帘与我们的空间并存，格调千变、样式万化，功能用途也细化到任何用得着的地方。例如，欧式、韩式、中式、日式、隔热保温窗帘、防紫外线窗帘、单向透视窗帘、卷帘、遮阳帘、隔音帘、天棚帘、天幕帘、百叶帘、罗马帘、木制帘、竹制帘、金属帘、风琴帘、水波帘、立式移帘、电动窗帘、手动窗帘。

（二）地毯

现存最古老的绒毯是从公元前5世纪以前斯基泰人王族的墓穴中出土的，其后的绒毯主要以中亚为中心，并逐渐传到印度、中国、波斯等地。18世纪以后，随着产业革命的发展，提花织机被发明出来。到了19世纪后半叶，随着威尔顿织机、阿基斯明斯特织机等的相继发明制造，使得用机器编织地毯成为可能。第二次世界大战后，织机被开发出来，并用于大批量生产，地毯终于成为一般大众的生活用品。

作为地面材料的地毯，具有如下特征：步行性好、保温性好、吸声性好、适度的弹性、防火性、装饰性、耐久性、节能等。

从制造方法来说，手工地毯多用于房间的局部；机织地毯更适合从墙壁到墙壁的满铺方式。钩针编结的地毯是在基布上用穿孔机进行手工刺绣，可以制造出自由的图案和颜色；针绣地毯是用针基布上做出突出纤维的纹路，可以做出呢绒状地毯。地毯的素材以毛类为最高级，其他多采用尼龙、混纺等。调整颜色图案或变化绒毛处理就可以改变地毯的设计。因此，地毯最大的特点就是便于按需订购。

绒毛的处理有圈毛和剪毛两种，还可以调整绒毛的长度。仅仅通过颜色、图案和绒毛的处理就能得到变化丰富的地毯设计。

从制作材料来说，地毯分为化纤地毯、羊毛地毯、麻地毯等品种；尽管地毯有不同的材料及样式，却都有着良好的吸音、隔音、防潮的作用。居住楼房的家庭铺上地毯之后，可以减轻楼上楼下的噪声干扰。地毯还有防寒、保温的作用，特别适宜风湿病人的居室使用。羊毛地毯是地毯中的上品，被人们称为室内装饰艺术的"皇后"。

手工编织的纯毛地毯是采用优质绵羊毛纺纱，用现代染色技术进行染色，由编织工人依据设计图稿手工编织而成，再以专用机械平整毯面或剪出凹型花的周边，最后用化学方法洗出丝光。手工编织地毯在我国新疆、内蒙古、青海、宁夏等地有悠久历史，国外如伊朗、印度、巴基斯坦、土耳其、澳大利亚等国也有生产。由于地毯文化的不同，因而在地毯的花纹、色彩、样式上形成了各自不同的地域风格。

机织纯毛地毯由于采机器化生产，提高了工效，节省了人力，故价格低于手工编织地毯，但其性能与手工编织纯毛地毯相似，是介于手工编织纯毛地毯与化纤地毯之间的一种中高档地毯，常用于宾馆、会议室、宴会厅、住宅等地方。

化纤地毯是以化学合成纤维为原料加工成面层织物，与背衬材料胶合而成。按所用的化学纤维不同，分为丙纶化纤地毯、腈纶化纤地毯、锦纶化纤地毯、涤纶化纤地毯等。按编织方法还可分为簇绒化纤地毯、针扎化纤地毯、机织化纤地毯及印刷化纤地毯等。

第二章　环境艺术设计的相关学科与空间设计

环境设计的另一个名称就是环境艺术。到目前为止，该学科还在不断发展，至今也没有一个相应完善的理论体系。但可以这么理解，环境艺术设计所包含的范围甚为庞大，没有一个具体的定义和概念能够概括它的整个理论体系，而且环境艺术设计派别非常多，每个人对环境艺术设计都有着不同的看法和理解。环境艺术虽是艺术的一种，但其实所包含的内容比建筑艺术还大，具体规范也十分广泛，还多了工程所没有的感情在其中。因此，本章将对环境艺术设计的相关学科进行简要分析。

第一节　人体工程学与环境艺术设计

一、人体工程学的概述

设计服务于人。人总是在某一个环境中使用着某些物质设施，或是生活和工作的工具，或是人类生活的空间环境。人的生活质量和工作效能很大程度取决于这些设施是否适合人的行为习惯和身体各方面特征，所以学习人体工程学，并将人体工程学的设计要素应用于设计之中，才能使设计更好地为人服务。

（一）人体工程学的起源

人体工程学起源于欧美，原先是在工业社会中，开始大量生产和使用机械设施的情况下，探求人与机械之间的协调关系，作为独立学科已有40多年的历史。第二次世界大战中的军事科学技术，开始运用人体工程学的原理和方法，在坦克、飞机的内舱设计中，如何使人在舱内有效地操作和战斗，并尽可能使人长时间地在小空间内减少疲劳，即处理好人—机—环境的协调关系，并伴随着人类技术水平和文明程度的提高而不断发展完善。

（二）人体工程学的含义

人体工程学是一门关于技术和人的协调关系的科学，也是一门多学科的交叉学科。它首先是一种理念，把使用产品的人作为产品设计的出发点，要求产品的外形、色彩、性能等，都要围绕人的生理、心理特点来设计；然后是整理形成的设计技术，包括设计准则、标准、计算机辅助设计软件等；这些设计技术再和特定领域的其他设计技术及制造技术相结合，就形成符合人体工学的产品，这些产品让使用者更健康、高效、愉快地工作和生活。人体工程学研究的核心问题是不同的作业中人、机器及环境三者间的协调，研究方法和评价手段涉及心理学、生理学、医学、人体测量学、美学和工程技术的多个领域，研究的目的则是通过各学科知识的应用，来指导工作器具、工作方式和工作环境的设计和改造，使作业在效率、安全、健康、舒适等几个方面的特性得以提高。

（三）人体工程学研究的内容及体现

1.人体工程学研究的内容

早期的人体工程学主要研究人和工程机械的关系，即人机关系。其内容有人体结构尺寸和功能尺寸，操作装置，控制盘的视觉显示，这就涉及心理学、人体解剖学和人体测量学等，继而研究人和环境的相互作用，即人—环境关系，这又涉及心理学、环境心理学等。

2.人体工程学在环境艺术设计中的体现

由于人体工程学是一门新兴的学科，人体工程学在室内环境设计中应用的深度和广度，有待进一步认真开发，目前已开展的应用方面如下：

（1）确定人和人际在室内活动所需空间的主要依据；

（2）确定家具、设施的形体、尺度及其使用范围的主要依据；

（3）提供适应人体的室内物理环境的最佳参数；

（4）对视觉要素的计测为室内视觉环境设计提供科学依据。

人在室内环境中，其心理与行为尽管有个体之间的差异，但从总体上分析仍然具有共性，仍然具有以相同或类似的方式做出反应的特点，这也正是我们进行设计的基础。

（四）人体工程学的发展

早在20世纪初，英国人泰罗设计了一套研究工人操作的方法，通过研究怎样操作才能省力、高效，并制定出相应的操作制度，人称泰罗制。这标志着人类功效学的开端。

第一次世界大战期间，由于生产任务紧张，工厂加班生产，出现了二人工作效率降低、操作失误的现象。于是研究如何减轻疲劳、提高功效便成为当务之急，人类功效学才受到重视。首先在英美两国，继而在欧洲许多国家开始了人类功效学的研究。

随着对人类功效学研究的重视，1950年在英国成立了世界上第一个人类功效学学会——英国人类功效学学会；1957年美国创立了人的因素学会；国际人类工程学学会于1961年成立，并在瑞典首都斯德哥尔摩召开了第一次国际会议。此外，日本、德国和苏联也相继成立了学会。

我国在此领域的研究起步较晚，1989年成立了中国人类工程学学会，并于1991年1月正式成为国际人类工程学学会会员。

二、人体工程学艺术的关系

（一）人体工程学与人体艺术

人体工程学其实很早就在绘画作品当中有所体现，如达·芬奇的《维特鲁威人》就是很好的例证，人体工程学经过不断地演变与完善，不但给关于人类身体的艺术设计和工业制造带来了更可靠的科学依据，也为传统绘画形式的人体形态构成带来了新的突破和完善。通过了解人体工程学的人体运动形态和人体运动极限，带给了基于解剖学的艺用解剖理论新的"动"力根据。

这样把人体工程学相关理论融入艺术创作中不外乎为一种对于新理论新科学的探索研究。人体工程学即研究的主体为人本身，那么在艺术形态中选择的载体，当选人体艺术了。人体艺术的形式表达不但直接明确，基于人体艺术的发展历史和特性，还更易于创作者有效地表达和意境的精确绘制，是完美的创作契机。

人体艺术源于15、16世纪后期，文艺复兴时期的意大利和法国，它一开始是利用古代神话题材进行艺术创作，一方面是力求表现人体本身的美，另一方面是借以表达社会和人性的真善恶。人体艺术的出现打破了当时宗教的种种限制，突破了早期宗教对人体的禁欲。

人们之所以喜爱人体艺术，是由于艺术家借用人体语言来崇拜生命、赞美自然、歌颂青春、讴歌爱情、追求自由，这种创作表现是产生优秀人体艺术作品的内在动因。

这种艺用的理论和艺术表达形式的新意的结合，突出的正是思想理念和境界的超脱，以及回归人类自然本源的审美体验。艺术的体验，是高级的生命活动过程，突出体现为人的主动、自觉的能动意识。在形象体验的过程中，主客体融为一体，人的外在现实便主体化，人的内在精神变得客体化。在人类的多种体验当中，审美体验最能够充分展示人自身自由自觉的意识，以及对于理想境界的追寻，因而可以称之为最高的体验。人在这种体验中获得的不仅是生命的高扬、生活的充实，而且还有对于自身价值的肯定，以及对于客体世界的认知和把握。因而，我们不仅应把审美体验视作人的一种基本的生命活动，而且还应该将其视作一种意识活动。这种意识活动便是我们一些精神追求的体现。艺术表达的审美体验就是人们对于意识形象的直觉。这种直觉是指直接的感受，不是间接的、抽象的和概念的思维。意识形象是指审美对象在审美主体大脑中所呈现出来的形象，它也是审美对象本身的形状和现象，当然会受到审美主体的性格和情趣的影响而发生变化。

当人们从简单中看出了深意，在精神的艺术波澜中寻找到了萌点，并在原始美中看到了新生，就会在心中迸发出超然的感悟，聆听到画语发生了共鸣。因而把握中的人体艺术，抛离了想入非非、邪念丛生的歧途。在新的形势下会不断启发人们，米开朗琪罗的《大卫》以男性阳刚之美的力度感动人们，罗丹以性爱为主题的雕塑，更使人远离肉欲，感受到青春美丽和生机活力。

（二）人体工程学在当代艺术中的发展方向

"当代艺术"在时间上指的是今天的艺术，在内涵上也主要指具有现代精神和具备现代语言的艺术。艺术发展至当代，无论审美还是形式上都越来越多元化。从当代艺术中，我们可以看到多种文化的交流碰撞，对传统经典的消融和解构，以及对于自我感情的表达。当代艺术追求纯粹的视觉感受，追求形式至上，赋予形式独立的价值功能。

然而，当代艺术在追求其独特的艺术形式的同时，也不可避免地要面对些质疑。当代艺术重视形式构成、视觉冲击，主题性的作用以及技法的艺术性则相对显得不够分量。无论古今中外，任何艺术品都不可避免地要面对一个问题，那就是这件艺术作品的价值何在？这或许是出自人的一种情结或直觉的判断。即使当代艺术形式如此多元，包容性如此之强，也难免被人们用艺术概念的眼光去问，这是艺术吗？它的艺术性体现在哪？不但常人反应如此，即使是从事艺术工作的人也是一样。因此，艺术性和概念性的问题常常是关于当代艺术的争议至所在：当代艺术太简单、没有艺术性、谁都会玩，等等。在这种情况下，关于当代艺术价值的问题开始受到关注。什么样的作品有艺术性？什么样的艺术作品才有价值？这时艺术价值的评判标准则不仅仅是形式或技法的方面，而应扩展为艺术目的和意图领域，艺术作品是否满足了艺术家的追求、是否传递了艺术家的经历和情感。

人体工程学的研究无疑是有意义的，它揭示了人体的一般规律，联系了人与环境的关系，以此为基础，将人体工程学理论融入艺术创作也是具有现实意义的。就《维特鲁威人》来说，人体结构规律的表现不需要细说，更具有当代艺术价值的是其画面中和谐的、极具美感的基本构图，也被视为现代流行文化的符号和装饰，至今流传在我们的生活中。这种衍生的艺术形式，对今天将人体工程学与艺术的结合有很重要的启发作用。因为它让我们将观察的对象由人本体，发散到一切与人体有关的事物上去。

三、人体工程学在环境艺术设计中的应用

作为一门新兴的学科，人体工程学的概念虽然引进我国已有若干年，但其在环境艺术设计中应用的深度和广度，还有待进一步研究和开发。

（一）确定人在环境中活动所需空间的主要依据

根据人体工程学中的有关试验数据，从人的尺度、动作域、心理空间以及

人际交往的空间等，以确定空间范围。

　　室内外环境的空间模数也是根据人体工程学的有关实验数据来确定的，它与人的体位状态及其在空间活动中的尺度相关联。室内设计的空间模数是300mm，这个数字的确定主要是依据人的体位姿态与相关行为的尺度，同时又与室内装修材料的规格尺寸相吻合。这个数字之所以能够担当室内尺度模数，是与它在人的行为心理与室内的平面、立面设计中具有的控制力相关。

　　常用的室内尺寸如下：室内隔墙断墙体：厚0.12m；大门：高2.0～2.4m、宽0.9～0.95m；厕所、厨房门：宽0.8～0.9m、高1.9～2.0m；室内窗：高1.0m，左右窗台距地面高0.9～1.0m；玄关：宽1.0m、墙厚0.24m；踏步：高0.15～0.16m、长0.99～1.15m、宽0.25m；扶手宽0.01m、扶手间距0.02m、中间的休息平台宽1.0m。

（二）确定家具等设施的形态、尺度及其使用范围

　　建筑空间的尺度、家具设施的尺度以及家具之间的布置尺度，都必须以人体尺度为主要依据，由人体工程学科学地予以解决。更进一步来看，座椅的高度直接影响到人体的姿势以及人体的受力程度分布。美国工业设计师、建筑师亨利·德莲弗斯列举了设计不合理的桌椅：（1）扶手过宽；（2）椅面过凹；（3）座面前端过高；（4）座面深度过大；（5）靠背支撑点位置不准确；（6）座椅靠背面过弯。

　　常用家具尺寸：（1）单人床：宽0.9m、1.05m、1.2m；长1.8m、1.86m、2.0m、2.1m；高0.35～0.45m。（2）双人床：宽1.35m、1.5m、1.8m，长、高同上。（3）圆床：直径1.86m、2.125m、2.424m。（4）衣柜：厚度0.6～0.65m、柜门宽度0.4～0.65m、高度2.0～2.2m。（5）正方形茶几：宽0.75m、0.9m、1.05m、1.20m、1.35m、1.50m，高度0.33～0.42m，但边角茶几有时稍高一些，为0.43～0.5m。（6）书桌：厚度0.45～0.7m（0.6m最佳）、高度0.75m。（7）书架：厚度0.25～0.4m、长度0.6～1.2m、高度1.8～2.0m。（8）椅凳：座面高0.42～0.44m、扶手椅内宽于0.46m。（9）餐桌：中式一般高为0.75～0.78m、西式一般高为0.68～0.72m。（10）方桌：宽1.20m、0.9m、0.75m。（11）抽油烟机与灶的距离一般为0.6～0.8m。

（三）动作空间

人的基本姿势可以分为四种：站立姿势、倚坐姿势、平坐姿势和卧式体位等，这些基本姿势与生活行为相结合，构成各种生活姿势。

人在一定的场所中活动身体的各部位时，就会创造出平面或立体的领域空间，这就是动作空间。不合理的动作导致工作效率低下，容易招致疲劳，引发事故，动作空间由动作领域中身体的活动空间与器械或家具的空间组合得到。而用手在水平面上进行工作的情况较多，工作面可以分为通常工作范围和最大工作范围。

（四）人体工程学与环境艺术设计的关系及作用

人与环境之间的关系如同鱼与水的关系一样，彼此相互依存，人是环境的主题，在理想的环境中，不仅能提高工作效率，也能给人的身心健康带来积极的影响。从环境艺术的角度来说，人体工程学的主要功能和作用在于通过对人的生理及心理的正确认识，使一切环境更适合人类的生活需要，进而使人与环境达到统一。

人体工程学在环境设计中的作用主要体现在它为确定空间场所范围提供依据，为设计家具、设施提供依据、为确定感觉器官的适应能力提供依据。因为影响场所空间大小、形状的因素很多，但最主要的因素是人的活动范围及设施的数量和尺寸。因此环境艺术设计当中不能忽视人体工程学，只有根据人体学设计的环境才能更舒适，满足人们生活的需要。

第二节　环境行为心理学与环境艺术设计

环境艺术设计应合理地与环境行为心理学相结合，根据环境行为心理学的特点进行作品创作，重视人与物和环境之间以人为主体的具有科学依据的协调性。

一、环境行为心理学的基本内涵

（一）环境行为心理学的定义

环境心理学是研究环境与人行为之间相互关系的学科，着重从心理学和行为学的角度，探索人与环境的最优化，涉及心理学、医学、社会学、人体工程学、人类学、生态学、规划学、建筑学以及环境艺术等多门学科，重视人工环境中人们的心理倾向，着重研究下列课题：

（1）空间环境与人类行为的关系；

（2）人类怎样对环境进行认知；

（3）环境空间的利用以及空间效能的提高；

（4）人类怎样感知和评价环境；

（5）建成环境中人们的行为与感觉。

（二）环境行为心理学的应用

环境行为心理学是心理学的新兴学科之一，是环境学和应用心理学的结合。它主要是研究主体与环境交流的模式，试图发现人类对环境反映的信息之后，利用这些信息，争取获得一副联系两者并反映两者之间关系的清晰图解，从而改善或设计我们身处的环境。比如，环境心理学家发现，当办公场所有植物出现时，员工的工作效率会大大提升。办公室里的植物不但能清新空气，而且还能使人们保持良好的工作状态。人们工作烦劳之时用眼睛余光巧射到的绿色植物能降低血压、放松心情，激发创造力。放送分贝低于55的简单的轻音乐有助于我们集中注意力且充满能量从事脑力活动。精心设计的空间可以使人感觉舒适，它满足人们合理控制环境的心理需要。

人是理性与非理性思维和情感的综合体，其对环境的反应是与生俱来的，虽然由于民族地域、气质禀赋及人生经历的不同，会存在个体之间的差异，但因为共享相同的进化进程和身体结构，总体上我们对环境的反应与需求仍是大体一致的。设计师可以利用一些需求来指导环境设计。下面笔者以六种当代具有代表性的环境心理学理论为例，逐一阐释这些理论的具体运用。

1.唤醒理论

所谓"唤醒"，在神经生理学科看来，是指以大脑中心的网状结构被唤起为特征的脑活动增加。唤醒表现在生理反应上就是自主性神经系统活动增强，如心跳加快、血压增高、呼吸加速和肾上腺素增多等，也可能表现为行为反应上肌肉运动增强，或者更为直接的自我报告唤醒水平升高。唤醒水平与刺激物给人的感觉无关，只与刺激物的强度有关。例如，一次令人激动的约会与乘坐拥挤的电梯都会提高唤醒程度，甚至所引起的唤醒水平是一样的。

根据耶克斯—多德森定律，唤醒程度对绩效有重要影响。根据这一定律，当唤醒水平为中等程度时绩效最佳。根据这个观点，我们能够预测，拥挤、噪声、空气污染以及其他的环境刺激会增强个体的唤醒水平，其任务绩效也会随之提高或降低，这取决于在特定任务下，个体反映是高于还是低于其最佳唤醒水平显而易见，过低或过高的唤醒水平都不会产生令人满意的绩效。

2.环境负荷理论

环境负荷理论源于对人注意力和信息加工能力的研究。我们对外部刺激反应的能力是有限的，每一次对输入刺激的注意力也十分有限。当来自环境的信息量超过个体加工信息的最大容量时，就会导致信息超负荷。信息超负荷的一般反映是视野狭窄，即我们忽略那些与手头任务不太相关的信息对有关信息则给予更多关注。因此在具体的设计中，设计师应该注意采取措施，以阻止无关或干扰信息的出现，防止人们出现心浮气躁、疲累等生理反应。例如，艾伦特曾和埃文斯指出，老师如果改变教室环境，就可尽量使学生少分心。

3.适应水平理论

适应水平是心理学家沃威尔最先提出的，他认为，过多或过少的感觉刺激、社会刺激都会引起我们不愉快的感觉，人们通常喜欢维持在一个中等刺激水平。大量研究表明，当人造景观的多样性达到中等水平时，就能最大限度地吸引我们，并带来愉悦感。

4.行为约束化论

根据行为约束理论，过多或不愉快的环境刺激有可能限制我们的信息加工能力，并易在一定程度上丧失对环境的控制感。

埃韦丽尔曾对环境的控制类型做出如下分类：（1）行为控制，即通过行为反应来改变具有威胁性的环境事件（如关掉噪声）；（2）认知控制，即加工有威胁的信息，评估事件的危险程度降低或者更好地了解他们（如判断天气的好坏）；（3）决策控制，就是从多种选择中选出一种（如选择一条合适的路线）。通过管理化约束可以实现行为控制，决定由谁来管理有威胁的事件以及让他们什么时候行动。行为控制也可通过调整刺激来实现，主要为避免、消除威胁以及其他方面的调整。实现认知控制的方法，可以是降低评估事件的威胁性或收集有关预测或结果等方面的信息。

但这并不意味着控制感越强，人们就越能成功地适应环境，事实上在有些情况下，控制感反而会导致威胁、焦虑和不适应行为的增多。一些证据表明，有些老人更愿意在出行等问题上，由别人做决定。

5.环境应激理论

环境应激理论是环境心理学另一个富于深刻启示理论。所谓应激源是指撞击个体身体与心智、威胁人的健康状况的不利环境，环境中的许多因素都可能是应激源，如噪声、拥挤，还有婚姻不和谐、自然灾害等。应激就是个体针对这些环境的反应，包括情绪上的不适、行为的异常和生理成分等。

6.行为背景化

巴克认为有什么样的背景就可以推知有什么样的行为。同样一个人在庄严肃穆的歌剧院中的表现必定会不同于热闹喧哗的小酒吧。吉布森和沃特曾经指出，公共场所禁烟的失败很大一部分原因是由于标识歧义与缺乏暗示性。在组织的多项调查中，他们发现如果违规吸烟发生在公共场所的中心地区或是有明晰标识的公共场所，非吸烟者会倾向于斥责吸烟者以捍卫其领地。

环境心理学的应用样式会在不同的情景中不断的调整，然而适合人生活、工作的理想场所"原型"总还是维持在一个比较稳定的水平。好的环境意象使人们精神上获得安全感，能够促进交往、交流、友善的和谐气氛增长。对于室内设计来说，这种"正空间"的形成有赖于设计师组织好空间，设计好界面、色彩和光照，处理好室内环境，使之符合人们的心愿。

当人处于一定的室内环境下，尽管由于个体差异不可避免的存在，心理活动，行为与感受存在明显的不同，但是从总体上观之许多规律已然存在，人们在本能的驱使下迎合，遵守着这种潜在的规则，即人们心理与行为的共性所在。例如，"领域性与人际关系"，就是比较有代表性的例子，领域性本是特指动物在其活动空间或者栖息地中寻求食物、传递信息、种群活动、繁衍后代等一系列适应环境，求得生存空间的行为。然而尽管人与动物在生存方式、语言交流、精神智力、意志决策与社会行为等方面存在本质的差异，但相同的是，两者在自己的生活圈中都不喜外界的干预与变化。这就导致人们总是愿意将室内环境当作自己的私密空间，在室内所进行的不同活动都有其限定的领域与范围，这与动物驱逐侵入者极为相似，人们会对扰乱自己室内环境的人或物感到明显的不满与敌意。还有，"私密性与近端趋向""依托的安全感""从众与趋光心理"等规律。在流线设计与规划中，设计师要注意运用这些规律，以带给人们赏心悦目的视觉感受。

（三）环境艺术中环境行为心理学的具体表现

环境对于主体心理极其行为有着举足轻重的作用，环境能给人们提供各种各样的感官刺激，如光照、噪声、色彩、温度等。人对这些刺激能产生相应的心理反应，抓住这种心理反应，从人的心理角度进行环境的规划与设计出发，才能真正把握住人的需求。建筑师迈耶认为个体能适应任何空间布局，而特定环境中的行为完全是由该环境的特点决定的，只要改变城市的物质形式，就能改变个体的行为。迈耶的观点显然过于绝对，他忽视了人与环境之间的互动关系，人具有通过主体行为改善环境的能力。

（四）环境艺术设计中的人际关系

在人类出现的时代就有亲疏远近的人际关系。并伴随着相应的心理活动。心理通过其外在行为表现出来，这便使得人们在同一空间内所处的位置以及所处位置带来的交互方式，又体现出相互之间的人际关系。有时人们下意识的行为，是由于人际关系而产生的一种不自觉行为，这种行为往往能更加真实地体现出人的潜在心理活动，如在办公室里与来访者洽谈的不同位置，均体现了主人与来访者不同的地位与心理状况。环境艺术设计为人们提供一定的向心核，使人们可以向核中心聚拢；反之，那些缺乏向心核的空间，如空荡荡的场地，或者笔直的道路则不容易聚拢人群。因此，设计者们在环境适合的人群中交流，可以增加一些向心的空间；而如果希望人们不要停留，尽可能快速地离开，则应提供一些离心的设计。我们比较一下那些情调浪漫，适合长时间交流的酒吧、咖啡厅的布局，以及那些希望人们快速用餐的快餐店、食堂的布局，就不难理解前面的观点。

二、环境行为心理的特征

（一）动作、行为的特性

人的动作、行为是有各种习惯性的，而且，这种习惯性是有共通性的。这样的倾向或习惯成为人的习惯特性，这不仅是人们自身所具有的特性，也影响到空间及家具设施等的使用状况。

1.关于门在哪一侧开启也可以看出人的习惯特性

对于各种门的习惯开启方式的调查结果显示，人们选择右手操作的倾向较强，"向右旋转=输出增大=开"成为比较固定的观念。

2.人的就座方式的不同也可显示出某种倾向。

调查结果显示，人们有把墙、窗置于左侧、正面，或把门置于背面的倾向。因此，可以看出东方人喜欢面墙、面窗而坐，而西方人则反之，喜欢背墙、背窗而坐。关于就寝方式，可以看出有把墙、窗置于头部一侧，而把门置于右侧或脚部一侧的倾向。

调查显示，接近九成的人把远离门口的座位、壁龛或壁炉前以及墙的一侧房间当作上座，而把视野好的位置当作上座的人约占75%；关于左右的位置，由于文化习俗不同而其认识差别也相当大。

（二）人的心理与行为

人在建成环境中，其心理与行为既存在个体之间的差异，但从整体上分析，又具有相同或类似的性质。"行为方式也是这种场所本身设计的重要组成部分。"美国建筑师艾尔伯特·拉特里奇甚至认为："环境设计成功的前提，是为使用者行为需要服务的思想，设计过程实际上就是探索怎样满足这种行为需要。"

1.领域性与个人空间

（1）领域性和个人空间都涉及空间范围内的行为发生，都是人们在心理上形成的空间区域。所不同的是，个人空间更多地受到现实条件的影响，是随着人的走动而移动，并随着环境条件的不同而发生尺度、方向上的变化；而领域性空间却是地理学上的一个固定点，不会随人的移动而变化。

（2）领域性原是生物在自然环境中为取得食物繁衍生存的一种行为方式，

主要是一种空间范围。人们常常根据不同的场合、不同的对象，下意识地调整着他们之间的距离。人们之间的空间距离，同时也反映了他们之间的心理距离。人们往往都希望使自己或自己所属的群体与其他人相对隔离开来，从而形成多个空间领域。

这种状况在各个年龄阶层中都存在，而且，似乎已被大家所默认。开始时，"这种现象可能只是无意识的行为倾向，久而久之，最后这类现象则会促成事实上的区域特权化。也就是说，领域性空间的形成是由于某些地点反复被一定的人群所占用，因此，该地点的领域性特权可能被人们所默认"。

在霍尔的研究中，根据人际关系的密切程度、行为特征，可把环境中人们之间的距离分为密切距离、个体距离、社会距离和公众距离。当然，不同民族、宗教信仰、性别、职业和文化程度的人，其人际距离也会不同。

人们在进行交往时，总是在随时调整着自己与他人所希望保持的距离，他们之间常常保持着的稀疏距离，远远超过了他们实际所需的尺度，但同伴之间则几乎没有多少间距。首先，这种调整是根据人们相互之间交往的形式而变化的，在不同情况下，空间距离的差异是非常悬殊的。其次，空间距离还受人们之间相互关系的影响，与人们之间的亲密程度呈反比的关系。关系越是亲密，空间距离就越小。一旦有人打破了这种潜在的空间距离规律，就会引起其他人的不安。

因此，根据霍尔及其他人的研究，又可以把伙伴之间的距离总结为：排他域、会话域、接近域、相互认识域和识别域，根据各个阶段的特征，其距离也可按以下所示做出大致的区分：

①排他域（≤0.5m），通常他人不能进入这个范围；

②会话域（0.5~1.5m），会话交谈时所采取的距离，不交谈时他人不想进入这个范围；

③近接域（1.5~3m），可以进行会话，他人在这个范围内视线很难重合；

④相互认识域（3~20m），明白对象的表情，相互问候；

⑤识别域（20~50m），明白对象是谁。

而且，人们关系的不同、交往目的的不同，都会决定他们之间的距离和个人空间，调查结果显示出人们由于交谈目的的不同而选择不同的座位。

2.私密性与尽端趋向

私密性是人对人际界限的控制过程，它包括限制与寻求接触双方的过程。人在特定的时间与情境里，有一个主观的与他人接触的理想程度，即理想的私密性，因此，私密性也是寻求人际关系最适化过程。可以说，人的私密性要求并不意味着自我孤立，而是希望可以控制、选择与他人接触程度的自由。理想的私密性可以通过两种方式来取得：利用空间控制机制和利用不同文化的行为规范与模式来调节人际接触。在此，我们关心的是如何从有形的物质环境设计来达成这样的目标。

私密性涉及在相应的空间范围内，包括视线、声音等方面的隔绝要求，以及提供与公共生活联系的渠道。调查表明，人们总是设法使自己处于视野开阔，但本身却又不引人注目，而且不太影响他人的地方。可以说人们普遍具有这样一种习惯，即对于空间的利用总是基于接近回避的法则，即在保证自身安全感的条件下，尽可能地接近周围环境以便更多地了解它。而那些既能有良好观景（或是观看他人活动）效果、又能获得静谧与安全感的位置，无疑是长时间坐着的人们的最佳选择。也就是说，人们对具体位置的选择，基本上是遵循"就近性、向背性、依靠性"的原则。如栏杆、隔堵、水池的边缘总是聚集更多的人群；座椅、花池都可作为依靠点。就近性是指人们到达某个地点的方便程度；向背性是指地点的观景效果，依靠性是指周围环境是否有一定的私密性，能否使人获得足够的安全感。

根据文化人类学者霍尔的研究，人们在谈话时，即使有带座位的家具，也尽量保持相对型的形式和距离，如阅览室或电车的座位都是从两端开始占满空间的。

3.看与被看

调研报告显示，大多数人（特别是单独的使用者）在休息时，常常愿意选择面对人们活动的方向。人看人、看与被看的行为规律，早就为众多的调查研究所证实，带有很大的普遍性。对别人保持好奇心几乎是所有人的本性，在对他人的观察之中，人们借此判断自己与大众的关联性，并由此而获得心理上的认同感和安全感。可以说，"人看人，其乐无穷"。而被看的欲望同样是人的本能，通过吸引观众来激发某种愉悦感，这种举动更深的含义在于他人的凝视，否则，愉悦之情就荡然无存了。不少人去热闹的地方看热闹，同时也是为了让别人来看他。还有的人消磨不少时间，是为了把人们的注意力吸引到能显示自己身份的标志上。城市公共间就像一个巨大的舞台，市民既是观众又是演员。

（三）空间形态与心理行为

一方面，环境空间需要根据人们的生活经验以及现实的需要营造出来，体现了人的行为活动要求和心理要求，与风俗习惯、社文化等各方面具有内在的联系；另一方面，环境空间同时也对其使用者施加着影响，通过人的知觉过程而改变其心理模式，从而形成新的行为方式。这两个过程是交替而且重复进行的，因此不仅需要环境的空间布局，还要考察人的行为的空间格局，即各种活动适宜地点与空间特征等，来研究空间形态与人的心理、行为的相互作用。

室外空间中道路的宽窄、空间的开阔与封闭，以及由此形成的空间形态上的对比关系，使人们自然会寻找那些主要的道路，或是宽阔的、规整的空间去完成其行为。而且，对于这样的空间，人们心理上有一种天然的信任和安全感。很显然，无论对于哪一个年龄段的人们来说，宽阔的空间使用效率更高。

（四）边缘效应

在对我国城市广场的使用状况的观察中发现，几乎所有的边界周围，包括陆地与水、草坪与硬质地面、台阶、成排的路灯或树木都聚集了很多的人群。这种明显可见的分界线本身就是吸引人们的因素，它不仅对那些行为霸道的人群具有吸引力，对于那些比较胆小的、想要获得某种安全感的人同样具有强大的吸引力。这是因为边缘界面总是给人一种控制环境的感觉，这些环境的次要标志，有助于人们达到上述目的。这些明显的分界线，不仅能够提醒使用者他们所占的区域范围，而且也帮助他们不会在无意间闯入别人的领域。

人们对空间私密性的要求，也会表现在边界效应上。追求个人私密的人并非出于对空间的长期控制，而仅仅是在某时某地当某种需要出现时，设法获取并维持对某一个满意环境为我所用的暂时控制。而这些空间的边界，既能使自己与他人保持距离，在别人面前不会过多的显露自己；又能与他人保持若即若离的联系，对可能发生的情况随机应变。

三、环境行为心理学在环境艺术设计中的应用

（一）环境行为心理学在环境艺术设计中的应用原则

1.可识别性原则

这是环境设计的第一原则。在环境设计中，再巧妙的流线设计，如果没有导向者或者有了导向图游客并不理解，都是无济于事。对定位的要求是人的本能。就像山间乡村远足时，我们总是会不断地搜索周边环境中的有关信息，以至于不迷失方向，定位和迷失方向是紧密相连的。而在室内空间中失去方向的现象，往往会使知觉发生困难。因此，清晰的指路标志、方位导游图、看得见的定位辅助是流线设计必不可少的考虑因素。另外，流线设计本身也不宜过于复杂、应有明确的顺序性、以求精练实用，尽量为观众提供轻松的参观路线。

2.方向性与导向性原则

在展览室内的空间中，方向就是指人的"动向"，动向受生理和心理的影响。据人体工程学统计研究发现，人体有着习惯于靠右行、逆时针转向的动作性行为习性。因此，考虑到人体功能反应的适宜程度，参观展览流线设计以逆时针为宜。另外，对观众来说，展馆是个陌生的地方，时刻要关注自己的动向，这会增加他们参观的疲劳。在适当位置上如走道交叉处、楼梯平台处重复设置一些导路标示可以增强他们前行的信心，减少游客因生理或心理疲劳而过早离开展馆的情况。

3.和谐性原则

和谐乃美的最高形式。展示的空间艺术设计也是一个系统的设计，也需要充分考虑设计中的和谐，将各个不协调的因素协调统一起来，最终达到美的享受。因此环境设计要根据展示内容衍生的科学程序安排流线的走向，做到高低起伏、动静结合。环境设计是个综合的工程，空间配置、流线计划、平面规划、空间构成等需要一并考虑、综合处理，在尊重原有建筑的空间关系的前提下努力与之保持和谐；环境内几乎所有的设施、建筑的位置、体量、材质、色彩、造型等都对空间的整体效果产生影响，直接反映环境空间实用性、观赏性和审美价值，要努力平衡这些因素的影响关系。但在场馆展示设计中合理的空间、色彩、结构、材质的变化也是必要的，因此在展示设计中经常需要在统一的过程中创造变化的空间。

4.自由性原则

参观环境的设计，应当赋予观众充分的选择机会。原因有二：其一，不同的观众有不同的需求，没有一种特定的设计可以满足如此庞杂的人群的各种需求；其二，依据博物馆学参观者研究的结论，参观者更倾向于选择比较自由的参观路线，限定单一的选择会使参观者产生乏味枯燥的心理，这不利于达到展览预期设想的效果，所以在参观动线的设计给予更大的选择空间，提供多种灵活变通的短路线，能满足参观者的猎奇心，极大地调动参观者的积极性。

5.趣味性原则

环境设计应该兼顾观众的娱乐休闲的要求，善于调动观众的积极性。在通道上可以设置一些艺术景观设施如雕塑、艺术小品、壁画等，使观众在行走时不感到无聊。随着科技的发展，设计师也可以借助技术为参观者创造出奇妙的体验。例如在一些城市规划展览馆中，设计师利用地面互动投影多媒体技术，将影像投射到地面上，使观众产生如空中飘行、水中漫步的奇妙感觉。这种基于观众体验的新奇设计方法使展示的趣味大增。

（二）基于环境行为心理学的环境艺术设计要求

环境设计是为人的赏心悦目与实用而设计的，不但需要满足人物质方面的需求，也需要满足人的心理反应、伦理思想、审美趣味等心理层面的需求。一个好的环境设计需要达到以下要求：

1.生态性要求

所谓生态性，是指一切按照自然环境原本的样式进行设计、因地制宜、力争减少资源消耗、降低成本、满足人们休养生息、享受自然美的生态需求。人类在地球上已经生活了几十万年，生态设计存在着很大的前景，它以大自然亿万年生态进化的积淀为背景，十分切合人类心灵深处的美的"原型"。在流线设计中，让风、水、草、木等自然要素注入空间中，无形中可以给观者一种遐想和情感。

2.延展性要求

从人的心理需要上来说，总是希望宽敞、开放的环境。在展馆环境空间组织中，设计师应力求打破展馆封闭的空间，模糊和软化边界空间，让展馆与外部相接，丰富观者的体验。

3.情感性要求

流线的人文意识首先应体现在"重视交流"，当然这种交流并不局限在设计知识与技能的层面，它更应是情感与精神的交流。设计师应充分利用流线设计，使自己的设计能左右观者的情绪起伏，使展览信息得到最大程度的传达。

4.审美性要求

审美是情感熏陶的更高层次。好的流线设计作品不但能把观者带至特定的情绪性氛围中，更能以一种审美的方式对它加以超越，使之回味无穷。审美是人类特有的一种品质，在审美性的空间中，人不仅感受到了悲伤、愤怒、激昂、兴奋等情感性体验，还能从中获得一种肯定和力量，获得一种希望。这就是展馆空间设计的最高目的所在。

（三）环境行为心理学在环境艺术设计中的体现

1.环境设计应符合人们的行为模式和心理特征

现代社会日益恶化的环境引起了人们极大的关注：环境如何才能更好地与使用者的行为心理相协调？这一问题要求人们在新的条件下更深入地研究环境与人们行为心理之间的关系。在相当长的一段时间里，设计师自信他们能够完全按照自己的意志创造一种新的物质秩序，甚至一种新的精神秩序。他们认为环境是人的行为的决定因素，相信使用者将会按照他们的意志去使用和感受环境。这种变相的"环境决定论"造成了人与环境的隔阂。

这是由于环境艺术设计不是一门纯粹的技术或艺术的问题，而是牵涉到许多学科领域。人们通过"环境—行为"的研究来探索行为机制与环境的关系，然后由具体的环境设计来加以满足，其结果必然是使环境更加符合人们的物质与精神的要求。环境艺术设计是为人服务的，而人是活动的、多样化的，不同社会文化背景、经济地位、年龄、性别、职业的使用者的行为模式和心理特征不同；从另一方面来说，了解特定场所与行为相互作用的规律，对环境设计可以起到巨大的指导与启发作用。

环境艺术设计中，了解使用者在特定环境中的行为与心理特征，就可以避免设计师只凭经验和主观意志进行设计的问题，从而在设计师与使用者之间架起一座联系的桥梁，使设计建立在科学基础之上。

2.认知环境和心理行为模式对组织空间的提示

在认知环境中结合上述心理行为模式，对环境艺术设计中空间的组织具有某种提示。

首先是空间的秩序，是指人的行为在时间上的规律性或倾向性。这一现象在环境中是非常明显的。例如，火车站前广场的人数每天随着列车运行的时间表而呈周期性的增加或递减。掌握这些规律对于设计师合理安排环境场所的各种功能和提高环境的使用效率很有帮助。

其次是空间的流动，是指人在环境空间中从某一点到另一点的位置移动。在日常生活中，人们为了一定的目的从一个空间到另一个空间的运动和改变场所，都具有明显的规律性和倾向性。人在空间中的流动量和流动模式是确定环境空间的规模及其相互关系的重要依据。

最后是空间的分布，是指在某个时间段人们在空间中的分布状况。经过观察可以发现人们在环境空间中的分布是有一定规律的。有人将人们在环境空间中的分布归纳为聚块、随意和扩散三种图形。在人们的行为与空间之间存在着十分密切的关系和特性，以及固有的规律和秩序，而从这些特性可看出社会制度、风俗、城市形态以及建筑空间构成因素的影响。将这些规律和秩序一般化，就能够建立行为模式，设计师可以根据这一行为模式进行方案设计，并对设计的方案进行比较、研究和评价。

3.使用者与环境的互动关系

在特定的社会关联中，人被同时看作主动的和被动的：在决定社会即环境形式方面是主动的，而在经受社会和环境影响方面则是被动的。这种人与环境的互动关系，就是一个阅读的过程。人类生活方式的变化导致对空间需求的变化。环境艺术设计应研究城市生活的规律，研究不同时间和地点人们活动的特点，满足人们对空间环境的需求。如果人们没有按照设计意图来使用空间环境，那么是否可以认为设计本身也需要承担一定的责任呢？

现实中，空间环境的形成和其中人的活动是一回事，就像在一场优秀的戏剧中舞台设置与演出是相互补充的关系一样。而对于设计师来说，更需要关注的是静止的舞台在整场戏剧中的重要性，并通过它去促进表演。从某种程度上来说，人们塑造了空间的文化环境，反过来，空间环境也影响着、塑造着人。

4.环境行为心理学在室内设计中的应用

（1）室内环境设计应符合人们的行为模式和心理特征。

（2）认知环境和心理行为模式对组织室内空间的提示。

从环境中接受初始的刺激的是感觉器官，评价环境或做出相应行为反应的判断是大脑，因此，"可以说对环境的认知是由感觉器官和大脑一起进行工作的"。认知环境结合上述心理行为模式的种种表现，设计者能够比通常单纯从使用功能、人体尺度等起始的设计依据，有了组织空间、确定其尺度范围和形状、选择其光照和色调等更为深刻的提示。

（3）室内环境设计应考虑使用者的个性与环境的相互关系。

环境心理学从总体上既肯定人们对外界环境的认知有相同或类似的反应，同时也十分重视作为使用者的人的个性对环境设计提出的要求，充分理解使用者的行为、个性，在塑造环境时予以充分尊重，但也可以适当地动用环境对人的行为的"引导"，对个性的影响，甚至一定程度意义上的"制约"，在设计中辩证地掌握好分寸。

四、环境艺术中环境行为心理学的具体表现

（一）安全性

在环境艺术设计中，不同的长度、宽度、高度带给人的心理感受是不同的。当空间顶部过低时会产生压抑感，在矩形的空间中会感觉稳固、规整，在圆形空间中会感觉和谐、完整，如中国大剧院的顶棚设计，波浪形的空间会给人活泼、自由的感觉。环境艺术设计中，从人的心理感受来说并不是越开阔越好。当空间过于宽广时，人往往会有一种易于迷失的不安全感，人需要有安全感，需要一种被保护的空间氛围。因此，人们更愿意寻找有所"依托"的物体。例如，在火车站和地铁车站的候车厅或站台上，人们并不是停留在最容易上车的地方，而是相对分散在厅内、站台的柱子附近，适当地与人流通道保持距离，因为在柱边人们感觉有了"依托"、更具有安全感，所以在现在的环境艺术设计中越来越多地融入了穿插空间和子母空间的设计，目的是为人们提供一个稳定安全的心理空间。

（二）私密性

私密性是指个人或群体控制自身在什么时候，以什么方式，在什么程度上与他人交换信息的需要。追求私密性是人的本能，它使人具有个人感，按照自己的想法来支配环境，在没有他人在场的情况下充分表达自己的感情。自然，它也使个体能够根据不同的人际关系与他人保持不同的空间距离。我们每一个人周围都有一个不容他人侵犯不见边界，随着我们的移动而移动，并依据情境扩大和缩小的领域，称之为"个人空间"。我们在与别人接触时会自动调整与对方的距离，这不仅是我们与对方沟通的一种方式，也反映了我们对他人的感受。美国研究者划分了四种个人空间的范围，即亲密距离、私人距离、社交距离和公众距离。这四个层次反映出不同情况下人们的心理需求，体现了公众性与私密性矛盾统一的界限：既要保持领域占有者的安全，又要便于人群的交往。心理学家萨姆设计了陌生人的个人空间模式。它表明，相隔足够距离的单座椅子有可能利用率最高，三座连排椅的利用率有可能达到2/3，而两座相连的椅子利用率只有大概1/2。这说明人们出于私密心理的需要，在行动中会不自觉地占领某一区域，并对该空间进行护卫。

（三）领域性

领域是指人所占用与控制的空间范围。领域的主要功能是为个人或某一群体提供可控制的空间。这种空间可以是个人座位、一间房子，也可以是一栋房子，甚至是一片区域。它可以有围墙等具体的边界，也可以有象征性的、容易为他人识别的边界标志或是使人感知的空间范围。中国传统建筑，小到四合院，大到紫禁城，无一不体现出强烈的领域感。领域实际上是对一个人的肯定以及对归属感和自我意识的肯定。因此，人们常通过姿势、语言或借助外物来捍卫领域权。例如，在餐馆就餐时，人们总是首先选择靠角的座位，其次是靠边的座位，在满足私密心理的同时形成自己临时的领域。

人的空间行为是一种社会过程。使用空间时人与人之间不会机械地按人体尺寸排列，而会有一定的空间距离，人们利用此距离以及视觉接触、联系和身体控制着个人信息与他人之间的交流。这就呈现出使用空间时的一系列围绕着人的气泡状的个人空间模式。它是空间中个人的自我边界，而且边界会随着两者关系的亲近而逐渐消失。此模式充分说明了空间确定绝不是按人体尺寸来排列的。只有当设计的空间形态与尺寸符合人的行为模式时，才能保证空间合理有效地利用。因此，对人使用空间行为的充分考虑是进行环境艺术设计的一个重要前提。

（四）从众心理与向光性

人具有从众心理。在公共场合的突发事件中，人们的第一感觉是要随着人流走动，不管其走向是否安全，人们无暇顾及路线与标志，上述情况就是从众心理在起作用。人们在环境空间流动时，还存在着从暗处到明处的趋向，我们称之为向光性。这种向光性是人类的本能和视觉特性。根据人的从众心理与向光性特点，在设计公共场所的环境时，首先应注意空间与照明等的导向作用。标志与文字的引导固然重要，但从紧急情况时人们的心理与行为来看，空间、照明、音响等的作用更大，因此要给予高度重视。

环境对于主体心理及其行为有着举足轻重的作用，环境能给人们提供各种各样的感官刺激。人对这些刺激能产生相应的心理反应，抓住这种心理反应，从人的心理角度进行环境的规划与设计，才能真正把握住人的需求。

第三节　空间设计

一、空间的概述

（一）空间的概念与特性

环境艺术设计中所指的空间是人类有序生活组织所需要的物质产品，是人类劳动的产物，有的书上称之为"建成环境空间"。人类对空间的需要，是一个从低级到高级，从满足生活上的物质需要到满足心理上的精神需要的发展过程，都受到当时社会生产力、科学技术水平和经济文化等方面的制约。人的主观要求决定了空间的基本特性，反过来，建成空间也会对人的生理和心理产生影响，使之发生相应的变化；两者是一个相互影响、相互联系的动态过程。因此，空间的内涵及概念都不是一成不变的，而是处于不断生长、变化的状态之中。

一般说来，一个围合空间需要若干个面，但一个或几个平面也可以暗示、划分，甚至限定空间，只不过这些空间所表达出的空间特性不同而已。如六个面构成明确的封闭空间，只要有一个面发生了变化，整个空间性质随之改变。在设计实例中，设计对象往往是由各种不同性质、特性的空间组合而成，这就要求我们对各种不同空间及其相互之间的联系与组合关系、方法进行深入的研究。

（二）空间形式

1.下沉式空间

局部地面下沉，在统一的空间中产生了一个界限明确、富有变化的独立空间，可以适应于多种性质的空间。由于下沉空间地面标高比周围低，因此会产生一种隐蔽感、保护感和宁静感，私密性较强。随着地面高差的增大，私密性增强，对空间景观的影响也更加显著。高差较大时应设置围栏。

2.地台式空间

与下沉式空间相反，将地面局部升高也能塑造一个边界明确的空间，但其功能、效果也几乎与下沉空间相反，适用于惹人注目的展示或眺望空间，便于观景。

3.母子空间

在大空间中围隔出小空间，采用封闭与开敞相结合的办法，增强亲切感和私密感，强调共性中有个性的空间处理，更好地满足人们的使用和心理需要。

4.凹室与外凸空间

凹室是在大空间中局部退进的一种空间形态，可以避免空间的单调感。由于其通常只有一面开敞，因此会形成较为私密的一角，具有清净、安全、亲密的特点。

外凸空间与凹室是相对而言的，对内部空间而言是凹室，对外部空间而言是向外突出的空间。

5.结构空间

通过对结构外露部分的观赏，来领悟结构构思及营造技艺所形成的空间美的环境，称为结构空间。结构的现代感、力度感、科技感，比之繁琐和虚假的装饰，更加具有震撼人心的魅力。设计师可充分利用合理的结构为视觉空间艺术创造提供明显的或潜在的条件。

（三）空间形态的启示

不同尺度形状的界面所组成的空间，由于形态上的变化，会给人以不同的心理感受。可以说，空间的设计就是空间形态的设计。那么，在物化存在的概念上，空间形态实际上是由实体与虚空两个部分组成，空间形态的构成就如同虚实之间的一场空间游戏，如美国著名建筑师弗兰克·盖里设计的美国博物馆。

就空间形态的造型语言来说，主要有直线与矩形、斜线与三角形、弧线与圆形三种空间类型以及由此引申出的各种综合形态。

1.直线与矩形

这是各类空间中最常用的形式，是由于建筑构造本身所具有的特点决定的。直线与矩形的方向感、稳定感、造型变化的适应性都较强，而且，从选材与构造上看，也比较经济。中国传统建筑正是运用直线与矩形创造出变化极为丰富的空间样式。

2.斜线与三角形

它实际上是直线与矩形在方向表现上的异化。从使用功能的意义上讲，斜线与三角形的空间形态设计难度最大，往往只适合于特定场所。但是，正是由于斜线与三角形的这种特点，往往能变不利因素为有利因素，成为出奇制胜的法宝，如贝聿铭设计的卢浮宫地下入口。同样是贝聿铭设计的华盛顿美国国家美术馆东馆，正是对三角形场地因势利导，巧妙地化解了斜线与三角形带来的难题，创造出优秀的空间形态。

3.弧线和圆形

它是个性强、变化丰富的空间形态。弧线具有很强的空间导向性。弧线与圆形在室内设计中能够塑造特殊的空间形态，淡化或强化空间的方向感。同一个圆形平面内，内弧位置方向感最弱，而外弧位置方向感最强；在同样面积的空间中，圆形的容积率最大，同时圆形的向心感也最强。

二、空间类型

（一）固定空间与动态空间

固定空间是指功能明确、位置不变的空间，可以用固定不变的界面围合而成。其特点是：

（1）空间的封闭性较强，空间形象清晰明确，趋于封闭性；

（2）常常以限定性强的界面围合，对称向心形式具有很强的领域感；

（3）空间界面与陈设的比例尺度协调统一；

（4）多为尽端空间，序列至此结束，私密性较强；

（5）色淡雅和谐，光线柔和；

（6）视线转换平和，避免强制性引导视线的因素。

动态空间（或称流动空间）往往具有开敞性和视觉导向性的特点，界面组织具有连续性和节奏性，空间构成形式变化丰富，常常使视点转移。空间的运动感就在于空间形象的运动性上。界面形式通过对比变化，图案线型动感强烈，常常利用自然、物理和人为的因素造成空间与时间的结合。动态空间引导人们从"动"式观察周围事物，把人们带到一个由空间和时间相结合的"四维空间"中。

（二）开敞空间与封闭空间

开敞空间与封闭空间常常是相对而言的，具有程度上的差别，它取决于空间的性质及周围环境的关系，以及视觉及心理上的需要。开敞的程度取决于有无侧界面、侧界面的围合程度、开洞的大小及升启的控制能力等。

而封闭空间是用限定性比较强的围护实体（承重墙、隔墙）等包围起来的，是具有很强隔离性的空间。随着维护实体限定性的降低，封闭性也会相应减弱，而与周围环境的渗透性相对增加，但与虚拟空间相比，仍然是以封闭为特色。在不影响特定的封闭功能的原则下，为了打破封闭的沉闷感，经常采用落地玻璃窗、镜面等来扩大空间感和增加空间的层次感。

从空间感来说，开敞空间是流动的、渗透的，受外界影响较大，与外界的交流也较多，因而显得较大，是开放心理在环境中的反映；封闭空间是静止而凝滞的，与周围环境的流动性较差，私密性较强，具有很强的领域性，因而显得较小。从心理效果来说，开敞空间常常表现得开朗而活跃；封闭空间表现得安静或沉闷，是内向的、拒绝性的，但私密性与安全感较强。在对景观的关系和空间性格上，开敞空间是收纳而开放的，因而表现为更具公共性和社会性；而封闭空间则是私密性与排他性更突出。对于规模较大的环境来说，空间的开放性和封闭性需要结合整个空间序列来考虑。

（三）虚拟空间与实体空间

虚拟空间是指在界定的空间内，通过界面的局部变化，如局部升高或降低地坪或天棚，或以材质的不同、色彩的变化，而再次限定空间。它不以界面围合作为限定要素，只是依靠形体的启示和视觉的联想来划定空间；或是以象征性的分隔，造成视野通透，借助室内部件及装饰要素形成"心理空间"。这种心理上的存在，虽然本是不可见的，但它可以由实体限定要素形成的暗示或由实体要素的关系推知。这种感觉有时模糊含混，有时却清楚明晰。空间的形与实体的形相比，含义更为丰富和复杂，在环境视觉语言中具有更为重要的地位。

虚拟空间的范围没有十分完备的隔离形态，也缺乏较强的限定度，只是依靠部分形体的启示，依靠联想和"视觉完整性"来划定的空间。它可以借助各种隔断、家具、陈设、绿化、水体、照明、色彩、材质，结构构件及改变标高等因素形成。这些因素往往会形成重点装饰。

而实体空间则是由空间界面实体围合而成，具有明确的空间范围和领域感。

（四）单一空间与复合空间

单一空间的构成可以是正方体、球体等规则的几何体，也可以是由这些规则的几何体经过加、减，变形而得到的较为复杂的空间。单一空间之间包容、穿插或者邻接的关系，构成了复合空间。

一个大空间包容一个或若干小空间，大、小空间之间易产生视觉和空间的连续性，是对大空间的二次限定，是在大空间中用实体或象征性的手法再限定出的小空间，也称为"母子空间"。但是大空间必须保持足够尺度上的优势，不然就会感到局促和压抑。有意识地改变小空间的形状、方位，可以加强小空间的视觉地位，形成富有动感的态势。许多子空间往往因为有规律地排列而形成一种重复的韵律感。它们既有一定的领域感和私密感，又与大（母）空间有相当的沟通，能很好地满足群体与个体在大空间中各得其所、融洽相处的一种空间类型。

三、空间组织

空间的组织是环境艺术设计的重要内容，其组织的方式决定了空间之间联系的程度。首先应根据空间的物质及精神功能进行构思，一个好的方案总是根据当时当地的环境，结合建筑功能要求进行整体筹划，分析矛盾主次，抓住问题关键，内外兼顾，从单个空间的设计到群体空间的序列组织，经过反复推敲，使空间组织达到科学性、经济性、艺术性、理性与感性的完美结合。

研究空间就离不开平面图形的分析和空间图形的构成。空间的组织与构造，与空间的形式、结构和材料有着不可分割的联系。现代环境艺术设计充分利用空间处理的各种手法，如错位、叠加、穿插、旋转、退台、悬挑等，使空间形式构成得到充分的发展。

（一）空间的限定与分隔

空间的限定与分隔，应处理好不同的空间关系和分隔层次。主要表现在封闭与开敞、静止与流动，空间序列的开合与抑扬等关系中。建筑物的承重结构，如墙体、柱、楼梯等都是对空间分隔的确定因素。利用隔断、罩、帷幔、家具、绿化等对空间进行分隔时，设计师不能忽视它们的装饰性。

（1）三条相互作用的垂直线可以构成空间的垂直界面，当然这只是一种弱的限定。然而，增加垂直线的数量，明确基面的边界，或者垂直线上端用水平面联系在一起，都会加强这一空间的边缘界限，提高限定的强度。

（2）建筑结构和装饰构架。利用建筑本身的结构和内部空间的装饰性构件进行分隔，具有力度感和安全感，构架以其简练的点、线要素构成通透的虚拟界面。

（3）屏风、不到顶的隔墙、较高的家具来划分，是局部分隔；而用低矮的面、罩、栏杆、花格、构架、玻璃、家具、绿化、水体、色彩、材质、光线、高差、悬垂物等因素分隔空间，属于象征性分隔。这种方式的分隔限定度很低，空间界面模糊，但能通过人们的联想和"视觉完整性"而感知，侧重于心理效应，在空间划分上是隔而不断，流动性很强，层次丰富。

（4）垂直于地面的两个平行面可以限定它们之间的空间，并沿两个面的对称轴产生朝向开敞端的方向感。该空间的性格是外向型的、富有动感和方向性的。如果平行面的色彩、质感、形状有所变化，可以调整空间形态和方位特征。多组平行面可以产生一种流动的、连续的空间效果。

（5）垂直于地面的U形面具有较强的围合空间的能力，并形成朝向开敞端的方向感。在U形的底部，空间较封闭，越靠近开敞端，空间越具有外向性。开敞端可带来视觉上的连续性和空间的流动性。在U形的底部中心造成某种变化，可以形成视觉中心。

（6）四个垂直面可以完整地围合一个空间，该空间具有向心性，界限明确，是限定度最高的一种围合方式。改变其中一个面的造型，使它与其他的面区别开来，可以使其在视觉上居于主导地位，从而产生空间的方向性。

（7）界面高差的变化。利用界面凹凸和高低变化进行分隔，具有较强的展示性，使空间设计富于戏剧性和节奏感。

（二）空间的组合与联系

空间组合有以下几种方式：

（1）包容性组合。以二次限定的手法，在一个大空间中包容一个小空间。

（2）对接式组合。多个不同形态的空间按照人们的使用程序或是视觉构图需要，以对接的方式进行组合，组成一个既保持各单一空间的独立性，又保持相互连续性的复合空间。

（3）穿插式组合。以交错嵌入的方式进行组合的空间，既可形成一个有机整体，同时又能够保持各自相对的完整性。

（4）过渡性组合。以空间界面交融渗透的限定方式进行组合，其重叠部分根据功能、结构和形式构图的要求可以为各个空间所共有，也可以成为某一空间的一部分。

（5）综合式组合。综合自然及其内外空间要素，以灵活通透的流动性空间处理进行组合。

四、空间界面

空间界面，即围合成空间的底面（如楼、地面）、侧面（墙面、隔断等）和顶面（天花）。人们虽然使用的是空间，但直接看到、触及的却是界面实体，这些界面实体的艺术处理，极大地影响了空间效果。在绝大多数空间中，这几个界面之间的边界是分明的，但有时由于某种功能或艺术上的需要，边界并不分明，甚至浑然一体。因此，我们必须从整体的设计观出发，把空间与界面——这一对"无"与"有"的矛盾统一体，有机地结合在一起进行分析与处理。

空间界面的设计，既有功能技术的要求，也有造型艺术的要求。不同界面的艺术处理都是对形、色、光、质等造型因素的恰当运用，有共同规律可循。而且，作为材料实体的界面，必将涉及材料构造、空间构图和设备设施等诸多方面的问题。对于不同的空间界面，有一些共同的要求，如耐久性及使用期限；防火及耐火性能；无毒环保、必要的隔热保温、隔音吸音性能；易于安装和施工；美学及相应的经济性要求等。

（一）界面与材料构造

材料的质地与肌理，根据其特性，大致可分为：天然材料与人工材料；硬质材料与柔软材料；精细材料与粗犷材料等。不同质地和表面处理的界面材料，给人以不同的视觉感受：镜面大理石和玻璃——整洁、精密的感觉；纹理清晰的木材——自然、亲切的感觉；剁斧石——力感、粗犷的感觉；镜面不锈钢——精密、冰冷的感觉；清水勾缝砖墙面——传统、乡土的感觉。由于受各种条件的影响，这些感受具有相对性。并且，界面的边缘、交接、不同材料的连接，其造型和构造处理，是环境艺术设计中应予以重视的。

（二）界面与空间构图

空间都是由各种界面围合而成的，这些界面以其自身的构图组合成为一个空间整体，因此，界面的构图对于整个空间产生的视觉作用具有决定性的意义。空间界面由于线形、尺度、色彩以及肌理等不同，都会带给人不同的视觉和心理感受。

界面装修的空间构图，首先必须服从于人体所能接受的尺度比例，同时还要符合建筑构造的限定要求。在此基础上运用造型艺术规律，从空间整体的视觉形象出发，组织合理的空间构图。从技术层面来说，结构和材料是室内空间界面构图处理的前提，而理想的结构与材料，其本身也具有朴素自然的美。

（三）界面处理手法

形体与过渡。界面形体的变化是空间造型的根本，两个不同界面的过渡处理造就了空间的个性。室内空间的界面形体处理是以不同的形式处于空间的不同位置，需要通过不同的过渡手法进行处理。

质感与光影。材料的质感变化是界面处理最常用的手法之一，利用采光和照明投射于界面的不同光影，成为营造空间氛围最主要的手段。质感的肌理越细腻则光感越强，色彩亮度越高，不同质感的界面在光照射下会产生不同的视觉效果。

色彩与图案。色彩与图案是依附于质感与光影变化的，不同的色彩图案赋予界面鲜明的装饰个性，并且影响到整个空间。

五、室内空间设计的运用

（一）室内空间的类型与特征

1.居住建筑室内空间设计

居住空间的物质和精神功能应为舒适方便，温馨恬静，并以符合业主的意愿，适应使用特点和个性要求为依据，对设计者要求能以多风格、多层次，有情趣、有个性的设计方案来满足不同住户对空间环境的要求，做到使用功能布局合理，风格造型通盘构思，色彩、材质搭配协调，突出重点，利用空间。

2.办公建筑室内空间设计

办公空间设计应重视人及人际活动在办公空间中的舒适感和和谐氛围，有利于调整办公人员的工作情绪，调动其积极性，从而提高工作效率。室内空间组织要关注功能、设施的动态发展和更新，适当选用灵活可变、弹性的办公空间划分方式。在空间设计的构思立意上要注重与企业文化，管理模式、工作流程及经营理念相结合。

3.商业建筑室内空间设计

购物是人们日常生活中不可缺少的内容，顾客购物行为的心理活动过程，是设计者和经营者必须了解的基本内容，通过认真分析后考虑设计与经营的对策、商业空间设计总体上应突出商品，有利于商品的展示和陈列，激发购物欲望，即商品是"主角"，室内空间设计和装饰手法应衬托商品，成为它的"背景"。

4.旅游建筑室内空间设计

旅游建筑包括酒店、饭店、宾馆、度假村等，其室内空间设计应强调下列几点：充分反映当地自然和人文特色，重视民族风格、乡土文化的表现；创造返璞归真、回归自然的环境；结合现代化设施，营造人性化、充满人情味的情调，创建能给人们留下美好记忆和深刻印象的空间品格，从而激起日后再来的愿望。

5.观演建筑室内空间设计

观演建筑是群众文化娱乐的重要场所，是当地文化艺术水平的重要标志，其室内空间设计要遵循以下原则：具有良好的视听条件，室内设计必须根据人的视觉规律和室内声学特点，解决视听的科技问题，创造高雅的艺术氛围，潜移默化地提高民族的文化素质，建立舒适安静的空间环境，阻止来自内外部的噪声背景，使观众能安心专注地观赏演出。

（二）室内空间设计与人体工程学、环境心理学

1.人体工程学在室内空间设计中的应用

人体工程学在室内设计中目前已开展的应用主要有以下几方面：

（1）确定人和人际交往在室内活动所需空间的主要依据，即根据人体工程学中的有关计测数据，包括人的尺度、动作域，心理空间以及人际交往的空间等，以确定空间范围。

（2）确定家具、设施的形体，尺度及其使用范围的主要依据。

（3）提供适应人体的室内物理环境的最佳参数。

（4）对视觉要素的计测为室内视觉环境设计提供科学依据。

2.环境心理学在室内空间设计中的应用

在室内空间中，尽管人的心理与行为有个体之间的差异，但从总体上分析是具有共性的，人们具有以相同或类似的方式做出反应的特点。以下是环境心理学研究的几个方面，这是我们进行设计的依据和基础之一。

（1）领域性与人际距离。

（2）私密性与近端倾向。

（3）依托的安全感。

（4）从众与趋光的心理。

（5）空间形状的心理感受。

3.环境心理学的原理在室内设计中应用面极广，主要有：

（1）室内环境设计应符合人们的行为模式和心理特征。

（2）认知环境和心理行为模式对组织室内空间的提示。

（3）室内环境设计应考虑使用者的个性与环境的相互关系。

（三）室内空间设计方法

空间是建筑的主体，人是空间的主角。人们需要一个健康、舒适、愉悦和富于文化品位的室内环境。室内空间造型是室内设计要表现的一个重要方面，是室内设计的基础，其他如形、色、材、光、声等因素均笼罩在空间造型的大伞之下。室内空间造型的主要内容有以下几方面：

1.空间的形状和尺度

（1）空间的形状。

室内空间是按其形状被人们感知的，室内空间的形状可以说是由其周围物体的边界所限定的，包括平面形状和剖面形状。由于空间的连续性或周围边界不完全闭合，空间形状往往不会让人一目了然，经常表现为复杂、通透，尤其是一些较开敞的不规则空间，其渗透和流动的特性更为突出。在此，可将空间分为两大类单一空间和复合空间，单一空间是构成室内空间形状的最基本单位，由它略加变化，如加减、错位、变形等就可以得到相对复杂的空间形状，而由若干单一空间加以组合、重复、分割就得到多变的复合空间。实际上，空间的形状可简单、可复杂，千变万化，不同形状的空间不仅会使人产生不同的感受，甚至还要影响到人的心理情绪。因此，在设计空间形状时必须把功能使用要求与精神感受方面的要求统一起来加以考虑，既要保证其特定的功能要求的合理性，又要注入一定的艺术想象力，只有这样，才能形成有特色的室内空间形状。

（2）空间的尺度。

空间的尺度，比例与空间的形状密切相关，直接影响人的空间感受和功能使用。合理的比例与尺度是一个成功设计的保证，合理是指适合人的心理、生理两方面的需要。尺度可以分成两种类型：整体尺度——室内空间各要素之间的比例关系；人体尺度——人体尺寸与空间的比例关系。注意，"比例"与"尺度"是两个概念。"比例"是指空间的各要素之间的数学关系，"尺度"是指人与室内空间的比例关系所产生的心理感受。因此，有些室内空间同时要采用两种尺度，一个是以整个空间形式为尺度，另一个则是以人体作为尺度。两种尺度各有侧重面，又有一定的联系。尺度感不仅体现在空间大小上，许多细部也能体现，如室内结构构件的大小、空间的色彩、图案、家具陈设的大小、光的强弱、材料表面肌理等，都能影响空间尺度。综合考虑各空间要素间的关系、合理有效地把握好空间的尺度以及比例关系，对室内空间设计十分重要。

2.空间的分隔和联系

空间组合主要是通过分隔和联系的方式来完成的。采取何种分隔方式划分空间既要根据空间的特点和功能使用要求，又要考虑空间的艺术特点和人的心理要求。室内空间的分隔方式包括以下四大类型：

（1）绝对分隔。

用承重墙、到顶的轻体隔墙等限定度高的实体界面分隔空间，界限明确，完全封闭，可称为绝对分隔，它的特点是隔声效果好，视线完全受阻，因而与周围环境的流动性很差，但却具有安静、私密和较强的抗干扰能力。

（2）局部分隔。

用屏风不到顶的隔墙和较高的家具等划分空间，称为局部分隔。限定度的强弱因界面的大小、材质、形态而异。局部分隔的特点介于绝对分隔和象征性分隔之间，不大容易明确界定。

（3）象征性分隔。

用片断、低矮的面、罩、栏杆、花格、玻璃等具有通透性的隔断，家具、绿化、水体、色彩、材质、光线、高差，悬挂物、音响、气味等因素分隔空间，属于象征性分隔。它的特点是限定度很低，空间界面模糊，但能通过人们的联想而感知，侧重心理效应，具有象征意味，在空间划分上是隔而不断，具有很强的流动性，整体空间层次也比较丰富。

（4）弹性分隔。

利用拼装式、折叠式、升降式等活动隔断或幕帘、家具、陈设等分隔空间，可根据使用要求而随时启闭或移动，空间也就随之或分或合，或大或小，这样分隔可使空间具有较大的弹性和灵活性。在小空间中运用弹性分隔能够最大限度地利用空间，如利用暗拉门、拉门、活动帘、叠拉帘等方式分隔两个空间或在大空间中限定出一个小空间，有需要时将隔断关闭，形成有一定隐私性的独立空间。

3.空间的组合

越出单一空间的范畴，就要进一步研究如何组合多个空间的问题。空间组合主要是复合空间的组合，它也是由室内空间的功能联系的特点所决定的。空间的组合一般涉及以下四种空间关系：

（1）空间组合关系。

空间的组合一般涉及以下四种空间关系：

①空间内的空间，即母子空间。

在空间组合上要注意空间尺度的差别、形式的对比。

②穿插式空间。

由两个空间构成，各空间的范围相互重叠而形成一个公共空间地带。

③邻接式空间。

相邻空间可通过不同封闭程度的隔断，如隔墙、列柱、高差等方式加以限定。

④由公共空间连起的空间。

在这种空间关系中，对于公共空间（过渡空间）的形状、大小和朝向的处理特别重要。

（2）空间组合方式。

一般来说，空间组合可以分为五种方式：

①集中式组合。

由一系列次要空间围绕一个中心主导空间构成，是一种稳定的向心式构图。

②线式组合。

它是重复空间的线式序列，既可采用直线式、折线式、弧线式，也可以水平、垂直或螺旋。

③辐射式组合。

将线式空间从一中心空间辐射状扩展，即构成辐射式组合。它兼有集中式组合和线式组合的要素。注意，集中式组合趋向于向中心空间聚集，是内向的，而辐射式组合通过线式组合向周围扩展，是外向的。

④组团式组合。

根据位置接近、共同的视觉特性或共同的关系组合的空间，即组团式空间。各个空间要通过紧密连接和诸如轴线等一些视觉上的处理手法来建立联系。

⑤网格式组合。

其通过一个三度的网格形式或范围使各个空间的位置和相互关系规则化。网格式组合也可以将网格的某些部分进行偏斜、位移、中断、旋转等。

（四）室内空间设计的主要设计形式及创新

1.室内空间设计的形式

（1）均衡对称形式。

早在原始社会时期，人们便有了均衡对称的美学意识，尤其是在后续的人类文明发展中，人们铸造的书法、纺织品、绘画以及陶器等工艺品中均衡对称的美学意识均有所体现。相应地在建筑物方面也涉及均衡对称这一形式法则，诸如法国埃菲尔铁塔、巴黎圣母院、北京故宫以及苏州古典园林等，随处可见均衡对称之美。将均衡对称美学理念应用到现代室内空间设计之中，减少了很多不必要的视觉冲突问题，使室内空间呈现出一种协调自然之态。一般情况下，均衡对称形式应用最多的地方是在静态空间中，诸如政府会客厅、图书馆以及会议厅等。简单地说，应用均衡对称形式进行设计的室内空间，会给人一种肃穆端庄的视觉效果。但需要注意的是，若将这一设计形式应用到其他类型空间设计中，会适得其反。因此，对于现代室内空间的发展而言，对于完全对称的要求较低，只需要在保证基本对称的情况下适当均衡即可。

（2）尺度体量形式。

针对不同的住房需求，每个人对于室内空间尺度都有着不同要求，诸如有人想要一个健身房、有人想要一个书吧等。显然，这两者不同需求所表现出的空间尺度体量也有所差异。相较商业空间尺度而言，居住空间对于尺度的要求较小，并且空间使用目的又直接决定了室内空间尺度体量的实际大小。众所周知，空间作为一个实体，具有一定的三维度，因而人们对于空间尺度体量的要求不局限在平面大小之中，而且还将其放置到更高的高度当中。可以这样认为，空间设计的高度对于空间尺度体量形式的要求较高、影响较大。从现代空间设计状况出发，人们对于尺度体量形式应用的要求逐渐攀升，不仅要求设计者必须掌握特定尺度体量的应用能力，而且在实际设计中要能够适当增减空间高度，以此满足人们"特性需要"的感官需求。诸如寺庙中的佛像、基督教教堂等均给人"高高在上"的感觉，为的就是营造一种神圣、庄严之感。

（3）韵律节奏形式。

节奏可以被看成某些周期性元素有规律的延续形式，一般而言，节奏存在于音乐乐曲当中，结合音高共同构成了韵律。诸如海水的潮涨潮落、山峦的跌宕起伏等无一不体现着韵律节奏之美。随后，人们将韵律节奏形式应用到房屋建筑设计中，诸如建筑的疏密变化、高低回落等均体现出韵律节奏的美感。随后，又将其应用到室内空间设计之中，并随着积累的应用经验越来越多，人们对于其应用形式的要求也逐渐增高，除了满足规律性组织协调、连续重复以外，还必须满足秩序变化的要求。其中，对于重复性要素我们要求设计人员应根据业主实际的空间需求、视觉效果等内容展开设计，诸如采用口字形、穹隆形或C字形等元素图形均可以体现出不同的空间情感需求；重复位置要素包括顶面、地面以及立面等环节设计；而连续性要素则是一种产生于空间内的韵律节奏形式，主要作用在于提升空间美感，营造出磅礴的气势、规整的视觉效果。一般来讲，设计师在一定疏密、缩放秩序的影响下，应用连续重复设计形式便会形成空间特有的韵律节奏，这样一来空间仿佛是跳动的音律，营造出青春、活泼的运动气息。简言之，韵律节奏形式的应用能够将空间汇聚成一个整体，并使空间呈现出多种变化的形式。

（4）组织对比形式。

针对空间不同的功能使用情况，其所表现出的形状、大小和高矮等区别明显，因为在具体的室内空间设计过程中，对于组织对比形式应用的要求较高。通常情况下，室内空间设计并非是简单地将各空间部分拼凑在一起，而是使其成为一个统一、完整的室内空间整体，诸如一个博物馆空间设计涵盖过廊、前厅、报告厅以及展厅等，只有将各个分散空间汇聚成一个整体，才能发挥出预期所想的感官效果。值得一提的是，室内空间设计的组织对比形式主要体现在曲直变化、大小高低、空间衔接过渡、开敞封闭以及空间引导呼应等对比分析上。

2.有效的创新方法

（1）遵循"绿色环保"的设计理念。

如今，人们的环境保护意识逐渐增强。对于室内空间设计而言，要求其在遵循原有的设计形式基础上，还需不断对设计形式进行创新，以符合"绿色环保"等空间设计要求。相较于传统的空间设计形式，人们对于空间设计要求从最开始的美观性、文雅性和舒适性逐渐增加到当前的安全性、环保性。为了满足新的空间设计需求，设计者在室内空间设计的过程中需要降低壁纸的使用量，这是因为不符合安全生产规范的壁纸中含有大量的有毒物质。随后，应降低大理石的使用量，替换成仿大理石性质的现代高科技组成瓷片，以此降低大理石辐射对人体所造成的伤害。然后，对于现代人喜欢种植花草的习惯，应在室内添加适量的花草树木，就是为业主提供新鲜空气，又能够让业主真切地感受到"自然绿意"。

（2）强调室内环境和业主之间产生的良好交互性。

室内空间设计最主要的目的是将一个适宜性较高的生活居住环境提供给人类。对于现代人而言，随着社会经济、居住环境的改变，人们在享受物质生活的同时，也提高了精神享受需求，即住房不仅是提供居住的地方、吃饭的地方，更重要的应当是"精神的栖居所"。因而设计者在设计室内空间时，应当将其与工作空间设计分离开来，前者应当营造出温暖、和谐的感官效果，即提供给一个适宜人们自由生活、心情放松的空间。诸如，在具体的设计过程中，应充分利用好室内空间所展现出的各种形态，结合业主的需求、设计者自身的灵感展开设计。如浴室设计应引起重视，经研究发现，浴室是人们放松的首选，当人们心情郁闷、工作压力较大时，都会选择在浴室泡一个热水澡来放松自己，因而设计浴室应结合业主自身的情感需求，将其布置成一个展现温暖的地方。

（3）融入个性化设计元素。

当前，灿烂的人类文明发展使得现代人对"个性化"要求较高，即便是在千篇一律的房屋造型中，也应当有自己的独特之处。这便要求设计者在室内设计中应从业主个性化需求出发，针对业主的性格、喜好及家庭人数的不同，提供"私人订制"的服务。如果业主年龄较大，那么在室内灯光设计中，就应该选择暖黄色的灯光，这样能够给人一种温暖的感觉。若业主是年轻夫妻，那么在色彩搭配以及灯光选择上，应选择色彩丰富或明艳的，这样既能显现年轻人的青春活力，又能体现出设计的独特之处。

第三章　环境艺术设计的生态性基础分析

自20世纪初以来，随着科技进步和社会生产力的极大提高，全球保护生态环境的呼声日益高涨。人类虽然创造了巨大的财富，但是财富大量积聚的代价是资源和能源的无节制消耗和向地球的无情掠夺，环境现状确实令人惊惧。生态环境保护，可持续发展已经深入人心，成为人们的基本意识，准则和行为。如何在环境与发展间取得平衡，重新回归与自然环境的共处，已经成为生态环境设计的研究视野。因此，本章将对环境艺术设计的生态性进行详细论述。

第一节　生态性环境艺术设计的基本内涵与原则

生态环境艺术设计的基本含义是指人与自然事物的整体和谐。这种和谐不仅仅局限于反对人类对自然世界的破坏，而且还在于反对斗争，提倡合作精神。生态性环境艺术把原本分开的科学以及自然人性重新结合起来，解除现代工业文明对人们精神上的伤害，拉近人与人之间的距离。这种促进给人带来巨大的快乐。

一、生态性环境艺术设计的基本内涵

（一）生态性环境艺术设计定义

1.环境艺术设计的定义

所谓环境艺术设计，不是一个单独的概念，它是环境、艺术与设计三者的

结合体，这三者相互结合又相对独立，要对环境进行艺术设计，就必须将这三者有机地结合起来。首先就环境来说，环境并不只指空气、动植物、水等客观因素，它还包括原则、理念、规范等主观因素，它是一个巨大的范畴，每个人都无法脱离它；其次是艺术，艺术并没有一个标准的概念，但是我们可以将其理解为，从自然出发，实现人与自然和谐共存，做到这点就可以称为艺术；最后是设计，设计是指在一定的环境条件下，运用环境的承载力、光学、力学等因素，对周边的环境进行设计与开发。

2.生态理念与生态设计的定义

生态理念在环境艺术设计中主要指的是人类与外部环境保持一种和谐共存的状态，其具有高效性、多样性、持续性、循环性的基本特点。环境艺术设计的前提是保证人类有良好的生活质量，以及与之配套的各类功能能够有效、正常地运作，最终达到资源的合理、循环利用。生态理念的应用是环境艺术设计的关键步骤。

生态设计，也可以称作绿色设计或者生命周期设计或者环境设计。生态设计是指在设计过程中，遵从本地化、节约化、自然化等原则，尽最大可能考虑到环境因素，减少对环境的危害，实现设计的可持续性和再循环。生态设计的实现，要遵从以下两个方面。

1.考虑到人本性，环境艺术的设计核心是为人类服务，也就是通过环境艺术设计提高人们的物质和精神生活质量。具体实施时就是，在设计过程中，找到设计和自然的融合点，做到既能满足人们的需要又尽可能地减少对环境的影响。

2.在设计中要考虑到整体性，环境艺术的设计不能为设计而设计，应该将整个设计放在环境这个大背景中来考量。

（二）生态性环艺设计发展的必然趋势

1.情感趋势

社会生活的快节奏给人们带来极大的物质资源的同时，也给人们带来很大的压力。在钢筋水泥城市中生活的工作人员，他们承受的压力与日俱增。这些压力需要得到适当的派遣，负责会给人们的心理和生理带来损害。大多数人希望在承受巨大的工作压力时能够有个释放压力的环境，希望能够有一个舒适的环境调节紧张的心情。生态型的环境技术设计，就是在人们的这种希望下生成的。由于生态型环境艺术设计是人性化的，人们在这种环境中可以感受到人与自然的融合，在这种环境中不良情绪得到释放，所以生态环境艺术设计的发展是遵循社会潮流的。

2.艺术趋势

艺术本就来源于生活，这种生活是指最原始和最本质的人与自然相处的生活。生态性艺术设计可以最大的还原生活本质，这是环境艺术设计的追求。

3.社会趋势

人与自然和谐相处不仅是发展和谐社会的要求，还是人类社会可持续发展的要求。同时这也是环境艺术设计的追求，他们有着共同的目标。现在的城市俨然就是一副钢筋水泥的世界，我们社会的发展要求我们转变这种生活方式，人类对自然也从改造发展到了保护。生态型环境艺术满足和谐社会的发展要求，发展生态环境艺术设计符合我国社会发展的趋势。

（三）生态理念在环境艺术设计中的基本特性

1.环境艺术设计分为两个部分，即外部环境设计和空间环境设计

在外部环境方面，生态环境艺术设计主要是将外部环境与人们生活能够相互融合，在满足人们生活需要的同时最大限度的保护环境。在空间环境设计方面，生态环境艺术设计主要是要保证人们有一个健康舒适的生活环境，必备的生活设施可以正常使用，资源能够合理利用。

2.生态性环境艺术设计主要有高效性、持续性、多样性和可循环性

生态性环境艺术设计的高效性，主要体现在对资源的合理利用，尽量使用可再生资源，对于非再生资源做到使用率最大化，减少浪费，并且实现用最少的资源实现最大的收益；生态性环境艺术设计的持续性主要体现在，设计的布局以及使用的材料能够满足人们的长期使用；生态性环境艺术设计的多样性，主要体现在产品设计的多样化上，以满足不同消费的需求，给消费者更多的选择；生态性环境艺术设计的循环性，主要体现在对使用材料的循环利用上，在设计中使用的材料可以通过一些物理或化学方法分解再利用，提高资源的可持续发展。

（四）生态性环境艺术设计的策略

1.社会性设计策略

环境艺术设计的社会性设计策略，是指设计人员在作品设计中，要遵从社会性和生态性，不要盲目地追求艺术化。目前环境状况不容乐观，考虑到当前的环境情况，设计者在设计作品时更多的应该从目前的生活方式和文化模式这个层面出发，创造符合环境情况的能够满足人们现实需要的作品，而不是一味地追求艺术拿环境作为牺牲品。现代社会中，一些设计人员为了追求艺术效果对环境状况置之不顾，虽然作品的艺术效果让人们钦佩，但是对环境的破坏是不可弥补的。设计者追求艺术性无可厚非，但是不顾环境的盲目追求艺术是不可取的，也是不符合现在社会的发展趋势。当今社会人们更追求一种人与自然平衡和谐的艺术形式，而且从长远来看，追求一种人与自然平衡的艺术不仅能够实现设计者的设计目标，而且对环境也起到了保护的作用。如果我们的设计师能够将设计融入环境当中，那么这种设计比起以牺牲环境为前提的设计，将更容易得到人们的喜爱。现在一些企业或电台在举办活动时为了追求活动效果，使用大量彩灯作秀，漂亮的灯光效果是得到了人们的赞叹，但是对电力资源的浪费则不能忽视。

2.安全性设计策略

生态性环境艺术设计的安全性设计策略，需要设计者考虑到人的安全和自然安全两方面的内容。对于人的安全方面来说，环境艺术设计是为了满足人们的需求，提高人们的生活质量。所以在设计时，人的安全要放在第一位，如果设计中有安全漏洞，那么这种作品不能成为一件合格的作品。例如，在对喷泉等水景设计时，应该充分考虑到人的安全，在喷泉的旁边应该设置有护栏和警示牌，防止孩子由于贪玩而落水。同时喷泉等水景的深度不易过深，以防有人不幸落水被淹。对于自然安全方面来说，设计者在设计时应该考虑到周围环境适当造型，而且还应该考虑到材料的选择，选择适合周围环境的建筑材料。造型方面在融入环境的前提下，适当造型以牢固为主；在材料选择时应该使用方便回收和拆卸的材料。例如，在小区环境设计中，由于空间限制，一些景观设计与车辆停靠场所有所重叠，这样很容易对在景观处玩耍的小朋友造成安全威胁。还有在设计时没有考虑到具体的情况遗留下安全隐患。设计者不仅肩负设计的责任还肩负观赏者的安全责任，所以在设计作品之处就应该考虑到作品的安全性。

3.舒适性设计策略

环境设计的出发点是为了人类创造更加舒适的生活环境，满足人们的需要。好的环境艺术设计在物质方面设计中的采光，照明等要高于日常的生活质量；在精神需求的满足方面，能够使人们的心情得到放松，情趣得到陶冶，并能丰富人们的审美观。世界上很多生态村的成立正验证着以上观点。例如，位于苏格兰最北边的芬德霍恩生态村，设计的目的就是保护环境和舒适生活相融合。设计师在住宅设计上多使用玻璃等，保证屋内光照充足，屋顶上有太阳能发电装置。在房屋的建筑材料上使用的是完全无毒的材料。在屋顶和墙壁上采取加厚处理的方式，这样在夏天由于室内可以储存冷气而不至于过渡使用空调等，在冬季保暖的同时又可以节约煤炭等资源。同时还建立了风力发电的装置，在设计上不仅满足人们的艺术追求而且最大限度的满足对资源的利用。在这样的环境中居住不仅能够满足人们对生活舒适度的要求，还能最大的保护环境，将社会建设与环境保护融合起来。进入20世纪以来，伴随着科技进步和社会生产力的提高，人类创造的财富值越来越多。但是这些财富的创造是以牺牲环境为代价的，生态环境恶化，资源短缺已经成为阻碍社会发展的重要因素。保护环境，实现可持续发展，实现人与自然，社会与自然的和谐发展已经成为人们的心声，在这样的环境状况和社会追求之下，生态性环境艺术设计理念作为符合社会发展潮流的设计理念，已经引起人们越来越多的关注。这就对设计者提出了更多的要求，不能再单一的追求艺术性，而是要在设计中体现生态性。培养与生态环境一致的审美，融合环境与艺术，在满足人们舒适生活要求的同时，实现对自然的保护。

（五）生态性环境艺术设计的意义

环境艺术设计生态性强调了人和自然界的整体和谐，并在这种和谐精神的基础上，构建了合作化的理想精神，以满足人与环境的长期共存要求，在这种要求的指引下，原来各自为政的科学和自然人性进行再度整合，让人和人之间的距离也由此拉近。与此同时，因为人们普遍增强了环境保护意识，所以环境艺术设计也愈加关注到生态概念的强化问题，这样的关注结果，对于人和自然界的关系协调，对于可持续发展理念的尊重，都具有突出的现实意义。特别由于生态性环境艺术设计强调了相关工作对人类健康的改善影响，从而积极推动区域化的环境改造新模式，如尽最大可能达到水循环利用，保证太阳能等生态化的能源得到大范围实施等，都是此种思维意识下的必然产物。另外，环境艺术的内涵其实是比较宽广的，无论是建筑内部设计，还是建筑外部环境规划，以及在特定条件下给予人们舒适的空间场所，都离不开环境艺术设计的身影，可以说它是以保护生态环境为前提、以符合美术规律为基础的综合化空间表现艺术。对于人类而言，精神和物质生活并不完全统一，存在着多样化发展态势，而环境艺术设计则要以自身的客观性尽可能满足不同阶层人们的需求，因此其复杂程度是相当高的。

二、生态性环境艺术设计的原则

生态性环境艺术设计以人与自然和谐发展为基础，维持一个人与物的长期共存的局面，是一个动态的过程。因此，这就要求生态性艺术设计必须遵循以下几个设计原则。

（一）人本性原则

人是环境艺术中的主体，所以生态性环境艺术设计的基本思想就应该是"以人为本"，满足人类的精神和物质需求，优化人类的居住环境。同时，也要注意人类对自然施加的压力，要将这个压力控制在一定的范围内，尽量避免对自然的过分施压，超出自然的承受能力。在进行环境艺术设计的时候，尽量多的给社会带来一定的经济利益，既能够满足人们对美的追求心理，舒适美观，又具有一定的生态性，不给自然带来生态压力。人类和自然在很多方面存在一些冲突，所以，生态性环境艺术设计要避免这些冲突，为二者找到融合点。并期望达到我国传统文化中所讲到的"天人合一"的最高境界。

（二）整体性原则

环境这个词从本质上来看就是从整体出发的大境况。这就要求在设计的过程中，要从整体出发，把人类和自然的所有东西都考虑在内，构成一个有机系统。小部分的利益应该配合大的方面设计，短暂的想法必须为长期的思考服务，把环境看作一个整体，不能分开考虑，这样才能产生一加一大于二的状况。在设计的过程中协调好，生态性环境艺术的各个重要因素，这其中包括自然和生物、文化。进行合理的安排和构建，优化内部结构。通过整体原则的设计使得生态系统达到一个良好的状态。

（三）地方性原则

环境艺术设计最先要考虑的是符合地方特色，如我国大部分地区无法种植出热带水果一样，要符合当地的特色。生态性环境艺术设计为了更好地说明其生态性，所以地方性原则显得尤其重要。这要求设计者对地方特色有比较深入的了解和观察，以及在实际生活的体验基础上进行设计创作。尤其在中国很多地方对环境艺术，都受到我国传统文化的影响，如风水等。另外，从科学的角度上看，环境艺术设计还需要考虑地方的水文、气候、景观等自然地理因素，政治经济因素等。尊重地方的传统文化以及本土风格，并从中得出启示，创作出既具有本土风格又具有时尚气质的作品。但是，随着时间的变化，社会的变化发展，作为生态性的环境艺术设计，不能拘泥于其地方的传统格局，理应按照实时的情况做出准确的设计方向判断。

（四）科学性与艺术性融合的原则

科学性与艺术性原本就生态性环境艺术设计所追求的，这里的科学性不是简单的科学技术的运用，而是在真正意义上的科学，也就是环境艺术的科学发展，在利用现代先进技术的支持，和谐的、可持续发展的环境艺术。随着人们的审美水平日益增高，生态性环境艺术设计要在满足当今人们的审美心理的情况下，合理地运用现代的高科技产品，不要过分追求技术的高要求，而是要重视生态，重视环境艺术的科学性和艺术性的结合。可能二者在某种情况下，会略带倾向，但是不能分裂开来，只有二者长期结合才是优秀的环境艺术设计作品。

（五）拟人性原则

在我们强调人本性原则的同时，要将我们所处的"环境"也看作"人"，当我们从这个角度来思考时才可能会实现真正意义上的生态性环境艺术设计。

第二节　具代表性的生态性环境艺术设计分析

最具代表性生态性环境艺术设计是结合高技术派的优良产物与生态平衡思维的一种生态性环境艺术设计理念。这其中，技术是一种理性概念，人们的审美态度随着技术的不断进步而改变。技术派主要运用现代发达的技术力量，给予人们想象的承诺，并且认为技术可以解决一切难题。但是具有造价高昂，生态意识缺乏，建造出来的都是一些高耗能的建筑等弊端。与现在提倡节能的思想不一致，但是其技术意识还是值得采用的，所以我们可以运用当今的高技术成就和生态平衡的思想相结合的原理，趋利避害，共同推进生态性环境艺术设计的进步。

一、生态环境艺术设计的代表人物

一些建筑师如诺曼·福斯特、理查德·罗杰斯、尼古拉斯·格雷姆肖、托马斯·赫尔卓路、迈克尔·霍普金斯、伦佐·皮阿诺、杨经文等纷纷创作了一批具有探索性、代表性的生态高技术建筑。这样的演进过程与这些设计师所一贯秉承的技术乐观主义的精神，以及他们所拥有的丰富技术经验和地域生态知识并具有高度的社会责任感有着极大的关系。

（一）理查德·罗杰斯

罗杰斯是高技术派的代表人物之一，他把环境艺术设计的目标定义为为了满足目前的需要但是却不用消耗能源的行为。罗杰斯提倡的可持续设计中既包括社会的可持续发展也包括经济的可持续发展，主要的核心思想是做到低能源损耗，适应性能广泛，资源的利用率高。

罗杰斯在生态可持续发展方面的主要思考是，基于生态的考虑最大限度上提高能源的使用效率，以及提高对可再生资源的循环利用。可以通过智能化设计来缓解对能源的大量需求。也可以通过高科技外墙系统，充分吸收太阳能，最大程度的控制太阳能，充分利用太阳能等可再生资源。罗杰斯从生态的可持续角度的考虑，要求在此思想指导下设计做到最大限度的能源使用效率和可再生资源的重复利用。通过智能化设计来提高被动环境设计的综合收益和效率通过朝向、建筑形式，以及构成的综合作用来实现环境目标采用智能建筑结构创造可对气候做出反应的外墙系统，将自然采光最大化、强化自然通风、控制太阳热的吸收和损失。例如，罗杰斯曾经在东京中心区某小山上一块很小的三角形用地上设计过一栋利用风作为能量资源的写字楼。用地附近常年有较高的风速，这使得罗杰斯想到，如果能够充分利用风能，这座建筑也许可以做到能源自给。大厦的主体部分面对的是高速公路，外墙为直线南向的立面是比较平滑的曲线型。曲面的形状诱导空气流经主建筑和服务楼之间的缝隙，当风通过办公楼和服务楼时，被曲面压缩和加速，从而推动缝隙间的涡轮风扇而产生电力。据测算和估计，假定涡轮能量是稳定的，这些电力就足够用来服务该建筑。"服务大楼"在太阳和风的作用下也像通风烟囱一样，装饰有透明玻璃、漫射玻璃和不透明板的北立面允许日光进入需要自然照明的空间，而其他受阳光直接照射的立面是热绝缘的。热绝缘立面和内部的混凝土结构吸收大部分的太阳热。地下室周围的水被用作热存储体。这些水在夏天被作为冷却剂，冬天作为加热剂来温暖冷空气。最初的计算表明在能量方面这一大厦做到自给是可能的。但不幸的是这个计划停止在了设计阶段而并没有实际建造。

（二）诺曼福斯特

诺曼·福斯特认为，"可持续发展建筑并不仅仅是单座的建筑，其概念可以扩展到整个城市、区域乃至地球全体，先进技术始终是重要的工具。采用智能建筑结构来创造可对气候做出反应的外墙系统，将自然采光最大化、强化自然通风、控制太阳热的吸收和损失。他们通过智能化设计来提高被动环境设计的综合收益和效率通过朝向、建筑形式，以及构成的综合作用来实现环境目标"。罗杰斯事务所一直不断追求的是从其他领域学习并引进有利于环境的技术，使用先进的、干净的生产方式来建造建筑。

现在的城市发展已经吞噬了太多的土地。一个集多种功能为一体的综合体可以减少土地消耗而提供舒适的生活、工作和娱乐社区。东京的"千年塔"即福斯特这种观念的产物之一。"千年塔"将传统的"城市水平扩展"改向为垂直发展方向，在纵向上的发展趋势上容纳了居住、商业、餐饮、影院、绿地、体育、公共交通等设施。建筑将高达余米，容纳近万人。这相当于西方一个标准的中小城市。然而，它的占地面积不到1000平方公里，而且是人工填造大陆而建造在海中的建筑用地方式，更为节约土地，它将成为一个自给自足的"空中城市"。不仅是在建筑的使用过程中消耗最少的能源，而且在建造它时所消耗的能源也应该是最少的。在理想状态下，一座建立在以高技术生态技术为指导思想下的建筑，将通过燃烧可再生的能源如植物油以及使用太阳能来提供所需要的能量，减少建设运营使用当中所造成的资源负担过重问题和对周围环境的人为"污染"——当然，这些污染本身的确定不仅限定在有害物质的排放，对不可再生资源的破坏也属于此范围。

诺曼·福斯特在设计中充分发挥了高科技提供的潜力，在实现节能、低耗、低造价的同时，还创造了舒适的室内环境条件。其中最有代表性的是他设计的德国林依斯伯格商务促进中心和远程技术中心。这座建筑中的微电子中心由一组包括单幢单栋建筑的两个人工气候大棚组成。大棚采用透光的绝热材料，具有特殊的导光系统和日光反射和热量收集系统，设在室外树林中空气收集系统通过地下管道吸入新鲜空气，根据季节变化将新鲜空气冷却或加热，然后送入大棚。建筑以煤气作为主要能源，安装在屋面上的两种太阳能电池板作为辅助能源供应系统。太阳能板将水加热，然后送至吸收制冷器，冷却水通过的营网设在悬挂于顶棚上的金属传导网板中，由此将室内空气冷却。新鲜空气经由地板层上一个通道送入室内，并在沿地面不高的区域形成一个新鲜的空气湖。这幢建筑设有先进的控制系统，在保证室内环境舒适的同时又能最大限度地节约能源。尽管这幢建筑有十分舒适的室内环境，但由于它充分利用了太阳能。自然光、自然通风，所以它的能量消耗很低。特别要提出的是，这幢建筑虽然采用了许多环境技术设备，而建筑造价仍保持在德国一般空调建筑工程的水平。这幢建筑用高技术、新材料实现了室内生态设计的许多基本内容。也可以说向人们展现了未来建筑的许多重要观念。

（三）皮阿诺

意大利著名建筑师皮阿诺在设计曼尼尔博物馆时，研究了阳光照射、采光调节。光线控制之后，用细致的构造技术设计了一个由块状遮阳板组成的屋面，充分利用自然光为博物馆展品照明，而且造出一个轻巧、具有高技术特征的采光顶棚。通过光棚进入博物馆的光质量极为奇妙，这种自然光随着天空的阳光和云影的变化而产生富有韵律的效果。这个优美的室内采光天棚，既解决了自然采光，节约了能源，又十分新颖别致。日本日建设计事务所设计的东京煤气公司港北大楼，在节约能源、创造舒适优美的室内环境方面也取得了很大的成功。这个大楼从界面装修到内部设施大量使用了自然材料及再生材料。如内墙采用了再生材料制成的壁纸，人口门厅铺装利用了现场废弃的混凝土再生品，在展厅内设置了室内绿化。

（四）杨经文

杨经文曾在伦敦建筑学会学习，并在剑桥大学获得博士学位。从那时起他就致力于研究环境中的生态因素。杨经文作为"绿色摩天楼"的设计师早已获得了国际性声誉。他及他的合伙人在快速发展中的南亚国家为一系列颇有独创性的"生态—气候"大厦已经持续工作了十多年。在杨经文的观念中，建筑首先应该是同当地气候条件相一致的，是节约的和生态的，这样的建筑物会因为其运转能耗的减少而降低成本。能够对气候条件做出灵敏反应的建筑物将提高使用者的舒适感，同时使他们可以意识到并且和外部的气候取得更密切的联系。杨经文运用这些设计理论在东南亚设计和建造了许多超高层的商业用途建筑，即所谓的生态和气候摩天楼。这些建筑物初看起来颇有些惊世骇俗的时髦感甚至未来感，但其出发点并不是要创造一种轰动效应，其建筑形式主要是从生态方面考虑而生成的。

"生态—气候"建筑使能源效率的提高和对用户工作、居住环境的改善成功地结合在一起。杨经文的设计在基于尊重生态环境的理论上，通过对当地客户的实际需要和当地建设方法的深刻理解来发展新的建筑物类型。除了一系列的理论著作及设计方案外，他最显著的成就是一栋已经建成并取得了商业成功的大厦——马来西亚梅纳拉大厦。

二、具有代表性的生态性环境艺术设计

现代环境艺术设计与生态文明观有着极为紧密的联系。在很大程度上，生态文明观是环境艺术设计的指挥棒，决定着环境艺术设计的方向、形式等。一般而言，环境艺术设计有室内和室外之分，在进行环境艺术设计时，设计者应当根

据实际情况，以生态文明观为指导，科学、合理地进行设计，以实现良好的设计效果，增强设计的环保功能。

（一）以生态文明观为指导的室内环境艺术设计

1.构建生态建筑模式

随着社会的不断发展，人类的思想有了很大的进步，传统的建筑模式已经无法满足现代环境艺术设计的需求，设计者也就很难在传统建筑模式下开展生态环境艺术设计。因此，设计者应转变建筑和设计的模式，在建造房屋时对当地生态环境和自然条件进行全面了解，充分掌握当地的自然环境特点，应用建筑学、生态学等多元化的原理进行房屋的空间设计，并充分利用当前先进的科学技术，合理组织和安排建筑物的内部和外部结构，让建筑物与周围的环境统一起来，实现二者的和谐发展。与此同时，在进行室内环境艺术设计时，应构建环保的室内空间，有效减少一些可能出现污染、资源浪费的室内装修的内容和过程，降低室内装修造成的污染，进而让建筑物体现出现代生态文明观的精神，并真正起到环保的作用。

2.合理利用自然条件和生态材料

在进行环境艺术设计的过程中，设计者应充分利用自然条件，尽量减少人工材料的应用，让室内空间环境具有生态意义。设计者应综合考虑空气、光线、绿色植物等自然资源，并充分利用环保型的设计或装饰材料。比如，适当增加绿色植物的数量来帮助净化空气，让室内有更多的大自然气息；根据当地阳光的照射特点，合理设置建筑物朝向，并适当增加透明玻璃的使用量，以保证室内充足的自然光线，减少能源的使用量，进而增强建筑物的环保功能。

3.避免烦琐的设计，营造自然、舒适的室内环境

在以往的室内艺术设计中，不少建筑物主人过分追求奢华，让设计者大量使用各种现代化的装饰材料，使设计者在设计时忽视了室内环境的简洁性，而使用大量的材料进行堆砌，如油漆、人造板等。这样的设计不但烦琐、复杂，而且会排放出一些有害的气体或物质，与现代生态文明观不相符。因此，在进行室内环境艺术设计时，设计人员应当充分注重室内环境的简洁性和雅致性，对各种设计材料进行科学、合理的配置，保证建筑物审美的持久性，避免审美疲劳。此外，设计者还应把现代生态文明观融入其中，让设计既不浪费资源，又不会制造

出污染物，让人们在获得美的感官享受的同时，获得精神上的满足，进而让环境艺术设计真正的价值得以实现。

（二）以生态文明观为指导的室外环境艺术设计

相较室内环境艺术设计而言，室外环境艺术设计更需要与周围的自然环境相适应。众所周知，自然环境不容易改变，也不能随意改变。在环境艺术设计中，设计人员应当从整个社会和自然环境的角度考虑，着眼于环境的整体发展，并以现代生态文明观为指导进行设计。

1.提高土地资源利用的合理性

目前，土地资源短缺已经成为一个世界性的问题，在城市中，适量的绿化面积被称为城市环境的肺，是市民接触自然的重要媒介和形式。另外，适当的绿化面积能够净化城市空气，微调周围的小气候，进而对整个生态环境进行调节。因此，室外环境艺术设计必须提高土地资源的利用率，切不可盲目追求绿化面积，占用珍贵的土地资源。比如，在设计时，往往会有一些边角被空出来，设计者可将其充分利用起来，设计出一些小草坪、小花圃等，不要出现在设计周围有土地空出的现象。此外，设计者还要对土地资源进行科学、合理的规划，充分利用一些天然的植物、山石等，增加环境艺术设计中的自然元素，进而实现审美与环境保护的双赢。

2.对景观形式进行合理规划

在现阶段，从很大程度上来说室外环境艺术设计水平已经成为城市或地区发展水平的一大标志。而在环境艺术设计中，景观形式极其重要，关系到环境艺术设计的环保功能能否实现。因此，在对室内环境进行艺术设计时，设计人者应进行合理规划，摒弃一些成本高、耗能高、占地面积大的环境艺术设计。比如，喷泉是环境艺术设计常用的元素之一，在进行喷泉设计时，很多设计者盲目追求所谓的壮观，设计出一些占地面积大、耗水量大的喷泉，与现代生态文明相背离。设计者设计喷泉时，应当对周围的环境、人流量等情况进行调查，设计出与周围环境相协调的喷泉，避免水、电等资源的浪费。

3.注重环境艺术设计中的人文性

在对室外环境进行艺术设计时，设计者不能盲目追求国外先进的设计形式，更不能把其他地区优秀的设计作品照搬过来，而应充分吸收我国传统文化，融入更多的人文元素。在设计时，环境艺术设计者要把传统文化与国外先进文化统一起来，把传统性与创新性统一起来，设计出更加具有内涵的作品，这样，环境艺术设计不仅能体现现代生态文明观，还能体现出室外环境的审美性。

4.充分重视自然环境属性

在自然环境中，除人类之外还有很多栖息者。在设计过程中，设计者不能剥夺这些栖息者生存的权利，而应该合理设计，让其他栖息物种也能够适应改造后的环境，促进人类与其他自然栖息物种的和谐生存和发展。此外，生态环境是一根链条，任何一个环节被破坏都会对整个生态环境造成破坏。因此，自然环境艺术设计应提高对自然环境的利用率，避免大规模的自然环境改造活动，防止自然资源被破坏。这样，环境艺术设计不仅能体现现代生态文明观，也能促进人类与自然的和谐发展。

随着社会的发展和进步，生态环境问题逐渐显现，对人们的生活质量造成了很大的影响，人们的观念也随之发生了很大的转变。在人们的传统观念中，重视的是经济发展，而在当前，人们开始逐渐意识到环境保护的重要性，对环境艺术设计的环保功能提出了更深层次的要求。因此，在进行环境艺术设计时，相关设计人员应转变观念，融入生态文明观，尽量满足人们的需求，并不断提升设计水平，确保环境艺术设计的质量和环保功能，进而控制或减少环境污染问题，促进社会的可持续发展，提高人们的生活质量。

（三）以生态文明观为指导的城市环境艺术设计

1.生态设计在城市环境艺术设计应用之现状问题

（1）商业化设计思路过重。

当城市成为焦点，一定程度上决定了商业的核心位置。适当的利用"生态设计"幌子达到商业化营利宣传的目的未尝不可，但过度加重则容易导致视觉污染，某种程度上成为视觉环境艺术的"不生态"。容易体现在城市中心的视觉信息污染杂乱无序，广告牌匾或是标语造型纷繁，容易使人感觉疲劳压抑，对于城市居民而言无疑是一种心理折磨。

（2）全盘西化以及本土特色缺失。

我国在城市环境艺术设计方面的起步较晚，因此很大程度上多借鉴外国的优秀设计理念和思路。适当参考并无过错，但犯了"拿来主义"便是失策。我国传统的古典园林是本土建筑文化的特色，将西方的建筑元素生搬硬套的强加在红砖绿瓦之上难免过于牵强。我们强调的是对西方有目的的借鉴，借鉴其优秀的成果，最好是能够在创新化后再运用，将其变为属于我们自己的创意思路，而对于本土的传统文化特色，则要批判地继承，实施精华传承。

（3）艺术形式单调乏味和传统建筑破坏。

在城市景观的环境艺术设计中，也不乏出现单调、千篇一律的设计，在公共场所的电话亭造型，以及公共厕所的外观造型，我们都可以在不同的城市找到相似的影子，这种呆滞凝固的表现方式应该被淘汰。在深圳"欢乐谷"和广州的"长隆欢乐世界"娱乐园区中，公共厕所的造型被赋予了不同的生态环境意义，展示出了极为有人文韵味和价值所指的一面。针对城市中的部分传统遗迹或者传统建筑的改建和翻新，都是不同程度对传统文化特色的破坏，这些都会成为影响整体格局的因素。

2.生态设计于城市环境艺术设计之应用的问题对策

（1）尊重自然，商业与人文并行。

"生态"二字是为自然所设，脱离了自然为主，"生态"意义也就不复存在。在以自然环境利益为重的基础上，再考虑人文性质和商业追求的平衡点。"天人合一"，在考虑商业利益的前提下，结合人类自身的需求和局限，在不突破违背人类道德健康的情况下实现"生态设计"规划。

（2）正确借鉴、保持特色、争取创新。

在对西方建筑特色进行参考的过程中，也要关注到我们东方文化的精华层面，尝试着将两者合二为一，就像"天人合一"那般自然纯粹。我国古代的城市布局，如"将军大座""二龙戏珠"等都是古典美的体现。皖南民居的木构架特色可以批判地继承，而上海的BERC大楼的设计灵感就是来源于皖南民居，以天井这一空间物实现了调整内部气候的工具，同时该空间也有助于现代商业聚会交流。中庭的屋顶是玻璃的，保证日光能够直接照射到建筑物内部，借鉴了西方的设计理念，在屋顶的最高点设置太阳能的拔风窗。

（3）艺术形式丰富化和传统建筑保护。

艺术形式的丰富有赖于新生设计的创意理念，这需要国家有关部门和高校统一合作，促进大学生和设计者不断进行形式的创新和丰富，实现艺术高峰的发展。针对传统建筑的改造保护，北京菊儿胡同旧区的改造工程设计就值得一提，不但继承了民族的优秀空间艺术精华，同时也体现了新四合院的建筑理念，在保留体现北京皇城古都韵味的同时也较为成功地处理了居住私密性问题。

第三节　生态性环境艺术设计的技术支持

一、生态性环境艺术设计中的相关技术

为减轻环境负荷、减少资源消耗，创造舒适、健康、高效的室内外环境是生态建筑的核心思想。节地、节能、节水、节约资源及废弃物处理是生态建筑中特别关注的技术内容。在工程实施过程中，生态建筑涉及的技术体系则更为庞大，包括能源系统新能源与可再生能源的利用、水环境系统、声环境系统、光环境系统、热环境系统、绿化系统、废弃物管理与处置系统、绿色建材系统等在生态建筑的研究、发展和应用方面，欧洲特别是德国走在世界前列。目前国外广泛应用的生态建筑技术主要有能量活性建筑基础系统、楼板辐射采暖制冷系统、置换式新风系统、呼吸式双层幕墙系统、智能外遮阳系统、双层架空地面系统、智能采光照明系统、高效太阳能光伏发电系统、高效防噪声系统，以及给排水集成控制与水循环再生系统等。下面重点说一下能量活性建筑基础系统、置换式新风系统、呼吸式双层幕墙系统、双层架空地面系统几种技术。

（一）能量活性建筑基础系统

能量活性建筑基础这项技术的基本原理就是在建筑基础设施的过程中将塑料管埋入地下，形成闭式循环系统，用水作为载体，夏季将建筑物中的热量转移到土壤中冬季从土壤中提取能量。这项技术于年初诞生于欧洲，初期多用于居住建筑，今天更多的用于大型公共建筑以及商业和工业建筑。其突出优点是不需要专门钻井就可以获取地热地冷资源，投资相对较少，经济效益明显。根据建筑基础土质情况和建筑基础工程的要求，可采用与基础形势相配合的技术，如能量活

性基础桩、基础墙与基础板。这一系统若是采用与其相配套的直接制冷技术，则经济效益更好，消耗电量可以输送冷量到建筑物中。经过几十年的发展，这项技术已基本成熟。

（二）置换式新风系统

建筑空调系统需要完成此方面的功能，即调节室内温度制冷、供暖提供过滤除尘的新鲜空气调节室内空气温度、空气流通速度，避免噪声。目前新一代空调系统的特点是采暖制冷系统与通风新风系统分离制冷，用相对较高的水温16~20℃，供暖用相对较低的水温25~40℃标准办公室设计荷载较低，即办公室采用置换式新风系统，全部送新风，放弃交叉混合回风系统分散灵活布置的空调系统，与使用功能相配合满足办公室个性化需求，可根据需要个性化调节室内温度、新风量等指标。

（三）呼吸式双层幕墙系统

通常采用双层玻璃幕墙，或双层封闭式、带有回风装置的单元式幕墙等。智能玻璃幕墙广义上包括玻璃幕墙、通风系统、空调系统、环境监测系统、楼宇自动控制系统。其技术核心是一种有别于传统幕墙的特殊幕墙——热通道幕墙。它主要由一个单层玻璃幕墙和一个双层玻璃幕墙组成。在两个幕墙中间有一个缓冲区，在缓冲区的上下两端有进风和排风设施。热通道幕墙工作原理在于冬天，内外两层幕墙中间的热通道由于阳光的照射温度升高，像一个温室。这样等于提高了内侧幕墙的外表面温度，减少了建筑物采暖的运行费用。夏天，内外两层幕墙中间的热通道内温度很高，这时打开热通道上下两端的进、排风口，在热通道内由于热烟囱效应产生气流，在通道内运动的气流带走通道内的热量，这样可以降低内侧幕墙的外表面温度，减少空调负荷，节省能源。通过将外侧幕墙设计成封闭式，内侧幕墙设计成开启式，使通道内上下两端进排风口的调节在通道内形成负压，利用室内两侧幕墙的压差和开启扇可以在建筑物内形成气流，进行通风。主动呼吸式双层幕墙技术是目前国际上最领先的幕墙应用技术。双层玻璃幕墙具有防尘通风、保温隔热、合理采光、隔声降噪、防止结露和环保节能等显著特点。它还可以在刮风、下雨等天气中保证大厦的自然通风，夜间可以蓄冷来减少次日的空调负荷。

（四）双层架空地面系统

双层架空地面是现代办公建筑的标准配置，也是随着现代化通信以及空调技术发展应运而生的一种建筑技术体系。世界上最早使用双层架空地面敷设通信电缆的建筑是1877年柏林德国邮电大厦。现代建筑中双层架空地面，通常高度在80~300mm，里面可以布置所有现代化办公空间所需要的通信和电缆设备。地面通常由模数600mm×600mm的板块构成，敷设完毕后可随时打开进行检修或增补电缆。室内家具布置发生变化时，可以灵活地重新布置电线、通信线路的接口，适应性非常好。

近年来，由于置换式新风系统越来越普遍，送风管也布置在双层架空地面中，可以配合混凝土楼板制冷系统省去吊顶，使建筑层高大大降低，从而节约造价。现代化双层架空地面的面材可以选用石材、木地面、地毯或合成地面。承重板材为薄钢板或钢框架支撑的高密度合成板，支脚多为可调节的钢螺栓，支脚与地面采用铆栓或黏结方式固定。双层架空地面虽然目前造价较高，但非常受使用者欢迎，是高档写字楼地面构造的发展方向。

二、生态性环境艺术设计中技术的应用

（一）生态性环境技术在景观生态规划设计中的应用

1.景观生态规划中的环境生态技术应用特点

（1）保护性。

环境生态技术在对区域景观的生态因子和物种生态关系进行科学的研究分析的基础上，通过合理的设计和规划，最大限度地减少对原有自然环境的破坏，以保护良好的生态系统。

（2）适应性与补偿性。

环境生态技术用景观的方式修复城市肌肤，探索能结合本土实际的生态化发展模式作为谋求完美生活环境的规划和设计，实现生态环境与人类社会的利益平衡和互利共生，促进城市各个系统的良性发展。

（3）修复性。

景观生态规划设计中的环境生态技术应用一方面减少对自然生态系统的干扰和破坏，保护好自然植物群落和自然痕迹；另一方面通过对合理的组织和技术

的利用来降低建设和使用中的能源和材料消耗。

2.景观生态规划中的大气环境生态技术模块

景观生态设计中的环境生态技术针对空气的应用，具体可以归纳为空气净化模块、降温模块以及防风导风模块三大类技术模块。

（1）空气净化模块。

通过抗污染植物群落技术的应用，选用具有吸抗污染和阻滞灰尘功能的植物，组成多层次的净化空气植物群落，所种植的植物具有吸尘、滞尘、杀菌、提神、健体等效果。

（2）降温模块。

降温技术主要包括喷雾、林荫道等。喷雾可以吸附空气中的灰尘，增加空气中的水汽和负氧离子浓度，增加湿度，降低气温，提高空气质量。设林荫道对于城市除了景观绿化作用外，还对气环境具有遮阳、降温、净化空气质量以及保持自然通风等作用。

（3）防风导风模块。

风廊导风指顺着主导风向栽植植物，引导风流进入。庭院有计划植物配置可以将气流有效的偏移或导引，使气流更适于建筑物的通风。

3.景观生态规划中的土壤环境生态技术应用

景观生态设计中的环境生态技术针对土壤的应用可以归纳为土壤改良、生物多样性促进以及碳技术三大类技术模块。

（1）土壤改良模块。

土壤改良模块主要包括植物配植和植物修复两类技术。植物配植的主要作用是能够有效起到保持水土作用。植物修复是利用绿色植物来转移、容纳或转化污染物使其对环境无害。植物修复的对象是重金属、有机物或放射性元素污染的土壤及水体。

（2）生物多样性促进模块。

生物多样性促进模块主要要求是在针对土壤的环境技术使用过程中，注重维护生物物种及过程多样性，尽量使用乡土物种，同时降低人为扰动。

（3）碳技术模块。

土壤碳技术的使用主要包括生物炭制备、土壤碳排放检测等。生物炭可广泛应用于土壤改良、肥料缓释剂、固碳减排等。土壤是地球表层系统中最大而最活跃的碳库之一，土壤碳排放量很小的变化都会引起大气二氧化碳浓度的很大改变，因此土壤碳排放的检测也是针对土壤的景观生态规划设计中应考虑的问题。

4.景观生态规划中的水体环境生态技术应用

景观生态设计中的环境生态技术针对水体环境的应用，可以归纳为节水技术、污水处理技术、雨水收集与处理技术三大类技术模块。

（1）节水技术模块。

节水技术模块主要包括植物节水、微灌节水等技术。植物节水主要指在设计过程中使用一批如马蔺、土麦冬等极耐干旱、抗逆性极强的园林绿化植物品种。微灌是按照作物需求，通过管道系统与安装在末级管道上的灌水器，将水和作物生长所需的养分以较小的流量，均匀、准确地直接输送到作物根部附近土壤的一种灌水方法。

（2）污水处理技术模块。

在新型城镇化建设过程中，由于农村及小城镇几乎没有完善的排水管网，同时与城市排水管网间的距离较远，污水管网系统的投资费用高，污水的收集与集中处理困难，因此只能采用"集中处理与分散处理相结合"的方法。在具体的景观生态规划设计中，最常用到的是以人工湿地为主要技术的污水处理技术链条。人工湿地是由人工设计的、模拟自然湿地结构与功能的复合体，并通过其中一系列生物、物理、化学过程实现对污水的高效净化。

（3）雨水收集及处理技术模块。

雨水在城市地区的收集处理主要包括两种途径：通过地表渗透或者借助各种辅助设施增加雨水的入渗量，补充地下水，达到涵养水源的目的。雨水在城镇地区的渗透利用有两种方式：绿地就地渗透利用和修筑渗透设施，如下凹式绿地、侧壁渗水孔式排水系统、多孔集水管式排水系统等。而在农村地区主要采用雨洪坑塘进行雨水渗透收集处理。

5.景观生态规划设计中的地貌改造环境生态技术应用

景观生态设计中的环境生态技术针对地貌环境的应用，可以归纳为土壤修复、水土保持、废物处理三大类技术模块。其中土壤修复技术前文已经叙述，不多做赘述。

（1）水土保持模块。

景观生态规划设计中，针对水土保持可以运用生态驳岸、绿色篱笆、绿色海绵等技术。生态驳岸是指恢复后的自然水岸具有自然水岸"可渗透性"的人工驳岸，同时也具有一定的抗洪强度。绿色篱笆设计将绿篱作为环境保护设施体系的核心依托框架，与不同的生态技术相结合，构成水土保持的生态网络。绿色海绵是以绿色基础设施网络建设为规划原则，发挥分散的坑塘和林地资源，构建以"绿色海绵"为单元，融合生态"源""汇""战略点"和廊道体系（含生态桥）的绿色海绵绿色基础设施网络。

（2）废物处理模块。

主要指在景观规划设计中利用已有的生产废弃物进行造景技术，以及生产生活废弃物资源化利用。例如，生产废弃物作为雕塑、生态护坡材料、生态浮岛材料；使用废弃生产生物物资进行资源回收利用制造建筑材料等。其最主要的技术应用是垃圾公园的设计，其环境生态技术涉及垃圾填埋、覆盖，垃圾渗滤液处理，土壤修复等。

6.景观生态规划中的人类活动环境生态技术应用

景观生态设计中的环境生态技术针对人类活动的应用，可以归纳为绿色能源利用、绿色材料利用、废弃物管理与处置，声、光、热环境营造以及灾害防护等技术模块。

（1）绿色能源利用模块。

主要是指在设计过程中利用太阳能、风能、地热能等再生能源技术以及建筑节能技术和设备等，解决系统的能源来源，同时减少对环境的碳排放。

（2）材料利用模块。

主要通过新技术的应用，在传统建筑材料中添加相应的生态材料，或使用可降解材料、纳米材料，使建筑材料或涂料具有吸收二氧化碳等绿色低碳效应，或者在建设与使用过程中减少碳排放。

（3）声、光、热环境营造。

主要指在设计和设计中降低光污染与声污染的技术。例如，增强自然采光，降低人工照明的光污染，以及声源控制、隔声消声等。

（二）生态性环境技术在建筑设计中的应用

1.生态建筑设计思想的由来

生态建筑的设计思想是在21世纪不断发生地区性的环境污染和全球性的生态环境恶化的过程当中，不少学者和建筑师对现代工业文明开始进行深刻的反思。美国学者提出：住宅设计结合自然首先要用生态学的观点从宏观上研究自然环境和人的关系，特别是研究现代工业在高速发展中对自然进行开发所造成的破坏和灾难，要适应自然、创造必要的生态环境；其次用生态学的理论证明人对自然的依存关系，批判以人为中心的思想，要研究自然界的生命和非生命的依存关系，强调现代的城市建筑应该适应自然规律，设计结合自然。

人类在发展过程当中应该体现集约的原则，并在日常生活中鼓励应用这些原则，美国学者提出十项设计原则，第一，尊重当地的生态环境；第二，要有正确的环境意识；第三，增强对自然环境的理解；第四，结合公众需要，采用简单适用技术，针对当地的气候运用被动式的设计策略；第五，使用节能建筑材料；第六，强调集约原则，尊重自然，要与自然协调，这应该说是生态建筑基本的设计思想；第七，避免使用易破坏环境产生废物的建筑材料；第八，完善建筑空间使用的灵活性，坚持越小越好，将建设运行的资源和不利因素降到最少；第九，减少建筑过程当中对环境的损害，浪费资源和建材，争取重新利用建材和构建；第十，为所有人提供可使用的空间环境。

2.设计的过程

从设计目标上看，一般现代建筑以功能和空间设计为目标，满足功能的需要，创造适合公众需要的空间；生态建筑在满足功能和空间需要的同时，强调实现资源的集约和减少对环境的污染。

生态建筑强调资源和环境，强调建筑在整个寿命周期内要减少资源能源的消耗和降低环境污染，大致归纳起来，生态建筑在整个寿命期内基本目标有：第一，尽可能减少资源能源的消耗；第二，把环境直接和建筑的污染降到最低；第三，保护自然生态环境；第四，创造健康舒适的室内外环境；第五，使建筑功能质量目标统一；第六，使建筑生态、经济取得平衡。

在生态建筑基本目标当中，创造健康舒适的室内环境和建筑功能质量目标相统一，在很大程度上保持节俭和适用的目标。比如在挪威，冬季比较舒适的室内环境湿度为25摄氏度左右，从环保和能源角度考虑，挪威把冬季环境温度定为23度左右，节约的能源达到20% ~ 30%。

3.生态设计在建筑中技术的具体应用

对生态建筑和使用技术的要求可以用三点来判断。

（1）技术本身的功能与生态环保功能一致。

（2）要求采用的技术和制造的产品有利于资源能源的节约。

（3）采用的技术和产品有利于人的健康。

从这个意义上来讲，在生态建筑目前技术上应该说还是非常广的，包括门窗节能技术、屋顶节能技术，等等。

所谓生态技术，包括两种情况，第一种在传统技术的基础上，按照资源和环境两个要求，共同改造重组所形成的新技术。第二种把其他领域的新技术，包括信息技术、电子技术等，按照生态要求移植过来。从技术层次性来讲，可以把生态技术分为简单技术、常规技术、高新技术。一般来讲，简单技术和常规技术属于普及推广型技术，高新技术属于研究开发型技术，从我国实践来看，应该以常规技术为主体。

在应用生态建筑技术过程中，技术选择是非常重要的问题。

（1）经济性原则。

由于生态建筑采用哪个层次的技术，不是一个单纯的技术问题，要受到经济的制约。在我们国家普遍采用高新技术是非常困难的，我们经常会碰到环保和生态利益和经济利益不完全一致的问题。在这个取舍当中，经济性是非常关键的。目前在欧洲，特别是在德国、英国、法国，在所建立的生态建筑上，它是以高新技术为主体。在2000年健康建筑住宅会议曾提出过高生态就是高技术的口号，所以这是在战略基础上建造生态的建筑。目前在我们国内把整个生态技术发展建立在高新技术的基础上比较困难，一个是经济发展水平，另一个是技术和材料不太完善。

（2）因地制宜原则。

各个地方的气候不一样，自然资源也不一样，在选择生态建筑，选择什么样的技术，应该根据自己的条件和特点来进行。我国北方地区主要冬季采暖，能源消耗非常大，对自然环境污染非常严重，首先要解决采暖问题。我国南方比较炎热、潮湿，通风、降温是夏季的主要问题，在南方生态建筑设计中注重遮阳和自然通风，降低夏天空调的能源消耗。设计是实现生态建筑的基本技术策略，从一定意义上讲，生态建筑是一个宏观的概念，在考虑材料再利用，新能源开发等很多问题上都不应该停留在个体建筑这个尺度上，应该把它放到整个城市或者一个区域内通盘考虑，也可以把生态建筑认为是一个技术的集成体，许多技术问题，如能源优化问题、污水处理问题、太阳能的采用和处理问题，并不是建筑专业范围内的问题，需要建筑师和各个专业的工程师共同合作。从技术层面上来讲，首先规划选址合理，减少环境污染，资源高效循环利用，降低能源消耗，采用太阳能、风能，等等。从过程上来讲，提高建筑的保温隔热性能，实现建筑防晒，自然采光照明等，这是生态建筑采用基本的技术策略。

建筑通风是生态建筑普遍采用的比较成熟的技术，自然通风应该取代机械通风和空调制冷，一方面可以不消耗能源而降温除湿，另一方面提供新鲜的自然空气，有利于人的健康。建筑通风可以分为风压通风和热压通风两种，要有比较理想的外部风环境，一般来讲风速不小于每秒2～3米，房间进深大于15米。我国土地资源非常紧张，如果建筑住宅房间进深太大，对土地使用很不利，建筑要面向夏季主导风向，一般房间不大于15米，自然通风还是可以得到比较好的解决。同时要强调地理空间，建筑物前后包括围墙和植被都可以改变自然的风向，改变风力。利用这些东西进行自然通风。自然通风很不稳定，在外部不理想的时候用一定的热压通风。比如在设计中，在转角的地方设计出入口和玻璃塔，在夏天的时候可以升高，冬天可以降低，周边玻璃起温室的作用，对室内起保护的作用。

（三）数字技术在生态环境艺术设计中的应用

1.数字环艺设计的表现手法

在当今数字化时代，现代神态环境艺术设计出现了革命性的变革，因为其中融入了数字化技术和网络技术，主要表现为沉浸式设计和非沉浸式设计。基于虚拟现实技术的分类又可分为基于模型的沉浸式设计和其他的两种设计，基于模型的沉浸式设计在一般的展示中不会被应用，主要因为其成本高。技术含量高，相对较不成熟。因此以下仅讨论并非沉浸式展示关于基于图像的设计、基于模型的设计。

基于数字技术的各种软件，在设计实践中，色彩的显示非常丰富，材质的选择范围也异常广泛，但在展现具体的设计效果时，由于计算机表现技术对于线条比例，色彩范围以及体量失控的精确性，抹杀了环艺设计方案中的模糊性和随机性，使得设计缺乏了设计师的灵感火花。还由于一些设计师对设计软件的不熟悉，以及设计软件本身功能的局限性，设计师很多优秀的设计构想未能付诸于实践。这些因素都使设计作品不能充分体现设计师的思想、灵感，严重束缚了设计师从事设计的手脚，限制了设计师的设计自由。

2.基于图像方法的探究

（1）获取图像。

通过3Dmax、Maya等制作的场景六面渲染输出，获取图像，或用照相机、鱼眼镜头、三脚架、云台等进行拍摄后获得图片。

（2）交互制作。

导入图像后运用造型师等软件进行全景图拼合后加入事件响应，实现交互操作。不同的软件，操作的步骤也有差异。

①我们可以通过创建虚拟场景，以任意一个角度观察一个大厅里环绕四周，也可以围绕某一个物体，在度的范围内观察它。利用它，能够实现对一个物体或空间进行全景观察。因为这些照片是相互连接的，所以我们在观察的时候，可以任意地改变视点、转动观看，只要紧密正确的连接且照片足够精细，我们就可以获得空间上的感觉。

②在互联网上，造型师提供一种可以高仿真性展示三维立体物体的全新方法。它能自动生成物体展示模型，拍摄一个现实物体，得到图像后自动进行处理，用户可以方便、全方位、便捷地观看物体。

③预览、发布。

经审核、认可后，用相关软件将方案生成可执行文件或者网页文件后发布。

3.基于模型方法的探究

基于图像的方法非常注重对于实物信息的采集，通过对实体几何图形进行建模运算，计算机设备中营造虚拟现实场景，用户通过各种操作来与计算机实现交互，这种方法的优点在于：传输速度匀速，因为操作所需要的数据量很小；交互功能非常好，用户、设计师都可以直接和计算机进行交流。但这种方法也有其局限性，因为受限于网络流量的"瓶颈"和操作软件的缺陷，不能提供高清晰度、高仿真度的图片。工作内容如下：

（1）建模。

Non-UniformRational-Splints缩写得来，这种建模方式主要广泛应用于形状复杂、表面平滑的几何物体，尤其善于表达物体的细节部分，使建造模型拥有较高的仿真度和真实性。但这种建模方式有利有弊，甚至有其自相矛盾的地方。例如，改建模方式要求用曲面进行建模，而起曲面却只有屈指可数的几种拓扑类型可供选择，因此建造形状复杂的几何模型——尤其是具有分支结构的物体，无异于痴人说梦，所以说它是计算机图形学中一个纯粹的数学概念。

（2）多边形建模技术。

NURBS建模方式与建模方式恰恰相反，它的建模思路非常通俗明了，它采用各种小型平面来搭建各种大型的几何物体。先确定要建模物体的大致形状，运用各种小平面三角形、菱形、梯形等进行组合，组合完毕之后运用修改器对整体效果进行修剪，就像花园的园丁修剪花朵一样，在虚拟现实环境中，进行此类的修改非常容易，但缺点就是建造出的模型表面不光滑，不适合构造形状复杂不规则的物体。

（3）细分曲面建模。

此建模方式刚好能弥补NURBS建模的主要缺陷，这种方式非常善于建立曲面，它一改建模的复杂度，利用网格来进行曲面的构造，因此构造物体时虽然要用到很多的平面，但修改时只会在局部曲面上进行修改，不会增加整体模型的复杂度，因此不仅方便快捷，还能保证物体的表面光滑性，对细节特征的损耗也非常小。

效果图的绘制依赖于手工操作，局部细节的修改就要耗费大量的人力、物力、财力，甚至可能全盘否定设计师的设计图，但运用数字化表现技术，设计师可以很方便快捷对效果图进行修改和完善，使得局部问题甚至是全局问题得到及时的纠正。

4.数字生态环境艺术设计的原则

（1）明确设计的目的。

设计师在进行环境艺术设计时必须明确自己的目标，对于将要进行设计的内容，整体环境，以及本次设计所要达到的效果都必须明确，如果仅以个人的主观臆想或者偏好来进行设计，是不明智的。

（2）新颖的艺术形式。

环境艺术设计是艺术设计的一支，艺术设计是不断发展创新的艺术表现形式，环境艺术设计也必须不停地在原有的基础上进行翻新，使得环境艺术设计的生命得到新的延续，更加具有吸引力。所以，设计师需要不断开拓创新的艺术形式，充分发挥自己的聪明才智，让更丰富的艺术形式展现在世人面前。基于数字技术的各种软件，在设计实践中，色彩的显示非常丰富，材质的选择范围也异常广泛，但在展现具体的设计效果时，由于计算机表现技术对于线条比例，色彩范围以及体量失控的精确性，抹杀了环艺设计方案中的模糊性和随机性，使得设计缺乏了设计师的灵感火花。还由于一些设计师对于设计软件的不熟悉，以及设计软件本身功能的局限性，设计师很多优秀的设计思想未能付诸设计实践。这些因素都使设计作品不能充分体现设计师的思想、灵感，严重束缚了设计师从事设计的手脚，限制了设计师的设计自由。

（3）集成性与交互性。

融入了数字技术的环境艺术设计具有十分震撼的表现力和感染力，使受众的视觉、听觉、触觉诸多感官都能感受到艺术的刺激。之所以这样，是因为数字环境艺术设计集多种技术于一身，如果没有多种技术的集成，这种优势就无法得到体现。但技术的集成并不代表是简单的物理性堆砌，而是各组成部分之间的优化组合。这种组合使得数字环境艺术能够和受众进行良好的沟通，这种优秀的交互性也是数字环境艺术设计与其他艺术设计的重要区别。

（4）科学性与真实性。

环境艺术设计面对的是社会公众，它所表达的内容对社会具有必然的影响，要让环境艺术设计给社会产生良好的效益，其所表达内容的科学性和真实性必须得到保证。基于数字技术的各种软件，在设计实践中，色彩的显示非常的丰富，材质的选择范围也异常广泛，但在展现具体的设计效果时，由于计算机表现技术对于线条比例、色彩范围以及体量失控的精确性，抹杀了环艺设计方案中的模糊性和随机性，使得设计缺乏了设计师的灵感火花。还由于一些设计师对于设计软件的不熟悉，以及设计软件本身功能的局限性，设计师很多优秀的设计思想未能付诸设计实践。

5.数字技术应用于生态环境艺术设计的案例

（1）构建数字三维城市系统。

数字城市顾名思义就是将城市的各种信息：所处地理位置、风土人情、建筑风格、经济水平等信息以数字化手段进行处理，录入计算机设备，通过虚拟现实技术在虚拟环境中还原出现实中城市的面貌。比如，卡塔尔的足球场（在建造前通过软件的设计，展现出球场的迷人风采和球场周边相关的公共设施，让人一目了然球场的布局和结构。更方便设计师们对设计细节的调整，并通过这种数字化的模拟可以直观感受到白天和夜晚的球场环境景色。

利用计算机图形原理以及虚拟现实技术、三维模拟技术来还原出现实中城市的面貌，从而达到信息传输的目的，满足用户的需求，这就是数字技术运用于环境艺术设计中所表现的魅力所在。三维城市模型的研究、建立于应用展现出城市景观，在此基础上开发的数字城市可视化平台，在地理位置、风土人情、建筑风格、经济水平研究与展示方面有很大的应用价值。

（2）历史文化遗产的保护与虚拟重现。

利用数字化方式也可以保护珍贵国家文化遗产，许多珍贵的文化遗产因为向游客开放，已经遭到严重的破坏，这种破坏是不可逆的，即使利用当今先进的技术进行修复，也不能恢复其本来面目，利用虚拟现实技术所实现的文化遗产虚拟情景再现，使世界人民足不出户却能全方位观看和了解中国的悠久历史文化和民族特色。如保护文物又能进行真实的展示是困扰而今博物馆行业的难题，而故宫博物院创造性地将古代文物珍品以动态形式展示，全然再现珍品原貌，同时添加互动和主题介绍，使得人们不必拘泥于静物的展示，在模式领略珍品的同时，更体会文化的演变与历史的沿革，不仅使人体验到一场盛大的视觉盛宴，更能够令人穿越时空，开启一场与古人心境的交流之旅。

现在的太和殿已经成为宝贵的文物，游客已经不被允许进入，但是通过虚拟展示可以让人们身临其境。这种虚拟展示体现了文化遗产的保护和环境数字化结合，运用虚拟现实技术结合数字可视化展示，将故宫中各种建筑的详细信息采集录入展示数据库内，在虚拟环境中建造出虚拟的"故宫"，利用投影仪将视频信息通过银幕向观众展示，同时配合声、光、电等辅助设备，进一步增强现场的真实感。

（3）电影中虚拟建筑的营造。

虚拟建筑顾名思义是一种虚拟出来的建筑物，是一种事实上并不存在于客观世界的建筑物，是根据人的意向在虚拟世界中营造出的建筑物。利用虚拟建筑进行场景漫游是当下非常流行时尚的领域，前景也是十分美好，这种行业在各种需要虚拟场景的行业都大有用武之地，如虚拟战场演示，虚拟模拟作战，虚拟游戏场景等，促成了新艺术形式的诞生。

在电影行业中，有许多虚构的场景和建筑，现实生活很难建造完成，那么在制作电影的过程中我们可以运用数字技术在环境当中构建需要的建筑造型。然后通过拍摄手法，在电影中呈现出逼真的效果，来使观众体验一场盛大的视觉盛宴，特别是最近的数字化技术，让电影呈现出了三维立体效果，更是让人惊奇数字化的魅力。例如《后天》这部电影，电影中有许多建筑被自然灾害所破坏的画面，现实中电影制作者表现不出，只有通过数字的技术来表现出来。

任何艺术门类和形式都离不开生存环境的再现和体验。只要有对环境的体验和介入，环境中就必然包括建筑环境。由于数字技术运用到环境中来虚拟建筑技术的出现和进一步发展，今天人们感受到些未来艺术形式中的建筑场景与人交互的雏形，和环境中的感情色彩，所以未来艺术和社会文明对数字化的环境技术发展的巨大期望是可想而知的。

6.数字生态环艺设计的前景展望

数字化的手段和运行工具成为数字表现的方案，它运用了静态图像和虚拟现实的交互性为之呈现的设计方案，此方案传授给人们的体量感、材质感、空间感和色彩感都具有很高的准确性。通常我们把数字化的表现技术分为三类，分别是相关软件运用技术、相关表现程式、相关表现处理技术，它们无一不融合了软件操作技术、审美意识和工程技术知识为一体的操作。

（1）以概念设计为先导——虚拟现实设计。

近年来，数字技术和虚拟现实技术在整体可用性上取得了很大的突破。最重要的是最大程度上实现了对真实情景的模拟。随着计算机和可视化技术的进步，虚拟环境系统将能呈现出更加真实的环境，虚拟环境越真实，展示出的艺术效果就越明显。高清技术更是为场景真实化做出了巨大的贡献，就如同电影一样，下一个合理的发展方向当然是在三维条件下构建现实的环境。目前，有几种建立在技术基础上的虚拟环境系统已经被开发出来，但毕竟数目很少，还不足以与现行的系统进行竞争。但随着科技的进步，当它的商业价值与其他优势同样明显时，未来的环境设计将开始全面采用这种技术。

和任何新技术一样，虽然能风靡一时，但时代是前进的，科学是不断发展的，尤其在知识爆炸的年代，新技术的更新速度更是日新月异。数字技术和虚拟现实技术只能做到对于现实环境的三维模拟，对于技术来说，这已经是一个巨大的进步，带给了人们全新的视觉方面的革命性创新。近年来，技术也已经成熟，很多电影也投入了市场，如芜湖方特欢乐世界，里面有很多运用技术的虚拟场景，场景的先进之处不仅在视觉上让人感觉到立体、真实，在触觉上也有对现实的模拟：剧中的一条鱼吹了个泡泡，破碎之后，自己脸上会感觉有水珠喷过来；屏幕上出现很多小爬虫的时候，座椅的振动设备让你感受到爬虫就在你的周围，慢慢爬过你的腿。更先进一点还可以对温度，湿度等进行模拟，让人完全能和虚拟现实进行交流。

虚拟现实设计的最大优点在于交互性的增强，受众通过特定的设备：感应头盔、感应手套、震动传感设备置身于虚拟环境之中，来感受虚拟世界中的各种对象，操作虚拟世界中的各种设备，进行实时交互，体会身临其境的感觉，获得与真实世界中高度真实感。由于这种三维空间的逼真性和身临其境的可操作性，因此虚拟现实技术已经广泛应用于环境设计。虚拟现实技术的产生，对环境艺术设计领域具有重要的意义。设计师可以利用数字技术在计算机上对现实中的景物进行虚拟处理，如还没有完工的房屋、正在建造中的雕塑，甚至是现实世界中不存在的概念性物体。但值得肯定的是，因为虚拟现实技术的普及，很多试验工作在原有工作方式上有了很大的突破，虚拟现实试验系统的出现，人们可以直接在虚拟空间中进行直观的模拟试验，如对模型的拆装，建筑物的全景观赏，建筑物承重力的预测等，比实地试验有许多突出的优势，不仅方便快捷，节省大量的人力物力，也更具精确性。通过虚拟试验得出的数据可以指导现实中比较复杂的试验，两者是相辅相成的，可视化不可见的物体。虚拟现实技术为工程设计提供了大量的便利条件，其特点是景物是虚拟的，但又都实实在在地利用了现实世界中存在的数据。

（2）基于全息技术的数字环境艺术设计。

我们甚至可以更大胆的设想，在不久的将来，随着全息技术的发展，我们在观看环境设计的作品时，无须再佩戴立体眼睛，可以直接置身于设计师所营造的环境之中，与环境融为一体。当技术达到这种水平之时，在这种让人难辨虚实的虚拟环境中，我们可以运用的资源就更加丰富了。甚至可以用神经感应系统来模拟特定的环境景观中的鸟语花香的味道，机车马达的震动感，各种材料设备的真实触感，使受众完全处于"虚幻"的环境里。

①全息技术的历史沿革。

1947年，匈牙利人丹尼斯·盖博在研究电子显微镜的过程中，提出了全息摄影术这样一种全新的成像概念。全息术的成像利用了光的干涉原理，以条文形式记录物体发射的特定光波，并在特殊条件下使其重现，形成逼真的三维图像，这幅图像记录了物体的振幅、相位、亮度、外形分布等信息，所以称之为全息术，意为包含了全部信息。但在当时的条件下，全息图像的成像质量很差，只是采用水银灯记录全息信息，但由于水银灯的性能太差，无法分离同轴全息衍射波，因此大批的科学家花费了十年的时间却没有使这一技术有很大的进展。1962年，在基本全息术的基础上，将通信行业中"侧视雷达"理论应用在全息术上，发明了离轴全息技术，带动全息技术进入了全新的发展阶段。这一技术采用离轴光记录全息图像，然后利用离轴再现光得到三个空间相互分离的衍射分量，可以清晰地观察到所需的图像，有效克服了全息图成像质量差的问题。

1969年，本顿发明了彩虹全息术，能在白炽灯光下观察到明亮的立体成像。其基本特征是，在适当的位置加入一个一定宽度的狭缝，限制再现光波以降低像的色模糊，根据人眼水平排列的特性，牺牲垂直方向物体信息，保留水平方向物体信息，从而降低对光源的要求。

20世纪60年代末期，古德曼和劳伦斯等人提出了新的全息概念——数字全息技术，开创了精确全息技术的时代。到了21世纪20年代，随着高分辨率的出现，人们开始用等光敏电子元件代替传统的感光胶片或新型光敏等介质记录全息图，并用数字的方式通过电脑模拟光学衍射来呈现影像，使得全息图的记录和再现真正实现了数字化。

数字全息技术是计算机技术、全息技术和电子成像技术结合的产物。它通过电子元件记录全息图，省略了图像的后期化学处理，节省了大量时间，实现了对图像的实时处理。同时，其可以通过电脑对数字图像进行定量分析，通过计算得到图像的强度和相位分布，并且模拟多个全息图的叠加等操作。

②全息技术的原理。

人类之所以能感受到立体感，是由于人类的双眼观察物体时横向的，且观察角度略有差异，图像经视并排，两眼之间有厘米左右的间隔，神经中枢的融合反射及视觉心理反应便产生了三维立体感。根据这个原理，可以将显示技术分为两种：一种是利用人眼的视差特性产生立体感；另一种则是在空间显示真实的立体影像，如基于全息影像技术的立体成像。全息影像是真正的三维立体影像，用户不需要佩戴立体眼镜或任何的辅助设备，就可以在不同的角度裸眼观看影像。数字全息技术的成像原理是，首先通过器件接收参考光和物光的干涉条纹场，由图像采集卡将其传入电脑记录数字全息图；然后利用菲涅尔衍射原理在电脑中模拟光学衍射过程，实现全息图的数字再现；最后利用数字图像基本原理再现的全息图进行进一步处理，去除数字干扰，得到清晰的全息图像。定影等后期处理，整个制作过程非常繁多的记录，由于需要进行显影。而现代的全息技术材质采用新型光敏介质，如光导热塑料、光折变晶体、光致聚合物等，不仅可以省去传统技术中的后期处理步骤，而且信息的容量和衍射率都比传统材料较高。然而，采用感光胶片或新型光敏介质，都需要通过光波衍射重现记录的波前信息，肉眼直接观察再现结果，这样难以定量分析图像的精确度，无法形成精确的全息影像。

第四节　中国生态性环境艺术设计现状与思考

一、中国生态性环境艺术设计的现状

（一）国内生态性环境艺术设计中"拿来主义"盛行

目前我国生态性环境艺术设计因为起步较迟的原因，所以很大程度受到国际上的影响很大。20世纪一些国家生态性环境艺术设计快速发展，如美国、日本等国家。目前，随着类似我国这样的发展中国家的高速发展，以及综合国力的提升，激起一层生态性环境艺术设计的浪潮。原有的环境规划一时间成为经济发展的障碍，环境的改变变得极为迫切。然而，正是这种急速膨胀，导致我国目前生态性环境艺术设计发展畸形，"拿来主义"盛行，也从另一个方面助长了西方文化灌输的气焰。凡是西方的，就是好的，拿来就用这种行为很常见。我国这种速成式的成长，造就了现在的一味模仿、一味搬用的状况。在"拿来"的过程中，不考虑是否适合，是否结合了我国的传统文化，这对我国生态性环境艺术的发展是很不利的。从短暂的行为看，西方的文化产物拿到我国来用，一时间是可以成为一种时尚，但是并不是长久之计，并且这种"拿来主义"的行为对我国的环境艺术设计师的创造性是一种很大的伤害，使得一大部分有着热血创新思想的设计师失去创作热情，腐化了我国环境艺术设计的良好创新氛围，直接导致的后果就是整个民族的环境文化的缺失。

（二）国内生态性环境艺术设计中本土生态文化的缺失

由于我国环境艺术设计的一部分设计师急功近利，不管不顾本土文化，生搬硬套西方生态环境艺术成果，造成我国生态性环境艺术中本土生态文化缺失现象严重。虽然环境艺术设计不是一成不变的，但是其受到历史传统的影响是必然的，这一点谁都无法否认。我国在两千多年的封建文化影响下，在取得了很多优秀文化成果的同时，也造就了我国人民的精神定式。目前遗留下来的宝贵环境艺术设计本土化文化是不能够丢失的。随着全球化的进程加快，我国很多本土化特色建筑在消失，本土设计元素在磨灭，中国是一个古老的国家，这种情况的发生是非常可惜的。而且，现在很多西方国家对这一点已经提高了警觉，不断推出各种解决的办法，我国却仍然忽视这一点。

我国的本土生态文化是有我们中华民族经过几千年练就而成的，如果就这样丢弃了确实很可惜。一种物种的消失我们可能看得见，一个人的消失我们也会有所知。但是一种文化的消失是不知不觉的，等你发现它的流失时可能悔之晚矣。中国这样一个大国，一旦民族文化缺失，其后果是不堪设想的，既可能导致整个民族本性的丧失也有可能导致文化的没落。

（三）国内生态性环境艺术设计中对传统生态建筑的破坏

这些年来，我国经济发展的速度很快，人们对都市生活非常向往，一些农村和偏远地区为了发展地方经济不惜牺牲传统生态环境文化，连很多文化古都都对传统的生态环境进行了一系列的破坏行为。这些行为，虽然在短时期内能够赢得不菲的利益，但是从长远来看，无异于"杀鸡取卵"。

本土的建筑群落一般都不是单个存在的，而是在一定地理条件下、顺着历史脉络和人文历史组成一个整体而存在的。也就是说，对本土生态性环境艺术的破坏实际上就等于破坏了整个生态系统。本土建筑的保存不仅仅是对建筑本身的保存，还是对本土生态环境艺术设计的保存。社会发展是一种连续的发展，不仅仅体现在物质上，也体现在精神上。另外，一些贫困农村的本土建筑被毁，与我国目前大批农民工的出乡是有一定关系的，这就说明本土文化的缺失与我国经济发展的现状存在密切的关系。

（四）国内生态性环境艺术设计中消费主义的过分操纵

消费主义的蔓延使原属上层阶级的生活方式向中产阶级以至全社会扩展，给环境、资源、生态造成巨大的压力。现代性的历程在某种意义上实际是一个消费平民化的过程，也只有当消费享乐主义的生活方式成为一种大众的、普遍的生活方式的时候，它才对环境、能源和生态造成现实的压力，它的不可持续性才充分暴露出来。

消费决定市场，市场化的社会最大的误区就是被消费主义操纵。生态性环境艺术设计也面临着同样的问题，当设计的目的中过多地掺杂了消费的成分之后，生态性环境艺术设计的形态设计的作用就开始异化，这会产生文化上的倒退。另外，由于设计对消费有刺激作用，也会导致一种不够理性的消费观。在这种消费观的支持下，人们的消费远远超出基本的需求，而传统的观念之中自然资源是支撑这种畸形消费取之不尽用之不竭的源泉。因此生态性环境艺术设计过程中人们的观念之中没有给予自然一个应有的位置，取而代之的是掠夺、破坏、占有。所以在承认技术进步及私人生活极大满足的同时我们突然发现人类共有的资源、公共的利益遭到人为的史无前例的破坏。

目前，有很多国外环境艺术设计师来到我们国家，他们把我国当作一种试验基地来看待，因为我国目前的环境艺术设计不发达，还处在初级阶段。不过这些设计中有很多是结合了中国的文化的作品，但更多的还是一些不合时宜的作品，这些东西耗费了我国很多的财力物力，也浪费了我国的很多能源和资源，因为建筑本来就是一项耗能大科。例如，我国的中央电视台新办公大厦的设计，迄今为止还受到争议。

二、中国生态性环境艺术设计的思考

（一）正确吸收外来生态性环境艺术设计精髓

西方有一位哲学家曾经这么评述过中国的问题，中国人的很多东西都有上千年的历史，如果这些东西被全世界所采用，那么地球上将会充满更多的欢乐，如果我们轻视东方智慧，那么我们自己的文明永远达不到真正意义上的文明。我国是一个拥有亿人口的大国，本身拥有如此多美好东西的我们，为什么喜欢崇尚"拿来主义"呢，为什么就看不到自己本身的光辉，众所周知这是一个误区。对于外来生态性环境艺术的设计精髓，我们应该正确的吸收，而不能简单地"拿来"。面临生态破坏给予我们的警示，不要慌张，应该理性分析问题，用正确的态度对待外来文化，因为这种嫁接的东西不一定能够在我国的土壤上发生作用，有可能会给我们带来损失，外来的不意味着先进。当然，对于一些好的东西我们应该借鉴，目前我国的很多大工程都是外国人设计的，我们自己好的环境艺术设计师比较紧缺。所以，我们都希望能够诞生本土的好设计师。而不是在生态性环境艺术设计中照搬他人模式，这样更利于我国环境艺术设计的可持续发展。我们应该立足我国的实际情况，运用目前的高新技术，创作出属于我们自己的生态性环境艺术设计作品。中国设计师应该在正确吸收外来优秀经验的同时，不断创新，不断继承本国优秀传统，做出独具中国特色的作品。

我们可以在借鉴国外经验的同时充分运用本国的古典美学的东西，我国古典美学内容丰富而且源远流长，是我国的伟大瑰宝。我国古典美学对我国环境艺术设计有很大影响。例如，我国古代的城市布局"二龙戏珠""将军大座"等。还有类似"杂树参天，楼阁石疑云霞出而没，繁花覆地，亭台突池沼而参差"的艺术场景设计。这些精华东西对我国现代的生态性环境艺术设计有很大的帮助。所以，面对中西两种文化，我们应该在正确吸收外来文化的同时，注重对本国文化内涵的挖掘。以期达到国际化与民族特色相结合的目的。

（二）有效防止生态性环境艺术设计中本土生态文化的缺失

由于中国这两年发展的速度很快，所以中国逐渐成为全球的注意点。加上我国本身巨大的市场，所以，外商为了迅速打开中国市场，不惜利用文化因素，向我国倾销外来文化。磨灭我国公民的本土意识。目前，我国公民对本土的意识很薄弱，可以说几乎没有，受多方面影响，一致以为外来的就是好的。所以唤醒我国公民的本土意识很有必要，这样能够有效防止生态型环境艺术设计中本土化生态文化的缺失情况。

目前在经济全球化的带动下，我国生态性环境艺术设计处在一种盲目的状态，出现了一些不伦不类、盲目跟风的环境艺术作品，使得本土化环境艺术元素流失严重。在这个文化多元化的空间里，若要体现我国独有的特色，需要我国所有环境艺术设计师的共同努力。生态性环境艺术设计作为我国环境艺术设计的一个重要部分，是我们所迫切需要进行改善的。如果一种设计作品不具有本土特色，那么我们可以称之为不生态的。因为本土生态文化能够反映出当地的风俗习惯，一件环境艺术作品如果没有考虑到这一点，那么不能算是成功的作品。

对于生态本土文化的问题，不同民族不同地区对这个喜好有所不同。但是，在现代环境艺术设计中融入本土特色是需要的。例如，北方以大气为主要气势，人们的性格、风俗都比较粗犷，所以我们可以在北方的环境艺术设计中贯穿这种艺术情绪。南方人比较重视婉约、流畅，"小桥流水人家"式样的环境设计，我们也可以根据其本土特征进行设计。例如，我国很多地方习惯用木头和柱子做房子，这种行为依然可以延续下来。在设计的过程中，深入了解当地的风俗民情，将其融入设计中去。为我国本土化艺术的发展增光添彩。

（三）对传统生态建筑采取再建造和改造的态度

目前中国很多地方都在乱拆传统建筑物，很多建筑物都是很有历史价值的。生态性环境艺术设计不应该抛弃传统，对于贯通建筑物应该采取再建造和改造的态度。例如，北京城内的一些复古建筑，使得你依然能感觉到我国古代文化的魅力。其实传统建筑对于现代环境艺术设计的参考性是非常大的，我们不应该直接把这些东西丢掉、拆掉，而应该进行一些恢复和再造行为。我们也可以把里面的一些精华部分抽出应用在现代生态性环境艺术设计当中去，通过加入现代的因素，进行提高、升华，并加以寓意以主题命名，在实践过程中将传统建筑元素发扬光大。

无论我们站在什么角度来看传统建筑的再利用问题，都不可否认传统建筑中所蕴含的传统文化。所以我们一定要尊重、保护古建筑，我们要想办法将其保存下来，并将其融入整个城市当中去的。并在提倡继承和发展传统建筑精华的同时，产生新的启迪，进行创新。这种实例也很多，如我国吴良镛教授在进行北京菊儿胡同旧区改造工程的设计中，既继承了民族传统城市空间艺术和建筑艺术的精华，又创造了现代新四合院这一崭新的城市空间艺术与建筑理念，而且在保留了北京古城传统的院落体系的基础上，又成功地处理了居住的私密性与邻里关系。这是对传统的环境艺术设计完美的继承与发展，成为旧城改造的典范。

又如贝聿铭先生对苏州博物馆新馆的设计，新博物馆屋顶设计的灵感来源于苏州传统的坡顶景观——飞檐翘角与细致入微的建筑细部。然而，新的屋顶已经被科技重新诠释，并演变成一种奇妙的几何效果。玻璃屋顶将与石屋顶相互映衬，使自然光进入活动区域和博物馆的展区，为参观者提供导向。金属遮阳片和怀旧的木作构架将在玻璃屋顶之下被广泛使用，以便控制和过滤进入展区的太阳光线。贝聿铭先生此次设计苏州博物馆新馆所承受的舆论压力看来远比巴黎罗浮宫拿破仑广场的透明金字塔的设计小得多，未出现像当年巴黎街头的一片责难声。诚然，因为新馆的选址问题的异议多少转移了人们的视线，但苏州老百姓的投票支持率多少也反映了大众对此设计的文化认同。两院院士吴良镛和周干峙对设计方案亦表示了赞赏。他们认为，新馆设计方案与原有拙政园的建筑环境既浑然一体，又有其本身的独立性，以中轴线及园林、庭园空间将两者结合起来，无论空间布局和城市肌理都恰到好处。全国著名文博专家罗哲文老先生认为新馆设计是谨慎的，建筑与周边环境融为一体，符合历史建筑环境要求。

（四）尽量避免在生态性环境艺术设计中消费主义的过分操纵

消费主义一般在西方发达国家比较盛行，最典型代表就是美国，超前消费，偏离实际需要，无休止的追逐理想消费，这是一种被享乐主义曲解了的消费观念，是不科学的。过度的消费会对环境造成巨大的压力，从而破坏生态环境，引起人与自然的不和谐，不符合可持续发展的长期战略思想。

从设计的目的来看，就是为了满足人们的需要，而生态性环境艺术设计的目的就是在满足人们的正常消费的同时，把给自然造成的压力降到最小。这种只顾满足人们欲望的消费行为，是不合理的，不生态的。尤其是在其反映在环境进行艺术设计方面时，更加危险。因为，环境不等同于其他的物品，一旦被破坏，就没有后悔的机会了。所以，我们应当通过生态性环境艺术设计正确引导人们合理的需要。在设计的过程中，也要远离"消费主义"色彩，尽量使设计作品生态、实用。我们生活的空间中，有着重要的生存法则，就像消费的协调性一样，要保持好这个"度"的理解，不能没有止境的进行索取。在设计过程中，要尽量体现这种合理消费的观念，告诉人们消费不是欲望出发的设计，而是需求控制的设计。所以，我们希望看到的就是避开消费主义，进行"以人为本""以自然为本""以绿色为本"的可持续生态性环境艺术设计。

第四章　生态化材料与环境
艺术设计的思维方法

环境艺术设计离不开材料，空间环境的构建需要各种材质的应用，明确材质的特性并能够合理地应用这些材质尤为必要。当然，更重要的是懂得材质的加工方法与工艺，知道这些天然和环保以及绿色的材质如何在空间环境中应用才能够真正将生态化设计以及生态环保观念融入环境艺术设计之中，为城市生活及生存环境的建设及改造贡献自己的力量。

第一节　生态化材料与环境艺术设计

一、环境艺术设计的思维方式

（一）环境艺术设计思维方式的类型

1.逻辑思维方式

逻辑思维也称抽象思维，是认识活动中一种运用概念、判断、推理等思维形式来对客观现实进行的概括性反映。通常所说的思维、思维能力，主要是指这种思维，这是人类所特有的最普遍的一种思维类型。逻辑思维的基本形式是概念、判断与推理。

艺术设计、环境艺术设计是艺术与科学的统一和结合，因此，必然要依靠抽象思维来进行工作，它也是设计中最为基本和普遍运用的一种思维方式。

2.形象思维方式

形象思维，也称艺术思维，是艺术创作过程中对大量表象进行高度的分析、综合、抽象、概括，形成典型性形象的过程，是在对设计形象的客观性认识的基础上，结合主观的认识和情感进行识别所采用一定的形式、手段和工具创造和描述的设计形象，包括艺术形象和技术形象的一种基本的思维形式。

形象思维具有形象性、想象性、非逻辑性、运动性、粗略性等特征形象性说明该思维所反映的对象是事物的形象，想象性是思维主体运用已有的形象变化为新形象的过程，非逻辑性就是思维加工过程中掺杂个人情感成分较多。在许多情况下，设计需要对设计对象的特质或属性进行分析、综合、比较，而提取其一般特性或本质属性，可以说，设计活动也是一种想象的抽象思维。但是，设计师从一种或几种形象中提炼、汲取出它们的一般特性或本质属性，再将其注入设计作品中去。

环境艺术设计是以环境的空间形态、色彩等为目的，综合考虑功能和平衡技术等方面因素的创造性计划工作，属于艺术的范畴和领域，所以，环境艺术设计中的形象思维也是至关重要的思维方式。

3.创造性思维方式

创造性思维是指打破常规、具有开拓性的思维形式，创造性思维是对各种思维形式的综合和运用，创造性思维的目的是对某一个问题或在某一个领域内提出新的方法、建立新的理论，或艺术中呈现新的形式等。这种"新"是对以往的思维和认识的突破，是本质的变革。创造性思维是在各种思维的基础上，将各方面的知识、信息、材料加以整理、分析，并且从不同的思维角度、方位、层次上去思考，提出问题，对各种事物的本质的异同、联系等方面展开丰富的想象，最终产生一个全新的结果。创造性思维有三个基本要素：发散性、收敛性和创造性。

4.模糊思维方式

模糊思维是指运用不确定的模糊概念，实行模糊识别及模糊控制，从而形成有价值的思维结果。模糊理论是从数学领域中发展而来的，世界的一些事物之间很难有一个确定的分界线，譬如脊椎动物与非脊椎动物、生物与非生物之间就找不到一个确切的界线。客观事物是普遍联系、相互渗透的，并且是不断变化与运动的。一个事物与另一事物之间虽有质的差异，但在一定条件下却可以相互转化，事物之间只有相对稳定而无绝对固定的边界。一切事物既有明晰性，又有模糊性；既有确定性，又有不定性。模糊理论对于环境艺术设计具有很实际的指导意义。环境的信息表达常常具有不确定性，这并不是设计师表达不清，而是一种艺术的手法。含蓄、使人联想、回味都需要一定的模糊手法，产生"非此非彼"的效果。同一个艺术对象，对不同的人会产生不同的理解和认识，这就是艺术的特点。如果能充分理解和掌握这种模糊性的本质和规律，将有助于环境艺术的创造。

（二）环境艺术设计思维方法的应用

1.形象性和逻辑性有机整合

环境艺术设计以环境的形态创造为目的，如果没有形象，也就等于没有设计。思维有一定的制约性，或不自由性。形象的自由创造必须建立在环境的内在结构的合规律性和功能的合理性的基础上。因此，科学思维的逻辑性以概念、归纳、推理等对形象思维进行规范。所以，在环境艺术的设计中，形象思维和抽象思维是相辅相成的，是有机地整合，是理性和感性的统一。

2.形象思维存在于设计，并相对地独立

环境的形态设计，包括造型、色彩、光照等都离不开形象，这些都是抽象的逻辑思维方式无法完成的。设计师从开始对设计进行准备到最后设计完成的整个过程就是围绕着形象进行思考，即使在运用逻辑思维的方式解决技术与结构等问题的同时，也是结合某种形象来进行的，不是纯粹的抽象方式。譬如在考虑设计室外座椅的结构和材料以及人在使用时的各种关系和技术问题的时候，也不会脱离对座椅造型及与整体环境关系等视觉形态的观照。环境艺术设计无论在整体设计上，还是在局部的细节考虑上，在设计的开始一直到结束，形象思维始终占据着思维的重要位置。这是设计思维的重要特征。

3.抽象的功能等目标最终转换成可视形象

任何设计都有目标，并带有一些相关的要求和需要解决的问题，环境艺术设计也不例外，每个项目都有确定的目标和功能。设计师在设计的过程中，也会对自己提出一系列问题和要求，这时的问题和要求往往也只是概念性质，而不是具体的形象。设计师着手了解情况、分析资料、初步设定方向和目标，提出空间整体要简洁大方、高雅、体现现代风格等具体的设计目标，这些都还处于抽象概念的阶段。只有设计师在充分理解和掌握抽象概念的基础上思考用何种空间造型、何种色彩、如何相互配置时，才紧紧地依靠形象思维的方式，最终以形象来表现对抽象概念的理解。所以，从某种意义上来说，设计过程就是一个将抽象的要求转换成一个视觉形象的过程。无论是抽象认识还是形象思考的能力，对于设计都具有极其重要的作用和意义。理解抽象思维和形象思维的关系是非常重要的。

4.创造性是环境艺术设计的本质

设计的本质就在于创造，设计就是提出问题、解决问题且创造性地解决问题的过程，所以创造性思维在整个设计过程中总是处于活跃的状态。创造性思维是多种思维方式的综合运用，它的基本特征就是要有独特性、多向性和跨越性。创造性思维所采用的方法和获得的结果必定是独特的、新颖的。逻辑思维的直线性方式往往难以突破障碍，创造性思维的多方向和跨越特点却可以绕过或跳过一些问题的障碍，从各个方向、各个角度向目标集中。

二、环境与材料的关系

（一）材料体现的环境意识

环境意识作为一种现代意识，已引起了人们的普遍关注和国际社会的重视。随着现代社会突飞猛进的发展，全球资源的消耗越来越大，所产生的废弃物也不断增加，环境破坏日益严重。因此，环境问题被提上日程，保护环境、节约资源的呼声越来越高。

长期以来，人们在开采、利用材料的过程中，消耗了大量的资源，并对环境造成了极大的污染与生物一样，材料也有一定的"生命周期"。

（二）材料选择与环境保护的关系

随着环境问题的不断放大，人类开始寄希望于设计，以期通过设计来改善目前的生存环境状况。减少环境污染、保护生态成为设计师选用设计材料所必须考虑的重要因素。以下的几个例子便是设计师对材料的特殊选择。

日本Victor公司推出的玉米淀粉制成的玉米光盘，与传统光盘材料不同，玉米光盘取材自然，在制作的过程中不会产生大量的污染，且废弃后可自然分解。

毕业于英国皇家艺术学院的阿特费尔德将回收的香波、洗洁剂瓶子绞碎，热压成塑料薄板，创造出一种可以用传统木工工具加工的绿色材料。RCP椅就是利用这一材料制作的"绿色"家具，其色彩丰富，廉价而具有可消费性。

英国设计师卢拉·多特设计的瓶盖灯是由塑料瓶口与瓶盖所组成。在设计师的巧手下，各种废弃物纷纷变身为华丽的时尚灯饰。设计者将破损的塑料瓶收集起来，将它们重新组合利用，赋予其新的生命，让它再次在灯具中发光。而这款瓶盖灯共由约40个塑料瓶盖组成。

设计师米歇尔·布兰德设计的吊灯是从塑料饮料瓶的底部剪下来的，造型典雅美丽。

由沃里克大学制造集团公司与PVAXX研发公司以及摩托罗拉公司合作开发的新型环保手机产品，废弃后可以将其埋到泥土里，几周后可自然分解为混合肥料。

设计中保持材料的原材质表面状态，不仅有利于回收，同时，材料本身的材质也能给人粗犷、自然、质朴的特殊美感，如采用铝材制作的座椅，表面不经任何处理，极易回炉再利用。

三、环境艺术设计材料及其生态化研究

生活中常用的环境设计材料主要有黄沙、水泥、黏土砖、木材、人造板材、钢材、瓷砖、合金材料、天然石材和各种人造材料。下面论述的各种材料具有生态性和鲜明的时代特征，同时也反映出环境设计行业的一些特点。

（一）常见设计材料的类型划分

在工业设计范畴内，材料是实现产品造型的前提和保障，是设计的物质基础。一个好的设计者必须在设计构思上针对不同的材料进行综合考虑，倘若不了解设计材料，设计只能是纸上谈兵。随着社会的发展，设计材料的种类越来越多，各种新材料层出不穷。为了更好地了解材料的全貌，可从以下几个角度来对材料进行分类。

1.依据材料来源分类

（1）天然材料。

第一类是包括木材、皮毛、石材、棉等在内的第一代天然材料，这些材料在使用时仅对其进行低度加工，而不改变其自然状态。

（2）第二代加工材料。

第二类是包括纸、水泥、金属、陶瓷、玻璃、人造板等在内的第二代加工材料。这些也是采用天然材料，只不过是在使用的时候，会对天然材料进行不同程度的加工。

（3）第三代合成材料。

第三类是包括塑料、橡胶、纤维等在内的第三代合成材料。这些高分子合成材料是以汽油、天然气、煤等为原材料化合而成的。

（4）第四代复合材料。

第四类是用各种金属和非金属原材料复合而成的第四代复合材料。

（5）第五代智能材料。

第五类是拥有潜在功能的高级形式的复合材料，这些材料具有一定的智能，可以随着环境条件的变化而变化。

2.依据物质结构分类

按材料的物质结构分类，可以把设计材料分为四大类。

（1）金属材料。

分为黑色金属（包括铸铁、碳钢、合金钢等）和有色金属（包括铜、铝及合金钢等）。

（2）无机材料。

主要有石材、陶瓷、玻璃石膏等。

（3）有机材料。

主要有木材、皮革、塑料橡胶等。

（4）复合材料。

玻璃钢、碳纤维复合材料等。

3.依据形态分类

设计选用材料时，为了加工与使用的方便，往往事先将材料制成一定的形态，即材形。不同的材形所表现出来的特性会有所不同，如钢丝、钢板、钢锭的特性就有较大的区别：钢丝的弹性最好，钢板次之，钢锭则几乎没有弹性；而钢锭的承载能力、抗冲击能力极强，钢板次之，钢丝则极其微弱。按材料的外观形态通常将材料抽象地划分为三大类。

（1）线状材料。

线状材料即线材，通常具有很好的抗拉性能，在造型中能起到骨架的作用。设计中常用的有钢管、钢丝、铝管、金属棒、塑料管、塑料棒、木条、竹条、藤条等。

（2）板状材料。

板状材料即面材，通常具有较好的弹性和柔韧性，利用这一特性，可以将金属面材加工成弹簧钢板产品和冲压产品；板材也具有较好的抗拉能力，但不如线材方便和节省，因而实际中也较少应用。各种材质面材之间的性能差异较大，使用时因材而异。为了满足不同功能的需要，面材可以进行复合形成复合板材，从而起到优势互补的效果。如设计中所用的板材有金属板、木板、塑料板、合成板、金属网板、皮革、纺织布、玻璃板、纸板等板状材料制作的椅子。

（3）块状材料。

块状材料即块材，通常情况下，块材的承载能力和抗冲击能力都很强，与线材、面材相比，块材的弹性和韧性较差，但刚性却很好，且大多数块材不易受力变形，稳定性较好。块材的造型特性好，其本身可以进行切削、分割、叠加等加工。设计中常用的块材有木材、石材、泡沫塑料、混凝土、铸钢、铸铁、铸铝、油泥、石膏等。

（二）常用的设计材料

1.木材制品

木材由于其独特的性质和天然纹理，应用非常广泛。它不仅是我国具有悠久历史的传统建筑材料（如制作建筑物的木屋架、木梁、木柱、木门、窗等），也是现代建筑主要的装饰装修材料（如木地板、木制人造板、木制线条等）。

木材由于树种及生长环境不同，其构造差别很大，而木材的构造也决定了木材的性质。

（1）木材的叶片与用途分类。

①木材的叶片分类。

按照叶片的不同，主要可以分为针叶树和阔叶树。

针叶树，树叶细长如针，树干通直高大，纹理顺直，表观密度和胀缩变形较小，强度较高，有较多的树脂，耐腐性较强，木质较软而易于加工，又称"软木"，多为常绿树。常见的树种有红松、白松、马尾松、落叶松、杉树、柏木等，主要用于各类建筑构件、制作家具及普通胶合板等。

阔叶树，树叶宽大，树干通直部分较短，表观密度大，胀缩和翘曲变形大，材质较硬，易开裂，难加工，又称"硬木"，多为落叶树。硬木常用于尺寸较小的建筑构件（如楼梯木扶手、木花格等），但由于硬木具有各种天然纹理，装饰性好，因此可以制成各种装饰贴面板和木地板。常见的树种有樟木、榉木、胡桃木、柚木、柳桉、水曲柳及较软的桦木、椴木等。

②木材的用途分类。

按加工程度和用途的不同，木材可分为原木、原条和板方材等。

原木是指树木被伐倒后，经修枝并截成规定长度的木材。

原条是指只经修枝、剥皮，没有加工造材的木材。

板方材是指按一定尺寸锯解，加工成型的板材和方材。

（2）木材的特点。

①轻质高强。

木材是非匀质的各向异性材料，且具有较高的顺纹抗拉、抗压和抗弯强度。中国以木材含水率为15%时的实测强度作为木材的强度。木材的表观密度与木材的含水率和孔隙率有关，木材的含水率大，表观密度大；木材的孔隙率小，则表观密度大。

②含水率高。

当木材细胞壁内的吸附水达到饱和状态，而细胞腔与细胞间隙中无自由水时，木材的含水率称为纤维饱和点。纤维饱和点随树种的不同而不同，通常为25%~35%，平均值约为30%，它是影响木材物理性能发生变化的临界点。

③吸湿性强。

木材中所含水分会随所处环境温度和湿度的变化而变化，潮湿的木材能在干燥环境中失去水分，同样，干燥的木材也会在潮湿环境中吸收水分，最终木材中的含水率会与周围环境空气相对湿度达到平衡，这时木材的含水率称为平衡含水率，平衡含水率会随温度和湿度的变化而变化，木材使用前必须干燥到平衡含水率。

④保温隔热。

木材孔隙率可达50%，热导率小，具有较好的保温隔热性能。

⑤耐腐、耐久性好。

木材只要长期处在通风干燥的环境中，并给予适当的维护或维修，就不会腐朽损坏，具有较好的耐久性，且不易导电。我国古建筑木结构已有几千年的历史，至今仍完好，但是如果长期处于50℃以上温度的环境，就会导致木材的强度下降。

⑥弹、韧性好。

木材是天然的有机高分子材料，具有良好的抗震、抗冲击能力。

⑦装饰性好。

木材天然纹理清晰，颜色各异，具有独特的装饰效果，且加工、制作、安装方便，是理想的室内装饰装修材料。

⑧湿胀干缩。

木材的表观密度越大，变形越大，这是由于木材细胞壁内吸附水引起的。顺纹方向胀缩变形最小，径向较大，弦向最大。干燥木材吸湿后，将发生体积膨胀，直到含水率达到纤维饱和点为止，此后，木材含水率继续增大，也不再膨胀。木材的湿胀干缩对木材的使用有很大影响，干缩会使本结构构件产生裂缝或发生翘曲变形，湿胀则造成凸起。

（3）木材在环境艺术设计中的选择与应用。

伴侣几是在制作茶几时，由于木材年份久远，一不小心就自然地断开了。设计师朱小杰灵感迸发，将其一高一低错开，阳在上、阴在下，半圆阴阳，取名"伴侣几"。就像一对夫妻，伴侣几的两部分你包容我，我补充你，分合随意，相濡以沫。或当茶几，或做桌子，伴侣几在平常的生活琐碎中悄悄阐述这样一个道理：爱情，就是要互相包容。去除烦琐的装饰，仅凭乌金木材质如同艺术般的年轮肌理，这款茶几就能很完整地展现大自然创造的原始、自然的美丽。

另一件作品中，使用木材组成的蛋壳概念建筑的有机外形更是让人出乎意料。设计师借助了传统船型建筑的方法——蒸汽加工，使其变软。采用了覆有亚麻籽油的木材进行防紫外线保护，如此高效益并且持久耐用的拱状建筑被永久载入史册。

2.石材制品

（1）石材的类别。

①大理石。

大理石是变质岩，具有致密的隐晶结构，硬度中等，碱性岩石。其结晶主要由云石和方解石组成，成分以碳酸钙为主（约占50%以上）。中国云南大理县以盛产大理石而驰名中外。大理石经常用于建筑物的墙面、柱面、栏杆、窗台板、服务台、楼梯踏步、电梯间、门脸等，也常常被用来制作工艺品、壁面和浮雕等。

大理石具有独特的装饰效果。品种有纯色及花斑两大系列，花斑系列为斑驳状纹理，多色泽鲜艳，材质细腻；抗压强度较高，吸水率低，不易变形；硬度中等，耐磨性好；易加工；耐久性好。

②花岗岩。

花岗岩石材常备用作建筑物室内外饰面材料以及重要的大型建筑物基础踏步、栏杆、堤坝、桥梁、路面、街边石、城市雕塑及铭牌、纪念碑、旱冰场地面等。

花岗岩是指具有装饰效果，可以磨平、抛光的各类火成岩。花岗岩具有全晶质结构，材质硬，其结晶主要由石英、云母和长石组成，成分以二氧化硅为主，占65%~75%。花岗岩的耐火性比较差，而且开采困难，甚至有些花岗岩里还含有危害人体健康的放射性元素。

③人造石材。

人造石材主要是指人工复合而成的石材，包括水泥型、复合型、烧结型、玻璃型等多种类型。

中国在20世纪70年代末开始从国外引进人造石材样品、技术资料及成套设备，20世纪80年代进入生产发展时期。目前中国人造石材有些产品质量已达到国际同类产品的水平，并广泛应用于宾馆、住宅的装饰装修工程中。

人造石材不但具有材质轻、强度高、耐污染、耐腐蚀、无色差、施工方便等优点，且因工业化生产制作，板材整体性极强，可免去翻口、磨边、开洞等再加工程序。一般适用于客厅、书房、走廊的墙面、门套或柱面装饰，还可用作工作台面及各种卫生洁具，也可加工成浮雕、工艺品、美术装潢品和陈设品等。

（2）石材的特点。

①表观密度。

天然石材的表观密度由其矿物质组成及致密程度决定。致密的石材，如花岗岩、大理石等，其表观密度接近于其实际密度，为2500～3100 kg/m³；而空隙率大的火山灰凝灰岩、浮石等，其表观密度为500～1700 kg/m³。

天然岩石按表观密度的大小可分为重石和轻石两大类。表观密度大于或等于1800 kg/m³的为重石，主要用于建筑的基础、贴面、地面、房屋外墙、桥梁；表观密度小于1800 kg/m³的为轻石，主要用作墙体材料，如采暖房屋外墙等。

②吸水性。

石材的吸水性与空隙率及空隙特征有关。花岗岩的吸水率通常小于0.5%，致密的石灰岩的吸水率可小于1%，而多孔的贝壳石灰岩的吸水率可高达15%。一般来说，石材的耐水性和强度很大程度上取决于石材的吸水性，这是由于石材吸水后，颗粒之间的黏结力会发生改变，岩石的结构也会因此产生变化。

③抗压强度。

石材的抗压强度以三个边长为70 mm的立方体石块的抗压破坏强度的平均值表示。根据抗压强度值的大小，石材共分为九个强度等级。天然石材抗压强度的大小取决于岩石的矿物成分组成、结构与构造特性、胶结物质的种类及均匀性等因素。此外，荷载的方式对抗压强度的测定也有影响。

（3）石材在环境艺术设计中的选择与应用。

①观察表面。

受地理、环境、气候、朝向等自然条件的影响，石材的构造也不同，有些石材具有结构均匀细腻的质感，有些石材则颗粒较粗，不同产地、不同品种的石材具有不同的质感效果，必须正确地选择适用的石材品种。

②鉴别声音。

听石材的敲击声音是鉴别石材质量的方法之一。好的石材其敲击声清脆悦耳，若石材内部存在轻微裂隙或因风化导致颗粒间接触变松，则敲击声粗哑。

③注意规格尺寸。

石材规格必须符合设计要求，铺贴前应认真复核石材的规格尺寸是否准确，以免造成铺贴后的图案、花纹、线条变形，影响装饰效果。

3.塑料制品

（1）塑料制品的类别。

①地板。

塑料地板主要有以下特性：轻质、耐磨、防滑、可自熄；回弹性好，柔软度适中，脚感舒适，耐水，易于清洁；规格多，造价低，施工方便；花色品种多，装饰性能好；可以通过彩色照相制版印刷出各种色彩丰富的图案。

②门窗。

相对于其他材质的门窗来讲，塑料门窗的绝热保温性能、气密性、水密性、隔声性、防腐性、绝缘性等更好，外观也更加美观。

③塑料壁纸。

塑料壁纸是以一定材料为基材，表面进行涂塑后，再经过印花、压花或发泡处理等多种工艺而制成的一种饰面装饰材料。常见的有非发泡塑料壁纸、发泡塑料壁纸、特种塑料壁纸（如耐水塑料壁纸、防霉塑料壁纸、防火塑料壁纸、防结露塑料壁纸、芳香塑料壁纸、彩砂塑料壁纸、屏蔽塑料壁纸）等。

塑料壁纸具有以下五个方面的特点。

首先，装饰效果好。由于壁纸表面可进行印花、压花及发泡处理，能仿天然行材、木纹及锦缎，达到以假乱真，并通过精心设计，印刷适合各种环境的花纹图案，几乎不受限制，色彩也可任意调配，做到自然流畅，清淡高雅。

其次，性能优越。根据需要可加工成难燃、隔热、吸声、防霉，且不易结露，不怕水洗，不易受机械损伤的产品。

再次，适合大规模生产。塑料的加工性能良好，可进行工业化连续生产。

复次，黏结方便。纸基的塑料壁纸，用普通801胶或白乳胶即可粘贴，且透气好，可在尚未完全干燥的墙面粘贴，而不致造成起鼓、剥落。

最后，使用寿命长，易维修保养。表面可清洗，对酸碱有较强的抵抗能力。

（2）塑料的特点。

①质量较轻。

塑料的密度平均约为钢的1/5、铝的1/2、混凝土的1/3，与木材接近。因此，将塑料用于建筑工程，不仅可以减轻施工强度，而且可以降低建筑物的自重。

②导热性低。

密实塑料的热导率一般约为金属的1/500～1/600。泡沫塑料的热导率约为金属材料的1/1500、混凝土的1/40、砖的1/20，是理想的绝热材料。

③比强度高。

塑料及其制品轻质高强，其强度与表观密度之比（比强度）远远超过混凝土，接近甚至超过了钢材，是一种优良的轻质高强材料。

④稳定性好。

塑料对一般的酸、碱、盐、油脂及蒸汽的作用有较高的化学稳定性。

⑤绝缘性好。

塑料是良好的电绝缘体，可与橡胶、陶瓷媲美。

⑥经济性好。

建筑塑料制品的价格一般较高，如塑料门窗的价格与铝合金门窗的价格相当，但由于它的节能效果高于铝合金门窗，所以无论从使用效果方面，还是从经济方面比较，塑料门窗均好于铝合金门窗。建筑塑料制品在安装和使用过程中，施工和维修保养费用也较低。

除以上优点外，塑料还具有装饰性优越，功能性多，加工性能好，有利于建筑工业化等优良特点。但塑料自身尚存在着一些缺陷，如易燃、易老化、耐热性较差、弹性模量低、刚度差等弱点。

（3）塑料在环境艺术设计中的选择与应用。

①生态垃圾桶。

生态垃圾桶由意大利设计师劳尔·巴别利（Raul Barbieli）设计。此款垃圾桶的设计目的是制作一个清洁、小巧、有个性的、具有亲和力的产品。此款设计最引人注意的是垃圾桶的口沿，可脱卸的外沿能将薄膜垃圾袋紧紧卡住。口沿上的小垃圾桶可用来进行垃圾分类。产品采用不透明的ABS塑料或半透明的聚丙烯塑料经注射成型而得。产品内壁光滑易于清理，外壁具有一定的肌理效果。

②"LOTO"落地灯和台灯。

由意大利设计师古利艾尔莫·伯奇西设计的"LOTO"灯，其特别之处在于灯罩的可变结构。灯罩是由两种不同尺寸的长椭圆形聚碳酸酯塑料片与上下两个塑料套环连接而成，灯罩的形态可随着塑料套环在灯杆中的上下移动而改变。这种可变的结构是传统灯罩结构与富有想象力的灯罩结构的有机结合。

4.玻璃制品

（1）玻璃制品的类别。

①平板玻璃。

普通平板玻璃具有良好的透光透视性能，透光率达到85%左右，紫外线透光率较低，隔声，略具保温性能，有一定机械强度，为脆性材料。主要用于房屋建筑工程，部分经加工处理制成钢化、夹层、镀膜、中空等玻璃，少量用于工艺玻璃。一般建筑采光用3~5 mm厚的普通平板玻璃；玻璃幕墙、栏板、采光屋面、商店橱窗或柜台等采用5~6 mm厚的钢化玻璃；公共建筑的大门则用12 mm厚的钢化玻璃。

玻璃属易碎品，故通常用木箱或集装箱包装。平板玻璃在贮存、装卸和运输时，必须盖朝上、垂直立放，并需注意防潮、防水。

②磨砂玻璃。

磨砂玻璃又称镜面玻璃，采用平板玻璃抛光而得，分为单面磨光和双面磨光两种。磨光玻璃表面平整光滑，有光泽，透光率达84%，物像透过玻璃不变形。磨光玻璃主要用于安装大型门窗、制作镜子等。

③钢化玻璃。

将玻璃加热到一定温度后，迅速将其冷却，便形成了高强度的钢化玻璃。钢化玻璃一般具有两个方面的特点：其一，机械强度高，具有较好的抗冲击性，安全性能好，当玻璃破碎时，碎裂成圆钝的小碎块，不易伤人；其二，热稳定性好，具有抗弯及耐急冷急热的性能，其最大安全工作温度可达到287.78 ℃。需要注意的是，钢化玻璃处理后不能切割、钻孔、磨削，边角不能碰击扳压，选用时需按实际规格尺寸或设计要求进行机械加工定制。

④中空玻璃。

中空玻璃按原片性能分为普通中空、吸热中空、钢化中空、夹层中空、热反射中空玻璃等。中空玻璃是由两片或多片平板玻璃沿周边隔开，并用高强度胶粘剂密封条粘接密封而成，玻璃之间充有干燥空气或惰性气体。

中空玻璃可以制成各种不同颜色或镀以不同性能的薄膜，整体拼装构件是在工厂完成的，有时在框底也可以放上钢化、压花、吸热、热反射玻璃等，颜色有无色、茶色、蓝色、灰色、紫色、金色、银色等。中空玻璃的玻璃与玻璃之间留有一定的空隙，因此具有良好的保温、隔热、隔声等性能。

⑤变色玻璃。

变色玻璃有光致变色玻璃和电致变色玻璃两大类。变色玻璃能自动控制进入室内的太阳辐射能，从而降低能耗，改善室内的自然采光条件，具有防窥视、防眩光的作用。变色玻璃可用于建筑门、窗、隔断和智能化建筑。

（2）玻璃的特点。

①机械强度。

玻璃和陶瓷都是脆性材料。衡量制品坚固耐用的重要指标是抗张强度和抗压强度。玻璃的抗张强度较低，一般在39~118 MPa，这是由玻璃的脆性和表面微裂纹所决定的。玻璃的抗压强度平均为589~1570 MPa，约为抗张强度的1~5倍，因此导致玻璃制品经受不住张力作用而破裂。但是，这一特性在很多设计中却也能得到积极地利用。

②硬度。

硬度是指抵抗其他物体刻画或压入其表面的能力。玻璃的硬度仅次于金刚石、碳化硅等材料，比一般金属要硬，用普通刀、锯不能切割。玻璃硬度同某些冷加工工序如切割、研磨、雕刻、刻花、抛光等有密切关系。因此，设计时应根据玻璃的硬度来选择磨轮、磨料及加工方法。

③光学性质。

玻璃是一种高度透明的物质，光线透过越多，被吸收越少，玻璃的质量则越好。玻璃具有较大的折光性，能制成光辉夺目的优质玻璃器皿及艺术品。玻璃还具有吸收和透过紫外线、红外线，感光、变色、防辐射等一系列重要的光学性质和光学常数。

④电学性质。

玻璃在常温下是电的不良导体，在电子工业中作绝缘材料使用，如照明灯泡、电子管、气体放电管等。不过，随着温度上升，玻璃的导电率会迅速提高，在熔融状态下成为良导体。因此导电玻璃可用于光显示，如数字钟表及计算机的材料等。

⑤化学稳定性。

玻璃的化学性质稳定，除氢氟酸和热磷酸外，其他任何浓度的酸都不能侵蚀玻璃。但玻璃与碱性物质长时间接触容易受腐蚀，因此玻璃长期在大气和雨水的侵蚀下，表面光泽会消失、晦暗。此外，光学玻璃仪器受周围介质作用表面也会出现雾膜或白斑。

（3）玻璃在环境艺术设计中的选择与应用。

①水晶之城。

位于日本东京青山区的普拉达旗舰店如同巨大的水晶，菱形网格玻璃组成它的表面，这些玻璃或凸或凹，透明半透明的材质与建筑物强调垂直空间的层次感呼应着营造出奇幻瑰丽的感觉。建筑表面的这种处理方式使整幢大楼通体晶莹，俨然一个巨大的展示窗，颠覆了人们对店面展示的概念。

②巴黎卢浮宫的玻璃金字塔形。

建筑大师贝聿铭采用玻璃材料，在卢浮宫的拿破仑庭院内建造了一座玻璃金字塔。整个建筑极具现代感又不乏古老纯粹的神韵，完美结合了功能性与形式性的双重要素。这一建筑正如贝氏所称："它预示将来，从而使卢浮宫达到完美。"

5.水泥

（1）水泥的类别。

水泥是一种粉末状物质，它与适量水拌和成塑性浆体后，经过一系列物理化学作用能变成坚硬的水泥石，水泥浆体不但能在空气中硬化，还能在水中硬化，故属于水硬性胶凝材料。水泥、砂子、石子加水胶结成整体，就成为坚硬的人造石材（混凝土），再加入钢筋，就成为钢筋混凝土。

水泥的品种很多，按水泥熟料矿物一般可分为硅酸盐类、铝酸盐类和硫铝酸盐类。在建筑工程中应用最广的是硅酸盐类水泥，常用的水泥品种有硅酸盐水泥、普通硅酸盐水泥、矿渣硅酸盐水泥、火山灰质硅酸盐水泥和粉煤灰硅酸盐水泥等。此外，还有一些具有特殊性能的特种水泥，如快硬硅酸盐水泥、白色硅酸盐水泥与彩色硅酸盐水泥、铝酸盐水泥、膨胀水泥、特快硬水泥等。

建筑装饰装修工程主要用的水泥品种是硅酸盐水泥、普通硅酸盐水泥、白色硅酸盐水泥。

（2）水泥在环境艺术设计中的选择与应用。

水泥作为饰面材料还需与沙子、石灰（另掺一定比例的水）等按配合比经混合拌和组成水泥砂浆或水泥混合砂浆（总称抹面砂浆），抹面砂浆包括一般抹灰和装饰抹灰。

第二节　竹资源在环境艺术设计中的运用

纵观中国五千年文明史，竹这种自然植物已经在不知不觉中渗入了中华民族的物质生活和精神生活中，其物理属性随着科学技术的进步被人们不断认识，文化属性也伴随着文明的进步而被传承和发展。资源，一般分为自然资源和社会资源，在《经济学解说》中，将"资源"一词定义为"生产过程中所使用的投入"，此定义从本质上说明了资源就是生产要素。对于环境艺术设计来说，竹资源就是一种特殊的设计对象，包含了对竹子物理属性和文化属性的运用。

一、环境艺术设计中的竹资源概念

（一）竹资源的概念

资源是量化一种事物的说法，竹子不管是从植物属性、材料属性、文化属性都有自己独特的魅力，竹资源，正是对这些属性的一种概述和总称。狭义的竹资源，即竹的植物资源，全世界的竹类植物约有70多属、1200多种，主要分布在热带及亚热带地区，少数分布在温带和寒带，全球森林面积急剧下降，而竹材以每年的速度增长，目前全世界竹林面积2200万公顷，占森林面积的1%左右，年竹材产量过万吨，世界竹子可分为亚太竹区、美洲竹区和非洲竹区。亚太竹区是世界最大的竹区，有竹子50多属，900多种，主要产竹国家有中国、印度、缅甸、泰国、孟加拉国、柬埔寨、越南、日本、印度尼西亚、马来西亚、菲律宾、韩国、斯里兰卡等，其总面积占到了世界总面积的一半左右。美洲竹区南至阿根廷南部、北至美国东部，共有18个属，270多种。在北美主要集中在东部，在亚马孙河流域有34000万公顷的森林，其中1020万公顷是竹林。非洲竹区范围比较小，南起莫桑比克南部，北至苏丹东部。欧洲没有天然分布的竹种，但近百年来，欧洲国家从亚洲、非洲、拉丁美洲引种了大量的竹种。广义的竹资源，还包括竹资源的文化形态的体现。

竹资源以其分布的广泛性、人们对他的熟知性、繁殖生长的快速性、绿色可再生性等优势，理应作为环境艺术设计领域专门的设计对象进行研究。

（二）环境艺术设计与竹资源

环境艺术设计的设计对象很多，像地形、水体、植物等，本文提到的竹资源也是环境艺术设计设计对象的一种。如果说环境艺术设计是一曲宏大的交响乐，竹资源就是多种乐器的载体，竹资源在环境艺术设计中的应用很广泛，从室内装潢到室外绿化，从建筑材料到装饰材料，从室外景观观赏竹到室内竹盆景，许多地方都会见到竹的身影。鉴于竹资源在环境艺术设计中有着极其重要的地位和作用，任何一个学习环境艺术设计的学生或者从业人员都无法绕开竹资源，因此，对竹资源在环境艺术设计中的应用研究就需要更系统、更全面、更深入。这里就尝试从竹资源作为观赏竹、竹材以及竹意向运用等方向对竹资源在环境艺术设计中的运用做一个梳理。

二、观赏竹在中国环境艺术设计中的运用简史

竹子四季常青，集挺拔、刚直、清幽于一身，和松树、寒梅并称岁寒三友，与梅、兰、菊并称为"四君子"。竹资源不但在人们的生活中用途广泛，而且也是环境艺术设计中的重要组成部分，在中国园林中有着举足轻重的作用，其"宁可食无肉，不可居无竹"的千古佳句更是说明了它在中国自古以来的重要地位。纵观历史，我们发现竹资源作为一个重要的设计对象，经历了一系列的发展变化，从一开始的和其他植物平等到因其特殊的美学价值、文化价值而走上前台；从一开始作为木材的简单替代品，到因其特殊的材料属性成为一种优秀的设计材料；从一开始简单的意向再现到因其独特的文化内涵而被再设计加以利用。

从时间轴上看，作为观赏竹在其景观设计中的地位与景观设计的发展的趋势是相对应的，中国古典园林景观设计经历了秦汉成熟期、魏晋南北朝转折期、隋唐全盛期、两宋明清成熟期，这条脉络正好和观赏竹脱颖而出的顺序相对应，这说明观赏竹是经过古人反复比较，筛选出来的景观设计对象。作为竹意向的运用，是与竹和竹文化发展相对应的，作为竹材则是随着今日技术上和理论上的进步而日趋走向成熟的。

（一）先秦两汉时期观赏竹在中国环境艺术设计中的运用

中国园林造园历史悠久，具有特殊的艺术风格，富有山水画境的自然美。竹正符合造园要求自然、纯朴的潮流，是古往今来园林中很好的绿化植物。

竹资源运用到环境艺术设计中的历史可以追溯到先秦、两汉，那时的帝王出于对自然的原始崇拜中，封禅活动和神仙思想影响着帝王对山体、水体、植物、动物的看法，这些大自然的平常物在人们心里是神秘莫测的，人们对于竹资源的看法相对也比较低级。早在西周年间，就有了竹子运用到皇家园林的记录，"天子西征，至于玄池，乃树之林，是曰竹林"——《穆天子传》。秦朝的开国皇帝秦始皇修建了"虚明台"，将竹子从山西的云岗引种到咸阳的宫廷园林之中，在秦咸阳第三号宫殿建筑的遗址考古发掘过程中，考古学家在宫廷壁画残片中发现了一幅竹子的图画这是秦朝皇家园林开始种植竹子的考古学有力证据。到了汉代，皇家园林上林苑、永安宫等地都有关于栽培竹子的确切记载，栽竹的原因还有一种说法是《韩诗外传》中记载的"凤凰栖帝梧桐，食帝竹实"。

先秦两汉对于竹资源在环境艺术设计中的运用总体处在萌芽阶段，竹资源运用在环境艺术设计中的方式并没有特别引起重视，没有区别于其他的植物。

（二）魏晋南北朝时期观赏竹在中国环境艺术设计中的运用

随着佛教、道教、儒术、玄学等思想的兴盛和争鸣，中国形成了以自然美为核心的美学思想，园林的狩猎、求仙等基本功能逐渐弱化，以游玩、欣赏为主要目的的园林成长起来，人们开始追求自然中视觉的美感。加上很多文人、士大夫对现实的不满，归隐山林，追求老庄哲学中"无为而治、崇尚自然"的心境，对大自然无限的向往，进而产生了以模拟自然山水为目的的造园思想。

"竹林七贤""子猷爱竹"及"竹林高士"等著名的典故纷纷出现在这一

时期。崇竹爱竹、乐竹忘形的"竹林七贤"特别提倡以竹造园。陶渊明"采菊东篱下，悠然见南山"的闲情逸致恰恰印证了这一时期士族阶级寄情山水、雅好自然的风尚。私家园林、城市宅院、郊野成为士族阶级的栖身之所，这样的选择是他们既没有完全远离城市，保持关注局势的地理优势，又可以避开政治斗争旋涡，让人觉得有超然世外的逸致闲情。

这一时期，环境艺术设计中竹资源的美学价值并被发现得到了升华，人们开始了对竹资源文化价值的赋予，通过对竹的栽培、竹材的直接运用、竹意向的简单再现，竹资源在环境艺术设计中的运用在这一时期开始走向系统化。

（三）隋唐宋时期观赏竹在中国环境艺术设计中的运用

随着唐诗宋词的兴起，山水园林、山水诗、山水画、古典造园艺术相互渗透融合，把诗、画中的意境赋予现实中的园林景观，或者对自然景观、人造景园进行描绘歌颂，不管是对文学创作还是园林景观营造都大有裨益。

从唐诗宋词中大量对竹资源的描写，可以看到竹子在唐宋两代的运用十分广泛。著名的唐代山水诗人王维，就对竹景观的营造情有独钟，他所建的"辋川别业"中就大量运用到了竹子进行景观营造，竹林环绕着他的住宅"竹里馆"，清幽古朴，成为一代佳话。

通过唐诗宋词的传唱，竹资源的文化价值和美学价值被大众所接受和传播，通过手工业的繁荣，竹资源的材料价值逐渐被人们认可和使用，这些进步使得竹资源的文化价值作为一种文化基因被植入了中国的传统文化中，这又为竹的意向性运用扩大了基础。

（四）元明清时期观赏竹在中国环境艺术设计中的运用

进入元明清时期，古典园林作为一种专门的艺术门类取得了长足的发展和进步，可以说发展到了鼎盛时期。文人士大夫广泛的进行造园活动，园林的意境营造和诗、画意境更好地融为了一体，江南地区涌现出了一批杰出的造园专家，其中最集大成的就是生于明万历七年江苏苏州吴江区（原吴江县）的计成，计成字无否，号否道人。计成将园林创作实践进行总结并提高到理论高度，创作了《园冶》这本书，全书论述了宅园营建的原理和具体手法，反映了中国古代造园的成就，总结了造园经验，是一部研究古代园林的重要著作，为后世的园林建造提供了理论框架以及模仿的范本。《园冶》中提到了多次竹在景观中运用的范例，体现了江南园林的秀雅风格。

竹资源在江南园林中被运用得相当的广泛，光苏州的拙政园就有"梧竹幽居""竹径通幽""竹廊扶翠"等竹景观节点。这一时期北方园林也大量运用到了竹，像勺园、卧佛寺等皇家园林，特别是清代圆明园的"天然画图"，这一景观以万竿翠竹为其中"五福堂"造景，呈现出"竿竿清欲滴，个个结生凉"的景象，清风吹过，龙吟细细，凤尾森森，真使人有"风枝露梢，绿满襟袖"之感。其中湘妃竹在"天然画图"中造就了令人陶醉的景观，成了竹子在东方艺术情调中的杰作。至于当代浙江安吉竹园、成都望江楼公园等这类园以竹胜、景以竹异的专类竹园，当然就更多地展现出竹荫、竹声、竹韵、竹光、竹影、竹趣等的突采，更以多品种的竹类取胜了。

这一时期，人们对竹类景园进行了主观的设计，并上升到理论的高度，随着人们对竹材属性的进一步了解和研究，大量的竹家具、竹器物、竹雕、竹摆件在这一时期被设计并制作出来。竹资源开始被作为主要设计对象而被研究和运用。

三、竹资源运用于环境艺术设计的价值

广义的价值，大多和金钱相关，可以交换，本文的价值，更倾向于"事物的地位。竹资源的价值不言而喻，但其作为设计对象的价值却值得另行思考，从某种意义上说，选择竹资源作为设计对象，它所具备的所有价值就是我们需要去挖掘的设计价值。那么接下来就从竹资源的文化价值、美学价值、生态价值、功能价值、经济价值等几个方面谈谈竹资源设计价值。

（一）竹资源的文化价值

竹资源的文化价值使得对竹资源进行设计时，具有极高的接受度，人们从文化的角度对包含竹资源的设计就会进行惯性的联想。以物比人，一直是中国文化的传统，在文学艺术和文化形态上面，竹的形象、气质、风骨、品格都是历来文人追捧的对象，因而自然而然被人格化，赋予精神烙印。

通读刘岩夫的《植竹记》，诗人赋予了竹"刚""柔""忠""义""谦""贤""德"等品格。中国古代文人士大夫钟爱竹，就是因为它凌霜傲雪、不畏逆境、中通外

直，经过多年的歌颂和传唱，竹的一些特性被拟人的赋予了文静、高雅、虚心、进取、刚正、高风亮节等精神，在中国的传统文化中，竹成为这些精神的象征和载体，其文化价值也体现在这些方面，概括起来，这些象征有以下三个。

1.高风亮节

苏武牧羊，秉持符节，是其操守的体现，古人有诗云：玉可碎不改其白，竹可焚不毁其节。寓意人的骨气、气节，竹节引申出来的气节，是中国人精神境界中非常重要的元素。郑燮尤爱画竹，他画的竹兀傲清劲，别具一格，具有高度的艺术表现力和艺术感染力，在他的《竹石》诗中写道："咬定青山不放松，立根原在破岩中。千磨万击还坚劲，任尔东西南北风。"这首流传千户的佳句，将竹子不屈不挠的精神品格书写得淋漓尽致。

2.虚幻若谷

竹除了有节，还有中空的特性，而想象力丰富的古人将竹中空的特性和人的虚心联系起来；竹的叶子都是两两相对自然下垂的，像极了汉字的八字，仿佛俯首，这个特性又被拟人为低头虚心。竹高而不傲，虚心向上，在文人墨客的笔下，竹被着墨颇多，现代国画家、书法家李苦禅先生的一副赞美竹的对联写道"未出土时便有节，及凌云处更虚心"，更是写出了竹的虚怀若谷。

3.刚直不阿

竹的主基修长刚直，中国常见的毛竹一般高达20米左右，像印度、斯里兰卡等热带国家盛产的麻竹，更是可以超过35米，每年的春季，竹等破土而出，拔地而起，给人以欣欣向荣、奋发向上的力量感和生命感，竹的这种向上的气质和笔直的竹莲又被赋予了刚直不阿、奋发向上的精神。

（二）竹资源的美学价值

美学价值是任何设计对象所必须具备或者潜在的条件，竹资源的美学价值体现在竹作为观赏植物的形态美和作为建筑材料的结构美上。

1.形态美

竹类植物作为中国文人热衷的梅兰竹菊四君子之一，四季常绿、姿态优雅、赏心悦目，自古以来就是园林绿化和造园艺术中不可或缺的观赏植物。在我国现有的多种竹类植物中，已知的被用于观赏竹的就有多种观赏竹姿态优美，竹干的高大挺拔、竹枝的凌空横展、竹叶的婀娜多姿，还有随着季节变化而带来的序列变化之美，比如每年，竹子都会经历生长、抽枝、展叶、换叶等演变，这些特征也构成了竹观赏性的一部分。随着季节的变换，竹景也随之变化，春之动、夏之荫、秋之爽、冬之静展露无遗，生长时的生命感、抽条时的线条感、展叶时的伸展感、换叶时的萧瑟感都是观赏竹形态美的具体体现。

此外竹材纹理通直，色泽淡雅、气味醇香，这些特性都是一般材料所无法比拟的，相比木材，竹材的天然纹理也极具形态美，无论纵切、横切，竹材的切纹此外竹材纹理通直，色泽淡雅、气味醇香，这些特性都是一般材料所无法比拟的，相比木材，竹材的天然纹理也极具形态美。

2.结构美

结构美可以分为三个部分，即首先符合力学的要求；其次构图要美，统一、均衡、比例、尺寸、韵律、序列等方式在结构中都有体现；最后要注重细节美。相比木材的结构美，竹材在细节上虽然比不上木材榫卯结构的精细，但是也有其独特的韵味，各种捆扎、穿插、聚散使得细节上精细而不繁杂；竹材相较钢材、木材运用于结构中的一个极大的优势就是可以进行弯曲，弯曲后排列的韵律是其他材料所无法比拟的，而且弯曲后，运用于大跨度的拱中，即是结构，又是装饰，本身的结构美代替了装饰美，省去了二次装修的费用和时间。

（三）竹资源的生态价值

生态化的设计思路使得设计对象的选择需要考虑其生态性。竹子很大的一个优点就是有极强的无性繁殖能力，能不断进行自我更新，一片成型的竹林，年年都可以收获竹材，且单位面积的杆材产量也高于木材。一片竹林每年以百分之五的面积自然扩展，每亩有2公里的鞭根，每年每亩有2万棵芽，这样的速度正好满足绿色建材的生态化、可再生化的需求。

说到竹资源的生态价值不得不提到的就是竹资源进化空气、调节气候的作用，竹类生长速度快、繁殖简单容易、一次造林，合理经营的话，终身受益，用在城市中能够大量吸收二氧化碳制造氧气，每公顷竹林比相应面积的树林多提供35%的氧气此外还能吸收一定量的二氧化硫等有害气体，对减少噪声，吸附灰尘也能起到一定的作用，特别是竹类根系发达，生长密集，每公顷竹林可以蓄水1000吨，对防治水土流失，涵养水源也起到很好的作用。

(四) 竹资源的经济价值

竹资源被誉为"绿色的金矿"。竹子被制成地板、竹席、垫子、地越、竹炭、面料、竹工艺品等进入人们的衣食住行,连竹叶也作为很好的饲料。随着技术的进步和经济的发展,竹产业和竹贸易的扩大,使得竹资源的应用领域不断得到扩展。竹材从过去的以农业为主,发展到现在的建筑业、造纸业、加工业等行业。经济价值的创造,使得人们可以花费更多的人力、物力去研究竹资源,这样的良性循环,无疑有利于竹资源的开发利用。

四、环境艺术设计中竹材料的运用

(一) 竹材料的优势与弊端

1.竹材料的优势分析

随着社会的发展,现代人越来越多的追求回归自然,在材料上对纯天然的材料钟爱有加,竹材的属性完全顺应了潮流的发展,加上建筑师设计师不遗余力的探索和研究,使得竹资源中竹材作为设计材料的运用有了越来越多的亮点,但是竹材在很多地方的传统观念中,是穷人才会使用的建材,因为它廉价,遍地都是。伴随着近些年建筑材料的短缺和相应的价格上涨,竹材廉价却又转换成了优势,竹子作为设计材料有着其他材料不可比拟的优点。

(1)从竹材料本身的结构来看。

竹子管状纤维构成的圆管状结构使得竹子不但材质坚硬,还具有轻便的特性,抗弯强度也较高,虽然超出弯曲强度时竹纤维也会断裂,不过由于竹材的竹纤维成束状分布,在超过弯曲强度时,开裂不会像木材一样彻底折断,这个特性就给维修或者更换竹构件提供可能性。在相同的密度条件下,竹材所具有的弯曲度大大超越了木材。由于竹子的弹性特性,竹材作为结构构件,在抗震强度上要优于木材。

(2)竹材有着良好的物理属性。

从力学上讲,竹材的强度是一般木材的两倍,顺向抗拉强度为200 MPa,抗压强度可达74 MPa。别看竹子很轻,但它是世界上最坚硬的植物之一,从数据来看,竹材的抗压性约等于砖头和水泥,抗拉性甚至可以和钢材相媲美,有研究证明我国古代的帆要比欧洲的帆简单实用,就是因为帆用到了竹子作为支撑。

（3）竹材和木材在化学成分上极其相似。

其中的纤维素和木质素都是有机高分子聚合物，这些聚合物组成天然的复合材料，这种材料在一定的物理条件下具有很好的耐久性。我国古建筑中常用到的竹条、竹钉、竹骨等部件，保存完好的能达到两三百年的历史。

（4）竹子分布广泛，应用成熟。

在我国南方，竹资源丰富，竹材取材方便，很多室内装潢都采用了竹子，如亭、台、楼、阁、廊、厅、柱、梁、檐等形式和部位都能找到竹的踪迹，人们巧妙运用竹的特性，通过斗、拼、镶、嵌等工艺，用竹建造一座座的房屋。在川南的穿斗结构民居中，除了结构的穿斗部位为实木，墙体部分大都是采用竹编加泥土的方式制作的，这样的墙面轻巧结实，隔热保温效果显著。

竹材作为一种有生命力的材料，拥有优异的材质性能，对于竹材的开发设计，我们更应该多利用其自身的优点来完成我们的设计，同时也要加强对竹材料和工艺的研究，将传统的材料赋予现代的生产工艺，使得两者有机的结合，积极探索对竹材不同部位、不同物理状态下竹材开发的方式。

2.竹材料的弊端分析

天然的原竹运用于建筑有很多缺点需要在设计上克服。

（1）原竹成管状，中空，个体的差异很大，直径跨度大，壁厚分布不均匀，截面形状也不是正圆，竹节虽然增强了竹材的强度，但是对加工者来说，也是一个不小的麻烦。而且，竹节的分布不均匀，不同竹类在节段的差异也不可避免竹材的个体差异导致其不能大规模的批量化、规模化、精确化、机械化生产，只能靠手工作坊里面的工匠凭经验去挑选、搭配和制作生产。

（2）竹材吸水性强，容易开裂，不耐火。

（3）竹龄较短的竹材富含蛋白质，含糖量也很高，这一特性带来的问题就是极易吸引虫蛀。

（4）竹的特殊属性导致其在加工过程中的工序比砖石、木材要多。在古代建筑中，梁柱的主要部件都是由木材或者砖石组成，这是因为这些部件要求的截面较大，支撑力要均匀，如果用竹来取代，势必需要很多根竹子，经过烦琐的加工捆扎，才能得到想要的大小，加上捆扎以后的竹是由很多根竹子组成的，每一根的个体差异，导致了整体质地的不均匀；古代建筑构件之间的连接主要是靠各种榫卯，不管是木材还是砖石，他们都是密实的固体，可以加工出各种形状进行桥接，而竹材的连接就受到其中空特性的制约，只能进行简单的弯曲、打孔、开槽、榫合。

（二）竹材杆件的直接运用

竹材杆件主要是用到竹莛部分，是竹资源中竹材的主要部分，也是在环境艺术设计中运用得比较多的部分，接下来，就对竹材杆件的直接运用部分进行分类研究。

1.以竹代木形运用

以竹代木即用竹材来代替木材的一种运用方式，上文提到了竹材的一些优缺点，相对于木材，竹材的成才时间短，材料更易取得，竹还有吸湿吸热等性能方面的优势，而且竹材表面光滑，质感细滑，胜似漆器，质感强烈。相对木质家具，以竹代木形运用在加工过程中，较少用到像木材板材中甲醛等对人体有害的化学物质，利用竹子的特性加工的情况比较多，纯天然绿色无污染，有益于人体健康。

（1）原竹家具。

原竹家具，顾名思义，就是把原始的竹材只进行简单的烘烤、蒸煮等防霉、防蛀、防裂表面处理，而这些工序本身不会伤害竹材的天然外貌。原竹家具有一个显著的特征，就是以线为基础的设计造型，不同的材料，都会有它与生俱来的形式语言来构筑它独特的造型形式，原竹家具，从造型上来讲，就是一种将线的各种形态在三维空间中进行位置的经营和构造上的连接。

我国引以为傲，自成体系的书法，就是以线为构造的杰出典范，线条中寓含着无尽的奥妙，书法依托于不同的构字形式，运用不同的运笔方法，呈现出关于线构造的种种意象，篆字的遒劲有力，隶书的飘逸洒脱，楷体的端庄儒雅，草书的奔放不羁。如果我们把书法看作书法家在二维空间中施展他对线条表现力的掌控，那么，中式家具，或者说其中集大成的明式家具，则是鲁班后代在三维空间中操控线条超凡能力的另一种诠释。他们在线构造上的造诣，已经不是简单的技术层面，而是上升到了艺术的境界。书法与家具的区别在于前者在于表意与为道，后者在于为器与实用。要实用，就必须将空间中的线条落实到具体的物质材料上面，原竹材料的线性特征使得原竹家具的设计，有了和明式家具的几分神似。且不说经过现在设计师精心设计的新潮竹家具，就是沿用至今最常见的传统竹家具，不管是式样还是细节，都是不可多得的好用家具的典范。

在原竹家具的运用上，呈现出针对性强的特点，由于传统原竹家具的识别率很高，加上其特有的底蕴，只能在相对传统的中式风格或者泰式风格中出现，经过设计师的不断改良，其中不乏也有些精品，能极好的融入其他装饰风格中，关于这一点，产品设计师还有很长的路要走。

（2）以原竹对木构进行模仿。

位于四川省宜宾市的蜀南竹海，大到景区大门，小到指示牌，都是用竹子制成，这一类的竹建筑，从外形到内涵，都是用竹在传统建筑的延续，像景区的牌坊，从柱子到屋檐，从瓦片到飞檐，虽然做的惟妙惟肖，但都是以竹简单的模仿木牌坊的功能，这样的建筑只能在像以竹为主题的景区里，因为建造这样的一栋建筑，首先需要大量的竹材，所有的建筑构件都是竹的，包括墙、柱、窗框、椽、房间隔断、瓦，如果运输距离过长，无疑增加成本。其次需要对竹材很熟悉的工匠，工匠的制作工艺主要靠的是一代又一代口传身教，除了工艺，构筑这样的建筑，需要大量的时间，增加了人工成本。这几个弊端就注定了这类传统构造的竹建筑不能大面积的推广，具有极强的地域性。

2.杆材排列型

竹材杆件的排列运用，是将竹杆件根据需要进行各个方向的排列，创造出或疏或密、或紧或松、或透或隐的视觉效果。

隈研吾在谈到他选用材料的思考时说："竹子是一种很传统的素材，它干净、简洁，很容易营造氛围，但它又很容易和现代的材料如玻璃结合在一起。"在梅窗院竹林在院外，玻璃是建筑的外墙，而在长城脚下的公社，隈研吾则直接将竹子用在外墙上，这就使得墙面的肌理产生了丰富的变化，而内部的生活环境又纯然是现代的，但谁也没觉得传统与现代会互相妨碍。隈研吾在长城脚下的公社项目中设计了著名的竹屋，这座小型建筑以竹资源作为主要材料，从结构到装饰材料，很好地诠释了自然的设计理念，作者利用竹资源的初衷是考虑了竹子在中国和日本独特的文化内涵以及中日文化中的交集。

整栋建筑根据使用的性质不同，采用了不同的表现程度和状态，建筑的外表皮统一采用了竹格栅，在室内的公共区域、吊顶等处都使用的是竹子的不同排列，茶室空间是整栋建筑的闪光点，整个空间的六个面都采用竹子排列来完成，相连的两个平面相交的地方，采用了阴角相互穿插的方式。根据竹子材料和密度的不同，分割的空间感受也大为不同，建筑物充分利用这些特性，使用不同的疏密程度，把空间分割得空旷而层次丰富，既有分割又相互穿插，通透感十足。一栋700多平方米的两层别墅，都是以竹和玻璃建造，以竹为梁、以竹为门、以竹为窗、以竹为墙、以竹为帘、以竹为台，大量的竹材使用，使得空间呈现出精致、细密、柔和、自然、收敛的气氛，而且富有光影的变化，架在水上的竹榭，极具仪式感。

排列的杆件除了作为建筑的结构部件，还可以作为装饰部件，特别是运用在室内界面装饰中。很多室内装饰的直线元素，都来源于竹资源中的杆件，竹子天生的直立挺拔，形成的竹材杆件具有简洁、单纯、清晰、有力的直线特征，这种直线又可分为水平线垂直线和斜线。

3.竹杆负型

在中国道教七大名山之一的罗浮山景区广州建筑师欧灰设计了一座种子教堂，教堂面积约280平方米，可容纳60人，设计的概念由一颗种子开始，种子是圣经福音书中常用的比喻，也象征着大自然中生命开端的奥妙。教堂的平面图以种子的有机形象为蓝本，由曲线围合形成墙体，再一分为三，在破口处形成三个不同尺寸的出入口。教堂综合了安藤忠雄光之教堂开十字洞的做法，清水混凝土做法，以及柯布耶朗香教堂的无机形态，粗犷自然。值得注意的是，竹子的使用，对这座建筑的成功，起着居功至伟的作用，设计师与施工单位创造性地运用了子竹作为模板现浇混凝土的做法。现浇混凝土经济实惠，也符合当地施工队的施工能力。竹模板的墙体表面留下的痕迹呈竖向排列，大小不一，构成感极强，丝丝秀气恰恰弱化了混凝土墙体的庞大尺度，而且和周围的自然环境以及乡土趣味遥相呼应，可以说，这种运用竹模板造成的竹子负型的做法真正做到了此时无竹胜有竹的神韵，虽然没有竹子本身的出现，却将竹子的灵魂留给了这座建筑。再加上由当地农民用竹子所做的桌椅，简单肃穆，毫无修饰，原始而生动，平易近人，贴近了当地群众的生活。

4.天然水管型

水和竹似乎与生俱来有着密切的关系，由于竹子杆长且中空，成为天然的水管材料，拔掉竹节的方法在古代就掌握了。古代的一些工厂甚至要建立在竹林周围或者栽培竹林，以便大量采竹用以架设水管，这种现象直至人们发明了其他材质的水管才逐渐被人淡忘。

随着技术的进步，竹水管逐渐被钢管或者PVC水管所取代，但是竹水管这一独特的景观却通过现在水景保留了下来。

日本园林中一竹制小品名"逐鹿"，利用杠杆原理，当竹筒上部注满水后，自然下垂倒空筒中，水满后再翘头将水流出，回复原来的平衡，尾部击打在撞石上，发出清脆声响，颇为有趣。该小品以静制动，宁静致远，是日本庭院中的代表元素之一，常与石制水钵搭配造景，现在经常被运用于住宅景观中。

5.节点构造型

节点构造型的运用是指竹杆件经过各种节点的连接捆绑，形成的极具结构美感的构造形式。

（1）钢构节点。

何陋轩以竹材作为主要建筑材料，让竹杆件通过特制的节点钢构连接，组成优美的结构，承载了建筑所有的压力和拉力。何陋轩综合使用了竹结构、石结构、钢结构，延伸了宋元明清以来的木结构体系，机智地表达了技术所特有的历史动力感。以其独特的感性特征，以新颖运用竹材料的独特方式，赋予了建筑独特的品位。

这种形式的成功证明，只要处理好了竹材杆件的节点连接问题，竹在大跨度建筑上完全可以以桁架的方式出现，既满足功能的需求，又有形式上的美感。

（2）捆绑节点。

2010年上海世博会的主题是"城市，让生活更美好"，关注的是可持续发展的问题。中国作为组织方，向不单独建立场馆的国家提供普通的大开间房屋，有点类似于厂房，如何既让普通的厂房式房屋吸引眼球，又充分展示本国的文化并可以交流，成为困扰设计师的一道难题。

来自越南建筑工作室的Vo Trong Nghia用他们极其擅长的竹子，打造了一个竹子营造的越南馆，该场馆的外表全部由竹子竖向排列组成，并弯成三道拱形，这种极具波浪感的外形使得越南馆很容易脱颖而出；在室内，设计师以竹代木，将空间营造成了巴西利卡式的平面，拱形的竹子既是结构，又成为视觉的引导者，用原竹捆扎而成的柱子代替了木头，垂直的竹结构营造出一个线性的空间，让人似乎置身于竹林之中。在越南馆中，为了使竹子作为大跨度建筑的建材，采用了几个常见的结构处理。

在设计大跨度场馆时可以借鉴这种拱的处理和结构的运用，建筑立面的处理方式也具有很强的参考意义。

捆绑节点在环境艺术设计中还有一种十分常见的范例，那就是竹篱、竹墙、竹栏杆。园林景观的布局离不开空间的组合，作为空间分隔的篱色、墙垣与栏杆，在满足空间组织这一实用功能的基础上，对园林景观的创造也起到了极为重要的作用，他们虽然形式不同，但有一个共同的特点，那就是线条感极强，在绿色植物的衬托下，竹竿淡淡的黄色显得尤为突出，或竖向排列，或横向延伸，既是景观设施，又是立体构成的绝佳载体。

用竹作为这类景观设施的材料，自古都是人们的不二选择，甚至从汉字"篱色"两字就可以看出端倪。栏杆、篱色、竹墙的主要功能都是界定空间，栏杆通常低矮而通透，围护性不及围墙，但可以明确的界定空旷的边界，并在危险的地段起到确保安全的作用。随着人们对环境景观的日益重视，出现了越来越多设计漂亮的栏杆围墙等，作为传统的材料，竹竿依旧是组成这些景观的很好选择。竹竿特有的线条型，用在竹篱、竹墙、竹栏杆上，通过各种组合，或竖向排列，或弯曲捆扎，形式丰富，可根据不同的景观选择不同的样式。竹篱、竹墙、竹栏杆的特点首先是造型丰富、从简洁明快到精美华丽，各具特色；其次是具有其他材料所不具备的天然质感，特殊色泽以及淳朴的气息。

（三）竹材料的二次创作

1.竹编器物

浙江余姚河姆渡遗址，形成于距今多年前的原始社会早期。考古人员在清理遗址时，发现了大量的竹编席子残片，这种原始的竹席采用二经二纬的编织法，在今天仍被大量采用。浙江吴兴钱山漾遗址，在距今多年的新石器时代开始形成，在这个遗址中，出土了数百件的竹器实物，虽然经过了几千年，但是因为他们在泥土中与空气隔绝而保存完好，这些竹器的样式用法也几乎和现代一样。这两个事例说明，我们祖先在几千年以前，就对竹器物的使用就进行了大量的探索，并找到了相对完善的制作工艺和方法，流传至今。在清明上河图中，竹编织物出现的频率也很高，光室内就有竹篮、竹簸箕等器物若干。发展到现代，竹器的生产模式从小作坊式加工逐渐走向了民间艺术之路，更多的成为一种装饰品，真正运用到日常生活中的竹器越来越少。伴随着竹器与现代设计结合的浪潮，以竹作为材料的新生物品也如雨后春笋、层出不穷，如由竹编灯笼转变而成的现代竹灯等。竹编还可以和现代工业产品相结合，如竹编的手机套、竹编的包装盒等，无不散发着竹所特有的古朴典雅。就竹编器物在室内设计来讲，主要还是以容器为主，有的造型优美的竹编容器，慢慢地从功能性转变为观赏性，成为竹工艺品，装点在室内，成为室内设计中的另一亮点。

2.竹编界面

竹材的个体差异很大，不同种属的竹材杆材差距很明显，即便是同一种科属同一片竹林中的两棵竹子，其直径、管壁厚度、竹节长度也有所不同，而把竹变成竹丝、竹篾等元素，再有他们通过编制，构成面，这样就能方便地避免竹资源个体差异的不足，从而以面的形式完成室内界面的装饰。竹编的方式多种多样，这样带来的好处是界面装饰的选择空间较大，可根据不同的需求进行选择，满足不同界面装饰的需求。

3.复合竹材

复合竹材又称集成竹材，是一种沿板材或者方材平行纤维的方向，用胶粘剂胶合而成的板材，原材料可以是剩余物或者短小材，这样既可以保持天然的纹理，又可以获得可用性更强的几何尺寸和较好的板材物理属性。常见的复合材料的方式有三种机构类型，即指接、拼接和层积。复合竹材相对木材强度更大，结构均匀，在加工过程中，可以将竹材的节，以及腐朽、裂纹、虫眼等缺陷选择性的去掉，只利用优质的部分，这样经过人工组合的复合竹材，结构均匀，强度增大，尺寸可控范围增大，减小基材湿胀干缩引起的变形或者开裂，增加尺寸稳定性。

通过加工后的复合竹材，也能像木材一样被制成方材，从而改变了竹材本身的结构特点，使其更像木材而优于木材。复合竹材的加工过程一般是：将竹材经过热处理，纵向剖开成为竹片，刨去竹青、竹黄，干燥定型，按照需要进行指接、拼接或者层积的方式，涂胶，热压，形成复合竹材。

集成竹材继承并放大了传统竹材物理学性良好、收缩率低的特性，幅面大、变形小、尺寸稳定、耐磨损、强度大的优点也使其在板材中脱颖而出。一样能胜任锯截、钻孔、开榫、砂光、打磨、涂饰等加工。由于其生产过程中经过热水处理，成品的封闭性良好，可以有效地防止霉变和虫蛀，特殊的肌理又能让人有回归自然的惬意，无时不感受到扑面而来的传统文化的气息。这类竹材生产的家具，在运用上与木制家具无异，但在生态环保层面上要明显优于木材。

五、环境艺术设计中竹意象的运用

（一）环境艺术设计中竹形象的再现

竹的形象再现有很多种方式，通过不同的载体对竹的形象进行再现，从而将竹的形象运用到环境艺术设计的各个领域，是竹在环境艺术设计中的种重要运用方式，竹的形象再现，包括具象的竹字画对竹的再现，或者制作工艺等方式对竹的再现，再者通过印刷和数码处理将竹的形象运用到墙纸或者窗帘等载体上，被运用于环境艺术设计中去。

在中国多民族的传统文化中，竹在实物文化和景观文化中都扮演着重要的角色，它既是先民自然崇拜的对象，又是审美鉴赏的景观、还是各种工具、器物、建筑的原材料，甚至竹笋还是一道美味佳肴，相对梅、兰、菊，竹比他们涵盖的范围更广，就算比起岁寒三友里的松，虽然松也可以充当木构建筑和木制品原材料，但比起竹在被用作木构建筑和木制品原材料的广泛性而言，松还是相去甚远。竹林七贤、孟宗哭竹、湘妃竹的传说、胸有成竹、成竹在胸、竹报平安、青梅竹马等典故也是耳熟能详、妇孺皆知，这些文化因素让竹在装饰题材的接受程度上，占尽了先机。

在装修装饰的过程中，经常用到的墙纸、床单、窗帘等，面积相对较大，是竹字画转移的一个方向，一些写实或者极度抽象的竹字画，以不同的载体出现在环境艺术设计中，呈现了竹资源在室内设计运用的另外一种趋势，那就是把竹元素通过简单的再现，赋予不同的载体而存在。

磨砂玻璃在环境艺术设计中的运用很广泛，经常用在需要采光又有一定私密性的空间界定上，竹形象在磨砂玻璃上的直接或者间接出现，虚实的对比，别有一番韵味。

（二）环境艺术设计中竹形象的再设计

设计师在环境艺术设计中并不是一定要用到竹资源的实物，很多意象性的运用，即将竹形象进行二次设计，让人自然感受到竹的存在，这是竹资源在环境艺术设计中的另一个重要发展趋势，这需要设计师对竹资源文化属性和物理属性有深入的了解，并通过创新性的设计，让人情不自禁想到竹。

由美国建筑事务所设计的上海金茂大厦，其造型就像初生的竹笋，逐级收缩，越到顶上越密，给人一种积极向上势如破竹的动感，是建筑与竹意象的一种有机集合。还有由美国华裔建筑师贝聿铭所设计的中国银行大厦，外形由棱柱逐级收拢，寓意节节高升，成为香港的地标性建筑。从这两个实例可以看出，建筑和竹的意象是可以有机结合的，这也势必成为一种设计的方向。

第五章　生态视角下的环境艺术
设计形态及空间与城市规划

　　环境艺术设计是对人们所处的生活空间环境进行有序地规划与设计的过程，是使自然环境生态化、社会环境艺术化、人工环境和谐化的有效手段之一。

　　人类生活环境主要的构成要素是空间和结构，它们为人的活动提供适当大小的空间环境及空间组织序列。环境艺术设计的思维因素，体现在环境艺术设计的形态要素（包括形体、色彩、材质、光影）、环境艺术设计的形式法则以及环境艺术设计的思维方法三个方面。生态环境设计也是城市规划中的重要部分，这里将从城市规划角度着手，对城市规划的要素与城市生态、城市绿地在中国的发展及其国际视野以及城市生态与绿地系统的功能作用进行论述。

第一节　生态视角下的环境艺术设计形态及空间

一、环境艺术设计中的形态要素

　　顾名思义，"形"意为"形体""形状""形式"，"态"意为"状态""仪态""神态"，形态就是指事物在一定条件下的表现形式，它是因某种或某些内因而产生的一种外在的结果。

（一）尺度

尺度是形式的实际量度，是它的长、宽和确定形式的比例；它的尺度则是由它的尺寸与周围其他形式的关系所决定的。

（二）形

人们对可见物体的形态、大小、颜色和质地、光影的视觉是受环境影响的，在视觉环境中看到它们，能把它们从环境中分辨出来。从积累的丰富视觉经验总结出单个物体在设计上的形态要素主要有：尺度、色彩、质感和形状。

1.形体

形体是环境艺术中建构性的形态要素。任何一个物体，只要是可视的，都有形体，是直接建造的对象。形是以点、线、面、体、形状等基本形式出现的，并由这些要素限定着空间，决定空间的基本形式和性质，并在造型中具有普遍的意义，是形式的原发要素。

环境中的任何实体的形体分解，都可以抽象概括为点、线、面、体四种基本构成要素。它们不是绝对几何意义上的概念，它们是人视觉感受中的环境的点、线、面、体，它们在造型中具有普遍的意义。

（1）点。

一般而言，点是形的原生要素，因其体积小而以位置为其主要特征。点也是环境形态中最基本的要素。它相当于字母，有自己的表情。表情的作用主要应从给观者什么感受来考察。例如，排列有序的点给人严整感；分组组合的点产生韵律感；对应布置的点产生对称与均衡感；小点环绕大点，产生重点感、引力感；大小渐变的点产生动感；无序的点产生神秘感；等等。

数量不同、位置不同的点也会带给人不同的心理感受。当单点不在面的中心时，它及其所处的范围就会活泼一些，富有动势。1983年西柏林吕佐广场建造的一批住宅，其侧立面山墙加了一个"单点"，使无窗户的墙面变得富有生气，同时又增加了构图意味。

（2）线。

点的线化最终变成线。线在几何上的定义是"点移动的轨迹，面的交界与交叉处也产生线。

环境中的只要能产生线的感觉的实体，都可以将其归于线的范畴，这种实体是依靠其本身与周围形状的对比才能产生线的感觉。从比例上来说，线的长与宽之间的比应超过10∶1，太宽或太短就会引起面或点的感觉。

线条按照其给人的视觉感受可分为实际线或轮廓线和虚拟线两种。实际线，如有些线如边缘线、分界线、天际线等，可以使人产生明确而直接的视感；虚拟线，如轴线、动线、造型线、解析线、构图线等，可被认为是一种抽象理解的结果。

生活环境中的线条也可分为自由线形和几何线形两种。自由线形主要由环境中尤其是自然环境中的地貌树木等要素来体现。

几何线形可以分为直线和曲线两种。直线包括折线、平行线、虚线、交线，又可分为水平、垂直、倾斜三种；曲线包括弧线、旋涡线、抛物线、双曲线、圆、椭圆、任意封闭曲线。

在环境艺术设计中，不同的线形也可以产生不同的视觉观感。水平线能产生平稳、安定的横向感。

垂直线由重力传递线所规定，它使人产生力的感觉。人的视角在垂直方向比水平方向小，当垂直线较高时，人只得仰视，便产生向上、挺拔、崇高的感觉。特别是平行的一组垂直线在透视上呈束状，能强化高耸、崇高的感觉。此外，不高的众多的垂直线横向排列，由于透视关系，线条逐渐变矮变密，能产生严整、景深、节奏感。

（3）面。

从几何的概念理解，面是线的展开，具有长度与宽度，但无高度，它还可以被看作体或空间的边界面。面的表情主要由这一面内所包含的线的表情以及其轮廓线的表情所决定。

面可以分为几何面和自由面两种。环境艺术设计中的面还可以分为平面、斜面、曲面三类。

在环境空间中，平面最为常见，绝大部分的墙面、家具、小物品等的造型都是以平面为主。虽然作为单独的平面其表情比较呆板、生硬、平淡无奇，但经过精心的组合与安排之后也会产生有趣的、生动的综合效果。

斜面可为规整空间带来变化，给予生气。在视平线以上的斜面可带来一些亲切感；在方盒子的基础上再加上倾斜角，较小的斜面组成的空间则会加强透视感，显得更为高远；在视平面以下的斜面时常常具有使用功能上较强的引导性，并具有一定动势，使空间不那么呆滞而变得流动起来。

曲面可进一步分为几何曲面和自由曲面。它可以是水平方向的（如贯通整个空间的拱形顶），也可以是垂直方向的（如悬挂着的帷幕、窗帘等），它们常常与曲线联系在一起起作用，共同为空间带来变化。曲面内侧的区域感比较明显，人可以有较强的安定感；而在曲面外侧的人更多地感到它对空间和视线的引导性。

（4）体。

体是面的平移或线的旋转的轨迹，有长度、宽度和高度三个量度，它是三维的、有实感的形体。体一般具有重量感、稳定感与空间感。

环境艺术设计中经常采用的体可分为几何形体与自由形体两大类。较为规则的几何形体有直线形体、曲线形体和中空形体三种，直线形体以立方体为代表，具有朴实、大方、坚实、稳重的性格；曲线形体，以球体为代表，具有柔和、饱满、丰富、动态之感；中空形体，以中空圆柱、圆锥体为代表，锥体的表情挺拔、坚实、性格向上而稳重，具有安全感、权威性。

环境造型往往并不是单一的简单形体，而是有很多组合和排列方式。形体组合主要有四种方式。

其一，分离组合。这种组合按点的构成来组成，较为常用的有辐射式排列、二元式多中心排列、散点布置、节律性排列、脉络状网状布置等。形成成组、对称、堆积等特征。

其二，拼联组合。将不同的形体按不同的方式拼合在一起。

其三，咬接构成。将两体量的交接部分有机重叠。

其四，插入连接体。有的形体不便于咬接，此时可在物体之间置入一个连接体。

2.形状

形状是形式的主要可辨认形态，是一种形式的表面和外轮廓的特定造型。

（三）色彩

色彩是形式表面的色相、明度和色调彩度，是与周围环境区别最清楚的一个属性。并且，它也影响到形式的视觉重量。

色彩是环境艺术设计中最为生动、活跃的因素，能造成特殊的心理效应。

1.色相、明度和纯度

（1）色相。

色相是色彩的表象特征，通俗地讲就是色彩的相貌，也可以说是区别色彩用的名称。通俗一点讲，所谓色相，是指能够比较确切地表示某种颜色的色别名称，用来称谓对在可视光线中能辨别的每种波长范围的视觉反应。色相是有彩色的最重要特征，它是由色彩的物理性能决定的，由于光的波长不同，特定波长的色光就会显示特定的色彩感觉，在三棱镜的折射下，色彩的这种特性会以一种有序排列的方式体现出来，人们根据其中的规律性，制定出色彩体系。色相是色彩体系的基础，也是认识各种色彩的基础，有人称其为"色名"，是在语言上认识色彩的基础。

（2）明度。

明度是指色彩的明暗差别。不同色相的颜色，有不同的明度，黄色明度高，紫色明度低。同一色相也有深浅变化，如柠檬黄比橘黄的明度高，粉绿比翠绿的明度高，朱红比深红的明度高，等等。在无彩色中，明度最高的色为白色，明度最低的色为黑色，中间存在一个从亮到暗的灰色系列；在有彩色中，任何一种纯度色都有着自己的明度特征。例如，黄色为明度最高的色，处于光谱的中心位置，紫色是明度最低的色，处于光谱的边缘。

（3）纯度。

纯度又称饱和度，是指色彩鲜艳的程度。纯度的高低决定了色彩包含标准色成分的多少。在自然界，不同的光色、空气、距离等因素，都会影响到色彩的纯度。比如，近的物体色彩纯度高，远的物体色彩纯度低，近的树木的叶子色彩是鲜艳的绿，而远的则变成灰绿或蓝灰等。

2.色彩的情感

（1）冷暖感。

冷暖感本来是属于触感的感觉，即使不去用手触摸而只是用眼看也会感到暖和冷这是由一定的生理反应和生活经验的积累共同作用而产生的。作为人类的感温器官，皮肤上广泛地分布着温点与冷点，当外界高于皮肤温度的刺激作用于皮肤时，经温点的接受最终形成热感，反之形成冷感。

暖色代表色有紫红、红、橙、黄、黄绿；冷色代表色有绿、蓝绿、蓝、紫。

（2）轻重感。

轻重感是物体质量作用于人类皮肤和运动器官而产生的压力和张力所形成的知觉。

明度、彩度高的暖色（白、黄等），给人以轻的感觉，明度、彩度低的冷色（黑、紫等），给人以重的感觉。

按由轻到重的顺序排列为：白、黄、橙、红、中灰、绿、蓝、紫、黑。

（3）欢快和忧郁感。

色彩能够影响人的情绪，形成色彩的明快与忧郁感，也称色彩的积极与消极感。

高明度、高纯度的色彩比较明快、活泼，而低明度、低纯度的色彩则较为消沉、忧郁。无彩色中黑色性格消极，白色性格明快，灰色适中，较为平和。

（4）舒适与疲劳感。

色彩的舒适与疲劳感实际上是色彩刺激视觉生理和心理的综合反应。

暖色容易使人感到疲劳和烦躁不安；容易使人感到沉重、阴森、忧郁；清淡明快的色调能给人以轻松愉快的感觉。

（5）兴奋与沉静感。

色相的冷暖决定了色彩的兴奋与沉静，暖色具有促进人的全身机能、脉搏增加和促进内分泌的作用，冷色系则给人以沉静感彩度高的红、橙、黄等鲜亮的颜色给人以兴奋感；蓝绿、蓝、蓝紫等明度和彩度低的深暗的颜色给人以沉静感。

彩度高的红、橙、黄等鲜亮的颜色给人以兴奋感；蓝绿、蓝、蓝紫等明度和彩度低的深暗的颜色给人以沉静感。

（四）光

环境艺术设计中的形体、色彩、质感表现都离不开光的作用。光自身也富有美感，具有装饰作用。这里谈到的"光"的概念不是物理意义上的光现象，而是主要指美学意义上的光现象。光在环境艺术设计中有以下三个方面的作用。

1.作为照明的光。

对于环境艺术设计而言，光的最基本作用就是照明。适度的光照是人们进行正常工作、学习和生活所必不可少的条件，因此在设计中对于自然采光和人工照明的问题应给予充分的考虑。

环境中照明的方式有泛光照明（指使用投光器映照环境的空间界面，使其亮度大于周围环境的亮度。这种方式能塑造空间，使空间富有立体感）、灯具照明（一般使用白炽灯、镝灯，也可以使用色灯）、透射照明（指利用室内照明和一些发光体的特殊处理，光透过门、窗、洞口照亮室外空间）。

在使用光进行照明时，需要考虑以下因素：①空间环境因素，包括空间的位置，空间各构成要素的形状、质感、色彩、位置关系等；②物理因素，包括光的波长和颜色，受照空间的形状和大小，空间表面的反射系数、平均照度等；③生理因素，包括视觉工作、视觉功效、视觉疲劳、眩光等；④心理因素，包括照明的方向性、明与暗、静与动、视觉感受、照明构图与色彩效果等；⑤经济和社会因素，照明费用与节能，区域的安全要求等。

2.作为造型的光。

光不仅可用于照明，它还可以作为一种辅助装饰形与色的造型手段来创造更美好的环境，光能修饰形与色，将本来简单的造型与色彩变得丰富，并在很大程度上影响和改变人对形与色的视觉感受；它还能赋予空间以生命力（如同灵魂附着于肉体），创造各种环境气氛等。环境实体所产生的庄重感、典雅感、雕塑感，使人们注意到光影效果的重要。环境中实体部件的立体感、相互的空间关系是由其整体形状、造型特点、表面质感与肌理决定的，如果没有光的参与，这些都无从实现。

3.作为装饰的光。

光除了对形体、质感的辅助表现外，其自身还具有装饰作用。不同种类、照度、位置的光有不同的表情，光和影也可以构成很优美的并且非常含蓄的构图，创造出不同情调的气氛。这种被光"装饰"了的空间，环境不再单调无味，并且充满梦幻的意境，令人回味无穷。在舞台美术中，打在舞台上的各种形状、颜色的灯光是很好的装饰造型元素。

与"见光不见灯"相反的是"见灯不见光"的灯的本身的装饰作用，将光源布置在合适的位置，即使不开灯，灯具的造型也是一种装饰。

（五）质感

质感是形式的表面特征。材质影响到形式表面的触点和反射光线的特性。

通常所说的质感，就是由材料肌理及材料色彩等材料性质与人们日常经验相吻合而产生的材质感受。肌理就是指材料表面因内部组织结构而形成的有序或无序的纹理，其中包含对材料本身经再加工形成的图案及纹理。

每种材料都有其特质，不同的肌理产生不同的质感，表达着不同的表情。生土建筑有着质朴、简约之感；粗糙的毛石墙面有着自然、原始的力量感；钢结构框架给人坚实、精确、刚正的现代感；光洁的玻璃幕墙与清水混凝土的表面一般令人感到冰冷、生硬而缺乏人情味，强调模板痕迹的混凝土表面则有人工赋予的粗野、雕塑感的新特性；皮毛或针织地毯具有温暖、雍容华贵的性格；木地板有温馨、舒适之感；磨光花岗岩地面则具有豪华、坚固、严肃的表情。

材质在审美过程中主要表现为肌理美，是环境艺术设计重要的表现性形态要素。在人们与环境的接触中，肌理起到给人各种心理上和精神上引导和暗示的作用。

材料的质感综合表现为其特有的色彩光泽、形态、纹理、冷暖、粗细、软硬和透明度等诸多因素上，从而使材质各具特点，变化无穷。可归纳为：粗糙与光滑、粗犷与细腻、深厚与单薄、坚硬与柔软、透明与不透明等基本感觉营造某种主题。质地是材料的一种固有本性，可用它来点缀、装修，并给空间赋予内涵。

图案和纹理是与材质密切关联的要素，可以视为材质的邻近要素。图案的特性有：①图案是一种表面上的点缀性或装饰性设计；②图案总是在重复一个设计的主题图形，图案的重复性也带给被装饰表面一种质地感；③图案可以是构造性的或是装饰性的。构造性的图案是材料的内在本性以及由制造加工方法、生产工艺和装配组合的结果。装饰性图案则是在构造性过程完成后再加上去的。

二、环境艺术设计的空间尺度

空间尺度包含两方面的内容：一方面是指空间中的客观自然尺度，这涉及客观、技术、功能等要素；另一方面是主观精神尺度，涉及主观、心理、审美等要素。人的视觉、心理和审美决定的尺度是比较主观的，是一个相对的尺度概念，但是也有比较与比例关系。

毋庸置疑，其中大多数人遵循的是习惯、共同的尺度，但由于设计本身是自由的，个人的经验与技法不尽相同。每个设计师对尺度也有不同的理解。

（一）尺寸

尺寸是空间的真实大小的度量，尺寸是按照一定的物理规则严格界定的。用以客观描述周围世界在几何概念上量的关系的概念，有基本单位，是绝对的一种量的概念，不具有评价特征，在空间尺度中，大量的空间要素由于自然规律、使用功能等因素，在尺寸上有严格的限定，如人体的尺寸、家具的尺寸、人所使用的设备机具的尺寸等，还有很多涉及空间环境的物理量的尺寸，如声学、光学、热等，都会根据所要达到的功能目的，对人造的空间环境提出特定的尺寸要求。这些尺寸是相对固定的，不会随着人的心理感受而变化，最常见的尺寸数据是人体尺寸、家具与建筑构件的尺寸。

（二）尺度

尺度是衡量环境空间形体最重要的方面，如果不一致就失掉了应有的尺度感，会产生对本来应有大小的错误判断。经验丰富的设计师也难免在尺度处理上出现失误。问题是人们很难准确地判断空间体量的真实大小，事实上，对于空间的各个实际的度量的感知，都不可能是准确无误的。透视和距离引起的失真，文化渊源等都会影响人们的感知，因此要用完全客观精确的方式来控制和预知人们的感觉，绝非易事。空间形式度量的细微差别难以辨明，空间显出的特征——很长、很短、粗壮或者矮短，这完全取决于人们的视点，这种特征主要来源于人们对它们的感知，而不是精确的科学。

（三）比例

比例主要表现为一部分对另一部分或对整体在量度上的比较、长短、高低、宽窄、适当或协调的关系，一般不涉及具体的尺寸。由于建筑材料的性质，结构功能以及建造过程的原因，空间形式的比例不得不受到一定的约束。即使这样，设计师仍然期望通过控制空间的形式和比例，把环境空间建造成人们预期的结果。

在为空间的尺寸提供美学理论基础方面，比例系统的地位领先功能和技术因素。通过各个局部归属于一个比例谱系的方法，比例系统可以使空间构图中的众多要素具有视觉统一性。它能使空间序列具有秩序感，加强连续性，还能在室内室外要素中建立起某种联系。

在建筑和它的各个局部，当发现所有主要尺寸中间都有相同的比例时，好的比例就产生了。这是指要素之间的比例。但在建筑中比例的含义问题还不局限于这些，还有纯粹要素自身的比例问题，如门窗、房间的长宽之比。有关绝对美的比例的研究主要就集中在这方面。

和谐的比例可以引发人们的美感，公元前6世纪古希腊的毕达哥拉斯学派认为万物最基本的元素是数，数的原则统治着宇宙中一切现象。该学派运用这种观点研究美学问题，探求数量比例与美的关系，并提出了著名的"黄金分割"理论，提出在组合要素之间及整体与局部间无不保持着某种比例的制约关系，任何要素超出了和谐的限度，就会导致整体比例的失调。历史上对于什么样的比例关系能产生和谐并产生美感有许多不同的理论。比例系统多种多样，但它们的基本原则和价值是一致的。

（四）对比

对比就是指两个对立的差异要素放在一起。它可以借助互相烘托陪衬求得变化。对比关系通过强调各设计元素之间色调、色彩、色相、亮度、形体、体量、线条、方向、数量、排列、位置、形态等方面的差异，起到使景色生动、活泼、突出主题，让人看到此景表现出热烈、兴奋、奔放的感受。

具体来说，它包括形体的对比、色彩的对比、虚实的对比、明暗的对比和动静的对比。

三、环境设计中的空间尺度

（一）人体尺度

以人体与建筑之间的关系比例为基准来研究与人体尺寸和比例有关的环境要素和空间尺寸，称之为"人体尺度"。研究人体尺度要求空间环境在尺度因素方面要综合考虑适应人的生理及心理因素，这是空间尺度问题的核心。

（二）结构尺度

除人体尺度因素之外因素统称为"结构尺度"。结构尺度是设计师创造空间尺度需要考虑的重要内容之一。如果结构尺度超出常规（人们习以为常的大小），就会造成错觉。

利用人体尺度和结构尺度，可以帮助判断周围要素的大小，正确显示出空间整体的尺度感，也可以有意识地利用它来改变一个空间的尺寸感。

四、环境艺术设计中的空间组织

（一）内部空间组织

1.线式空间组织

线式空间组织的特征是"长"，因此它表达了一种方向性，具有运动、延伸、增长的意义。为使延伸感得到限制，线式空间形态组合可终止于一个主导的空间或形式，或者终止于一个经特别设计的清楚标明的空间，也可与其他的空间组织形态或者场地、地形融为一体。

2.集中式空间组织

集中式空间组织主要是以一个空间母体为主结构，一些次要空间围绕展开而组成的空间组织。集中式空间组织作为一种理想的空间模式，具有表现神圣或崇高场所精神和表现具有纪念意义的人物或事件的特点特征。其主空间的形式作为观赏的主体，要求有几何的规划性、位置集中的形式，如圆形、方形或多角形。因为它的集中性，这些形式具有强烈的向心性。主空间作为周围环境中的一个独立单体，或空间中的控制点，在一定范围内占据中心地位。

古罗马和伊斯兰的建筑师最早应用集中式空间组织方式建造教堂、清真寺建筑，而到了近现代，集中式空间组织的运用主要表现在公共建筑内部空间中的共享大厅的设计上。以美国建筑师波特曼为首的一些建筑师通过大型酒店和办公建筑中的共享空间的设计，将集中式空间形态的发展推向一个新的阶段。

近代共享空间最大的特点是从感官角度唤起了人们的空间幻想，它以一种夸张的方式，将人们放置在建筑舞台的中心。它鼓励人们参与活动，进行交流互动，在空间中穿行，享受室内大自然（光线、植物、流水），享受社交生活。共享空间的出现和发展对于那些千篇一律的、沉闷的内部空间和缺少形态的外部空间，无疑提供了一种视觉上的清新剂。

共享空间的出现为城市公共空间的振兴提供了一种方式，它表述了一种广受欢迎的、大众化城市和较少清教徒气息的建筑空间语言。其中心思想非常贴近中国"天人合一"的理想。

共享空间的表现形式大多应用在城市大型公共建筑中设置的中庭空间——一种全天候公众聚集的空间。在这个空间中，内庭院及其周围空间之间相互影响，俯瞰中庭的空间能够透光，也能够避风挡雨，大的通透与微妙的遮蔽在共同起着作用。

3.放射式空间组织

正如集中式空间组织一样，放射式空间组织方式的中央空间一般也是规则形式，以中央空间为核心向各个方向扩展。

4."浮雕式"空间组织

"浮雕式"空间组织是指在建筑内部空间组织中的几种十分具有特点的形态结构。它们的共同点是尺度精致且具浮雕感。

（二）外部空间组织

1.中心式空间组织

中心式空间组织，即建筑外部空间主体轮廓长短轴之比小于4：1，是集中紧凑的空间组织形态，其中包括若干子类型，如方形、圆形、扇形等。这种类型是建筑外部空间形态中最常见的形式，空间的特点是以同心圆式同时向四周扩延。活动中心多处于平面几何中心附近，空间构筑物的高度往往变化不突出或比较平缓、区内道路网为较规整的格网状：这种空间组织形态从艺术设计角度上易突出重点，形成中心，从功能上便于集中设置市政基础设施，合理有效地利用土地，也容易组织区域内的交通系统。

2.放射式空间组织

放射式空间组织主要表现为：建筑外部空间组织总平面的主体团块有三个以上明确的发展方向，即指状、星状、花状等子型。这些形态大多使用于地形较平坦，而对外交通便利的地形地势上。

3.带状或流线式空间组织

带状或流线式空间组织主要表现为：建筑外部空间主体组织形态的长短轴

之比大于4：1，并明显呈单向或双向发展，其子型具有U形、S形等。这些建筑外部空间组织往往受自然条件所限，或完全适应和依赖区域主要交通干线而形成，呈长条带状发展，有的沿着湖海水平的一侧或江河两岸延伸，有的因地处山谷狭长地形或不断沿道路干线一个轴向的长向扩展景观领域。这种形态的规模一般不会很大，整体上使空间形态的各部分均能接近周围自然生态环境，平面布局和交通流向组织也较单一。

4.星座式或组团式空间组织

这种组织形式的总平面是由一个颇具规模的主体团块和三个以上较次一级的基本团块组成的复合形态。这种组织整体空间结构形似大型星座，除了具有非常集中的中心区域外，往往是为了扩散功能而设置若干副中心或分区中心。联系这些中心及对外交通的环形和放射道路网，使其成为较复杂的综合式多元结构。依靠道路网间隔地串联一系列空间区域，形成放射性走廊或更大型空间组群。

组团式形态是指由于地域内河流、水面或其他地形等自然环境条件的影响，使建筑外部空间形态被分隔成几个有一定规模的分区团块，有各自的中心和道路系统，团块之间有一定的空间距离，但由较便捷的联系性通道使之组成一个空间实体。星座式空间形态与组团式空间形态有类似的地方，亦有差异性。

5.棋盘格式空间组织

常见的棋盘格式空间组织是以道路网格为骨架的建筑外部空间布局组织方式，这种空间布局组织方式早已经在公元前2000多年埃及的卡洪城、美索不达米亚的许多城市规划中应用，并在重建希波战争中被毁的许多城市中付诸实践，形成体系。这种组织模式的创始人，可以追溯到公元前5世纪希腊建筑师希波丹姆，希波丹姆在规划设计中遵循古希腊哲理，探求几何图像和数的和谐，以取得秩序和美。

第二节　城市规划与生态环境设计

一、城市规划概述

（一）城市规划的空间层次

城市规划在内容上侧重物质空间规划并涉及非物质空间规划，在空间上涵盖城市、城市中的地区、街区、地块等不同的空间范围，并涉及国土规划、区域规划以及城市群的规划。

1.国土及区域规划

国土规划的概念最早起源于纳粹德国，特指在国土范围内对机动车专用道路、住宅建设等开发建设活动的统一计划。现代的国土规划被定义为"在国土范围内，为改善土地利用状况、决定产业布局、有计划地安置人口而进行的长期的综合性社会基础设施建设规划"，或者更明了地表达为"国土规划是对国土资源的开发、利用、治理和保护进行全面规划"。由此可以看出，国土规划一方面对国土范围的资源，包括土地资源、矿产资源、水力资源等的保护、开发与利用进行统筹安排；另一方面则对国土范围内的生产力布局、人口布局等，通过大型区域性基础设施的建设等进行引导。

不同国家中国土规划的内容与形式也存在着较大的差别。例如，美国田纳西河流域管理局（TVA）所做的流域开发规划常常被引为国土规划的经典案例，但事实上美国从来都不存在全国性的规划，甚至在1943年国土资源规划委员会（NRPB）被撤销之后，就没有一个负责国土规划的机构，但这并不影响联邦政府通过各种政策与计划影响定居与产业分布的模式。日本早在1950年就制定了《国土综合开发法》，并据此编制了迄今为止的5次"全国综合开发规划"。该规划主要侧重国土范围内区域性基础设施的建设和重点地区的建设。1974年日本又制定了《国土利用规划法》，将对国土利用状况的关注以及对包括城市规划在内的相关规划内容的协调,列入国土规划的内容。此外,荷兰也是一个重视国土规划,并较早开展该项工作的国家。

中国自20世纪80年代起,尝试开展国土规划方面的工作,但至今尚未有正式公布的国土规划。全国城镇体系规划、全国土地利用总体规划纲要以及全国主体功能区规划可以看作国土规划的一种类型。

如果说国土规划专指范围覆盖整个国土空间的规划,那么对其中的特定部分所进行的规划则被称为区域规划。

与国土规划相同,中国目前尚缺少严格意义上的综合性区域规划。国民经济和社会发展计划,省域主体功能区规划,对应省、市、县等行政管辖范围的土地利用总体规划以及各种行政范围内的城镇体系规划,如省域城镇体系规划,市域、县域城镇体系规划,跨行政区域的区域规划研究,如京津冀北地区空间发展战略规划、珠江三角洲经济区城市群规划等都可以看作侧重于区域发展及空间布局研究的区域性规划。

应该指出的是,国土规划以及区域规划本身并不属于城市规划的范畴,但通常作为城市规划的上级规划而存在。在自上而下的规划体系中,城市规划以这些上级规划为依据在其框架下细化与落实相关目标。

2.城市总体规划

城市总体规划是以单独的城市整体为对象,按照未来一定时期内城市活动的要求,对各类城市用地、各项城市设施等所进行的综合布局安排,是城市规划的重要组成部分。按照《城市规划基本术语标准》的定义,城市总体规划是:"对一定时期内城市性质、发展目标、发展规模、土地利用、空间布局以及各项建设的综合部署和实施措施。"

城市总体规划在不同国家与地区被冠以不同的名称。如在美国,城市总体规划被称为master plan、comprehensive plan,或者是general plan(后两者有综合规划的含义);日本则把城市总体规划称为"城市基本规划",或者直接借用master plan的称谓;而德国则把相当于城市总体规划内容的规划称为"土地利用规划"。但无论称谓如何,城市总体规划所起到的作用是类似的,均是对城市未来的长期发展做出的战略性部署。

在近现代城市规划二元结构中,城市总体规划属于宏观层面的规划,通常只从方针政策、空间布局结构、重要基础设施及重点开发项目等方面对城市发展做出指导性安排，不涉及具体工程技术方面的内容，也不作为判断具体开发建设活动合法性的依据。

由于城市总体规划涉及城市发展的战略和基本空间布局框架，因此要求有较长的规划目标期限和较好的稳定性。通常城市总体规划的规划期在20年左右。

中国现行的城市总体规划脱胎于计划经济时代，依照"城市规划是国民经济计划工作的继续和具体化"的思路，主要侧重于对城市功能的主观布局以及城市建设工程技术，并将其任务确定为："综合研究和确定城市性质、规模和空间发展形态，统筹安排城市各项建设用地，合理配置城市各项基础设施，处理好远期发展与近期建设的关系。"虽然近年来各地政府以及规划院等单位试图改革城市总体规划的编制方法与内容，以适应市场经济下城市建设的需要，但尚在摸索过程中。

2000年，广州市政府率先在国内开展了"城市总体发展概念规划"咨询活动，随之带来了各地政府编制"城市发展概念性规划""城市空间发展战略规划"等宏观战略性规划的热潮。这种"概念性规划"或"战略规划"，对城市发展过程中所遇到的问题以及未来必须突破的发展"瓶颈"进行了综合分析，仍侧重对城市空间发展结构的描述，应属于宏观层次的城市规划，甚至可以归为城市总体规划的类型之中。但目前这类规划尚未纳入中国现行的城市规划体系中，属于地方政府编制的意向规划，缺少明确的法律依据。从这种状况也可以看出：中国现行城市总体规划的编制指导思想、方法及内容需要及时做出调整，以适应市场经济环境。

此外，2007年颁布的《城乡规划法》未将"分区规划"列入法定规划体系但规划实践中对此有不同的意见和争议。

3.详细规划

与城市总体规划作为宏观层次的规划相对应，详细规划属于城市微观层次上的规划，主要针对城市中某一地区、街区等局部范围中的未来发展建设，从土地利用、房屋建筑、道路交通、绿化与开敞空间以及基础设施等方面做出统一的安排，并常常伴有保障其实施的措施。由于详细规划着眼于城市局部地区，在空间范围上介于整个城市与单个地块和单体建筑物之间，因此其规划内容通常接受并按照城市总体规划等上一层次规划的要求，对规划范围中的各个地块以及单体建筑物做出具体的规划设计或提出规划上的要求。相对于城市总体规划，详细规划的规划期限一般较短或不设定明确的目标年限，而以该地区的最终建设完成为目标。

详细规划从其职能和内容表达形式上可以大致分成两类。一类是以实现规划范围内具体的预定开发建设项目为目标，将各个建筑物的具体用途、体型、外观以及各项城市设施的具体设计作为规划内容，属于开发建设蓝图型的详细规划。该类详细规划多以具体的开发建设项目为导向。中国的修建性详细规划即属于此类型的规划。另一类详细规划并不对规划范围内的任何建筑物做出具体设计，而是对规划范围的土地利用设定较为详细的用途和容量控制，作为该地区建设管理的主要依据，属于开发建设控制型的详细规划。该类详细规划多存在于市场经济环境下的法治社会中，成为协调与城市开发建设相关的利益矛盾的有力工具，通常被赋予较强的法律地位。德国的建设规划与日本的地区规划可以看作该类规划的典型。

在中国的城市规划体系中，20世纪90年代之前的详细规划属于建设蓝图型规划；在此之后，为适应市场经济的要求，1991年建设部颁布的《城市规划编制办法》首次将详细规划划分为"修建性详细规划"与"控制性详细规划"。后者借鉴了美国等西方国家普遍应用的"区划"的思路，属于开发建设控制型的规划。至此，详细规划的两大类型均存在于中国现行城市规划体系中。

4.建筑场地规划

在北美地区，在相当于详细规划的空间层次上还有一种被称为"场地规划"（site planning）的规划类型。凯文·林奇（Kevin Lynch）将场地规划描述为："在基地上安排建筑、塑造建筑之间空间的艺术，是一门联系着建筑、景园建筑和城市规划的艺术。"虽然场地规划与建设蓝图型的详细规划相似，都是着重对微观空间的规划与设计，但与详细规划又有所不同。

（1）场地规划通常以单一的土地所有地块为规划对象范围，亦即开发建设主体单一，设计目的明确，建设前景明朗；因此，场地规划更像是建筑设计中的总平面设计。

（2）场地设计主要关注空间美学、绿化环境、工程技术和设计意图的落实等，不涉及多元化开发建设主体之间的协调。

因此，场地规划可以看成是开发建设蓝图型详细规划的一种特殊情况——单一业主在其拥有的用地范围内所进行的详细规划。工厂厂区内的规划、商品住宅社区的规划等均属于此类型的规划。在这一点上，场地规划与开发建设蓝图型详细规划类似。

（二）城市规划的主要组成部分

虽然不同国家和地区中城市规划对规划内容划分的方式、称谓各不相同，但仍可以归纳为下面将要论述的4个方面，即土地利用、道路交通、绿化及开敞空间以及城市基础设施。此外，还有一些从其他角度着手所开展的规划，如城市环境规划、城市减灾规划、历史文化名城或街区保护规划、城市景观风貌规划、城市设计等，但这些规划的内容在落实到物质空间方面时，仍与以上4个方面发生密切的联系，甚至与此重叠，仅仅是出发点不同而已。例如：抗灾规划中的避难场所，多利用公园绿地等开敞空间；紧急避难与救援通道的规划与道路规划密切相关等。

1.土地利用规划

可以说，所有的城市活动最终落实到城市空间上的时候，都体现为某种形式的土地利用。居住、生产、游憩等城市功能相应地体现为居住用地，工业用地，商务、商业用地，公园绿地等；而为满足上述功能而必备的各种城市设施，如道路、广场、水厂、污水处理厂、高压输电、变电站等同样也要占用土地，从而表现为某种形式的土地利用。

因此，土地利用规划是城市规划中最为基本、最为重要的内容。土地利用规划从各种城市功能相互之间关系的合理性入手，对不同种类的土地在城市中的比例、布局、相互关系做出综合的安排。事实上，从城市所担负和容纳的各种功能入手，根据各自的特点划分为不同种类的用地，并依据相互之间的亲和与排斥关系进行分门别类的布局安排是近现代城市规划中"功能分区"理论的基础。1933年的《雅典宪章》对此做出了精辟的概括。虽然后来的"功能分区"理论中机械、死板与教条主义的侧面逐渐暴露出来，并出现强调城市功能适度混合的观点，但"功能分区"依然是现代城市规划的基本原则之一。

在组成城市规划的这4个基本方面中，土地利用规划与所在国家和地区的政治制度与经济体制关系最为密切，其中不但包含规划技术上的普遍规律，而且还随土地所有制、行政管理形式的不同，表现为不同的形式与内容；因此，也最具变化和复杂性。此外，土地利用规划中不仅包含土地利用的目标，还常常伴随实现这些目标的手段。

在讨论某个国家或地区的城市规划时，甚至可以将土地利用规划作为城市规划的代名词。

2.道路交通规划

城市内各种城市活动的开展伴随着人员、物品从一个地点向另一个地点的移动；一个城市为了维持正常的运转，同样必须保持人员和物品与外部的交流。这些人员和物品的移动就构成了城市交通与城市对外交通。虽然在现代社会中，相当部分的信息移动已由电子通信技术完成，不再伴随物质的移动，但人员的面对面交往与物品的交换仍是维持社会运转的必要条件。因此，按照城市中或城市与外部人员和物品移动的需求，对包括道路在内的各项交通设施做出预先的安排，使城市社会更加便捷、高效地运转就是道路交通规划所要达到的目的，也是城市规划的重要内容之一。

实际上，这里所说的道路交通规划包含两个部分的主要内容，即交通规划与道路规划设计。前者侧重对人员、物品移动规律的观测、分析、预测和计划，通常作为交通工程规划，具有相对的独立性；后者则是按照前者的分析、预测及计划的结果，为满足人员与物品的移动需求在城市空间上所作出的统一安排，是城市规划关注的重点。

此外，城市道路系统除满足城市交通的需求外，还为城市基础设施的建设提供地下、地上的空间。

3.公园绿地及开敞空间规划

城市是一个人工营造的依赖人工技术存在的人类聚居地区，城市的建设伴随着人类对自然原始生态系统的改造。人类改造自然能力的不断增强，也就意味着对自然生态破坏程度的加深。另外，处于自身所创造的钢筋混凝土、钢铁与玻璃的人工环境中的人类，无论在心理上还是在生理上都比以往更加热爱和向往自然的环境。因此，城市规划就担负起双重的任务，即一方面尽可能减少城市这种人工环境的建设对原有生态系统平衡的破坏，尤其是避开一些难以复原或更为敏感的地区；另一方面将自然的因素有意识地保留或引入城市的人工环境中，或者用人工的方法营造绿色环境，作为对丧失自然环境的一种弥补。

在讨论城市绿色空间时，人们往往将关注点集中在大型城市公园、绿地等公共绿地上，但城市的绿色空间是一个完整的体系，各种类型的绿色空间，无论它是否向公众开放、是否为多数人所利用，均是这个系统的有机组成部分，在构成绿色空间体系上均起着重要的作用。各种专属使用的绿色空间，如居住区中的集中绿地、校园中的绿地等就是具有代表性的实例。同时，相对于传统的"园林绿化"的概念，开敞空间（open space）是一个更能体现城市中建设与非建设状况的概念。按照这一概念，城市中除道路等交通专属空间外，非建设空间（注意，不是未建设的空间）均可看作开敞空间的组成部分。如果说城市建筑构成了城市空间中作为"图"的实体部分，那么由绿色空间为主体所形成的城市开敞空间就是城市空间中的"底"。当将城市开敞空间作为关注对象时，这种"图""底"关系发生逆转。城市开敞空间系统是城市规划所关注的重要内容之一。

4.城市基础设施规划

现代城市是一个高度人工化的环境。这个环境必须依靠人工的手段才能维持其正常运转。很难设想，现代城市离开电力供应和污水的排放会是一个什么样的状况。电力、电信、给水、排水、燃气、供热等城市基础设施是一个维持现代城市正常运转的支撑系统。由于城市基础设施大多埋设在地面以下，很少给人以视觉印象，甚至有时会被忽略，但每时每刻都影响着千千万万的市民生活和城市活动的开展。因此，可以说城市基础设施是城市中的幕后英雄。

相对于城市规划中的其他要素而言，在城市基础设施规划（又称城市工程规划）中，属于纯工程技术的内容较多，与其他工程技术相同，在不同国家或地区之间可以相对容易的借鉴。但城市基础设施的规划与建设涉及城市经济发展水平与财政能力。同时，规划设施类型的选择与建设顺序的确定与社会价值判断相关。在城市规划中，城市基础设施的规划通常会受到其他规划要素（如土地利用规划、道路交通规划）的影响和左右，具有相对被动的特点。

二、生态环境相关问题与城市生态系统

（一）生态环境相关问题

生态与环境要素，首先要明确四个方面的问题：自然与人类文明、人口与资源、资源与环境以及城市化后的资源与环境。

1.自然与人类文明

不同的历史阶段，人与自然的关系经历了不同的历史演变过程。人类社会作为自然界的一个生物种群，在自然的发展演化过程中不断地进行着自身的组织结构的发展演化，从而不断地适应和利用自然。城市的出现就是这些自然发展演化的重要结果之一。

在原始社会，人类崇拜和依附自然。农业文明时期，人类敬畏和利用自然进行生产。在工业文明后，人类对自然的控制和支配能力急剧增强，自我意识极度膨胀，不顾及与自然的和谐相处，开始一味地对自然强取豪夺，从而激化了人与自然的矛盾，加剧了与自然的对立，结果使人类不得不面对资源匮乏、能源短缺、环境污染、气候变化、森林锐减、水土流失、物种减少等严峻的全球性环境问题和生态危机。

经历了近200年的工业文明后，人类积累和创造了农业文明无法比拟的财富，开发和占用自然资源的能力大大提高，人与自然的关系从根本上出现了颠倒，人确立了对自然的主体性地位，而自然则降低为被认识、被改造，甚至被征服和被掠夺的无生命客体的对象。

2.人口与资源

（1）人口与资源的关系。

人类的生存和发展离不开资源。近200年来，随着生产力的提高、近代医疗保健的进步和基本生活资料的不断丰富，人口数量和平均期望寿命明显增长，1930年全球人口为29亿，1960年为30亿，1987年突破50亿大关，截至现在已达60多亿。世界人口总量不断增加，生活水平不断提高，人类对资源的开发利用强度越来越高，这些都造成了资源的短缺与环境破坏。人口增长对资源和环境具有深刻的影响，成为环境问题的核心，与永续发展息息相关。

人口增长使得人类对能源的需求量迅速增加。能源是指人类取得"能量"的来源，尚未开发出的能源应被称为资源，不属于能源的范畴，能源的稀缺性是

由于资源的有限性导致的。尽管人类已发现的矿物有3300多种，但当前人类大量使用的能源主要是不可再生的化石燃料，如煤炭、石油和天然气等。考虑到科学、技术和市场因素，尽管人类用能效率不断提高，但能源消耗总量仍然呈增长趋势，目前已探明的石油储量只可供人类使用30年，天然气可用70年。由于燃煤的效率低，所以其使用将会受到严格的限制，这些传统化石燃料的大量使用则是造成当前地球环境问题的主要原因。

（2）人口与土地资源。

土地资源是生态系统中最为宝贵的资源，是人类及其他生物的栖息之地，也是人类生产活动最基本的生产资料与生活资料。随着城市面积不断扩大，耕地面积随指数递减，生态足迹严重扩展，自然生态系统的修复功能减退。同时大面积的耕作和过度放牧，造成水土流失，使全球每年损失300多公顷的土地，这种情况使得土地荒漠化成为全球最严重的环境危机之一。

（3）人口与水资源。

水是生命之源。人类水资源利用主要是生产、生活和运输用水。由于降水时空分布不均，世界上有60%以上的地区缺水。随着人口的增加，城镇化的加速，淡水紧缺已成为当前世界性的生态环境问题之一，将成为社会经济发展和粮食生产的制约因素。

3.资源与环境

资源，一般情况下是指自然界存在的天然物质财富，或是指一种客观存在的自然物质，地球上和宇宙间一切自然物质都可称作资源，包括矿藏、地热、土壤、岩石、风雨和阳光等。广义的资源指人类生存发展和享受所需要的一切物质的和非物质的要素，而狭义的资源仅指自然资源。资源有自然资源和社会资源两种类型。其中自然资源是具有社会有效性和相对稀缺性的自然物质或自然环境的总称，包括土地资源、气候资源、水资源、生物资源、矿产资源等。社会资源是自然资源以外的其他所有资源的总称，是人类劳动的产物，包括人力、智力、信息、技术和管理等资源。

人类为生存和发展会不断地向自然界索取自己需要的东西。人类在掠夺自然资源的同时，又将生产和消费过程中产生的废弃物排放到自然环境中去，加之不可再生资源的大规模消耗，导致了自然资源的渐趋枯竭和生态环境的日益恶化，人与自然的关系完全对立起来，气候变暖、海平面上升、大气污染、臭氧层损耗、酸雨漫延等全球性环境问题与大量开采、大量运输、大量生产、大量消费和大量废弃的资源消耗线性模式有关。

据专家预测，至21世纪中叶，全球能源消耗量将是目前水平的两倍以上：如果按照目前全球人口增长及城镇化发展的速度，以及所消耗的自然资源的速度来推算，未来人类对自然资源的"透支"程度将每年增加20%。从中可以推测，到21世纪中叶，人类所要消耗的资源量将是地球资源潜力的1.8~2.2倍。也就是说，到那时需要两个地球才能满足人类对于自然资源的需求。

城市是人类文明的产物，也是人类利用和改造自然的集中体现。从18世纪的工业革命开始，大规模的集中生产和消费活动促进了人口的聚集，现代化的交通和基础设施建设加快了城镇化的进程，城市数量和规模开始出现迅速发展。

城镇化和城市人口的规模增加与资源消耗的关系十分密切。目前城市集中了全人类50%以上的人口，大量能源和资源向城镇化地区输送，城市是地球资源主要的消费地。

城镇化可以促进经济的繁荣和社会的进步。城镇化能集约地利用土地，提高能源利用效率，促进教育、就业、健康和社会各项事业的发展。除此之外，城镇化不可避免地影响了自然生态环境，造成维持自然生态系统的土地面积和天然矿产物的减少，并使之在很大区域内发生了持续的变化，甚至消失，使自然环境朝着人工环境演化，致使生物种群减少、结构单一，生物与人的生物量比值不断降低，生态平衡被破坏，自然修复能力下降，生态服务功能衰退。

（二）城市生态系统

生态系统即生物群落与无机环境构成的统一整体。生态系统的范围可大可小，相互交错。最大的生态系统是生物圈，地球上有生命存在的地方均属生物圈，生物的生命活动促进了能量流动和物质循环，并引起生物的生命活动发生变化。

生态系统的本质属性是开放系统，是一定空间内生物和非生物成分通过物质循环、能量流动和信息交换而相互作用和依存所构成的生态功能单位。

城市生态系统是城市居民与周围生物和非生物环境相互作用而形成的一类具有一定功能的网络结构，也是人类在改造和适应自然环境的基础上建立起来的特殊的人工生态系统，由自然系统、经济系统和社会系统复合而成。

城市生态系统主要包括自然系统、社会系统和经济系统。这三大系统之间通过高度密集的物质流、能量流和信息流相互联系，其中人类的管理和决策起着决定性的调控作用。

城市生态系统的结构在很大程度上与自然生态系统是有差异的，这是由于除了自然系统本身的结构外，还有以人类为主体的社会、经济等方面的结构。在对城市生态系统结构研究的过程中，常常根据其系统特色划分不同领域，包括经济结构、社会结构、生物群落结构、物质空间结构等。

城市生态系统运行的功能体现在其生产、能量流动、物质循环和信息传播上。城市生态系统中的生产包括生物生产和非生物生产两类。生物生产指该生态系统中的所有生物（包括人、动物、植物、微生物）从体外环境吸收物质、能源，并将其转化为自身内能和体内有机组成部分以及繁衍后代、增加种群数量的过程。非生物生产指人类利用各种资源生产人类社会所需的各种事物，除了衣食住行所需物质产品的生产之外，还包括各种艺术、文化、精神财富的创造。城市生态系统具有强大的生产力，并以非生物性生产为主导，为人工生态系统所特有。

三、城市绿地概述

城市是人口、政治、经济、文化、宗教等高度密集的载体，是人类活动与自然环境高度复合的独特生态系统。城市生态系统具有开放性、依赖性、脆弱性等特点，极易受到人类活动的干扰和破坏，引起城市生态系统的失衡，导致城市"生态环境危机"的出现。近年来，快速的城市化进程使得大量的人造建筑取代了自然地表，极大地改变了城市的生态环境，影响人类的身体健康和生活环境。绿地是植被生长、占据、覆盖的地表和空间。城市绿地是指用以栽植树木花草、布置配套设施，并由绿色植物所覆盖，且赋以一定功能与用途的场地。城市绿地可以通过植物的蒸腾、蒸散、吸收、吸附、反射等功能，降低温度，增加湿度，固碳释氧，抗污染（吸收粉尘、Cl_2、SO_2、CO等），降低噪声，保护生物多样性等。随着生态城市概念的提出、建设和发展，人们日益注意到城市绿地的生态意义（保护生物多样性）和环境价值（降温增湿、固碳释氧、抗污染、降噪）。目前研究城市绿地的生态环境效应已经成为景观生态学、城市园林生态学以及环境科学的热点。

（一）城市绿地系统

1.《园林术语标准》中的定义

城市绿地系统是由城市中各种类型和规模的绿化用地组成的整体。

2.《中国大百科全书》（建筑、园林、城市规划分册）中的定义

城市绿地系统是城市中由各种类型、各种规模的园林绿地组成的生态系统，用以改善城市环境，为城市居民提供游憩境域。

3.城市规划中的定义

城市绿地系统泛指城市区域内一切人工或自然的植物群体、水体及具有绿色潜能的空间；是由相互作用的具有一定数量和质量的各类绿地所组成的并具有生态效益、社会效益和相应经济效益的有机整体。它是构成城市系统内唯一执行"纳污吐新"负反馈调节机制的子系统，是优化城市环境，保证系统整体稳定性的必要成分。同时它又是从属于更大的城市系统的组成部分（城市系统则是由自然环境系统、农业系统、工业系统、商业系统、交通运输系统和社会系统所组成的巨系统），城市绿地系统从属于其中的自然环境系统。

4.生态学上的定义

根据Carl·droll的生态学观点，城市未建设之前的大地生态实际上是一个生态学本底，城市的建设相当于在这个本底中嵌入一个人为的干扰斑块，而城市的绿地系统，则相当于自然生态的残余斑块或引入斑块。其中，残余斑块是指从自然生态中保存下来的，基本没有经过人工干扰的自然（绿地）部分；引入斑块是指从自然生态保存下来，但经过了人工改造的，或者完全是新设的绿地和人工生态部分。这两类斑块由于生态属性不同，对城市产生的生态效益也各异。

（二）中国城市绿地发展概况

1.城市绿地在中国的发展历史

（1）中国古代的城市绿地。

中国传统文化十分讲究崇尚自然，追求天人合一的至高境界，这在传统的文化、艺术、思想领域有十分明显的表现。城市绿地建设作为园林设计当中的重

要组成部分，在中国古代就得到了城市建设者的重视，几千年来留下了许多城市园林规划的成功范例。

早在奴隶社会时期的周朝，就已经有了关于城市建设方面的文字记载。《周礼·考工记》中写道："匠人营国，方九里，旁三门，国中九经九纬，经涂九轨，左祖有社，前朝后市，市朝一夫。"这段文字虽然简短，其中却包含了城市建设中关于道路、宗庙、集市、占地面积等多方面形制的规定，对于后世的城市规划建设有深远影响。早期的城市建设对绿化的记载也有很多，《诗经·郑风》中有"无逾我园"的句子，可见当时已经开始种植树木了。

秦统一六国以后，城市建设发展得比较完备，秦朝都城咸阳将京城规划与京畿规划相结合，充分利用自然优势。咸阳城以渭水为纽带，依山傍水，散布于自然环境之中，它利用河流的分隔作用将城市分成若干功能区，而自然环境则成了它天然的城市绿地。西汉都城长安则在秦朝上林苑的基础上加以扩建苑墙的长度有130~160 km，成为中国历史上最大的皇家园林。

魏晋南北朝时期的绿化已经成为城市建设的重要组成部分，并且充满奇思妙想。人们开始重视利用水渠对种植的树木进行灌溉，较之前代又有了明显的进步。南朝的建康（今为南京）还"积石种树为山"，即已开始堆土山种树，这种景观与城市园林交相辉映，更加显示出园林的雄奇壮丽。

唐宋时期，经济繁荣发展，城市绿化得到统治者的大力支持。在唐代都城长安和宋代都城东京的街道上，广泛种植榆、槐、柳等树种，并与各种花草相间，当时的都城在世界上都极为有名。唐宋时期的许多文人墨客都对当时的市井风光进行过描写，都已传为经典。

明清时期，在北京城市规划中，园林占有重要的地位，并且形成了城内与城外联动发展的格局。当时的北京城沿用元大都的河湖水系，以西苑为主体，结合其他大内御园、寺观、坛庙庭院，形成了一个如山林般的大自然生态环境，以满足皇家游玩的需要。

另一处集中的水体什刹海则成了内城最大的一处公共园林，依托于三个水面"前三海"——积水潭、后海和前海，它与太液池的"后三海"——北海、中海和南海连接，形成"六海"，占去内城相当大的一部分面积。

（2）中国近现代城市绿地的发展。

中国城市公共绿地建设起步较晚，首先出现在外国租界内，是外国人建造，供外国人游览。20世纪20年代以后，杭州建湖滨公园，并把孤山整理成公园。这一时期城市绿地的发展极其缓慢，以上海为例，1949年以前，全市各种公园绿地约为89 hm²，且大部分集中于租界和上层人士聚居的住宅区，普通市民无法享用。1949年以前，北京市区公共绿地面积只有700多公顷，郑州市则一无所有。

1949年以后，以服务大众为宗旨，在借鉴苏联建设经验的基础上，中国开始了大规模的城市公共绿地建设，新建了大批公园绿地，至1980年年底，全国已有679个公园、37个动物园和135个公园中的动物展区（不包括港、澳、台地区），城市面貌大为改观。例如，1977年年底，北京市公共绿地面积达到2695.33 hm²，郑州市1975年各项绿地占市区总面积的32.4%。但部分城市仍然发展缓慢。

在20世纪80年代末20世纪90年代初，中国著名科学家钱学森多次提出"山水城市"概念，即城市建设要以中国山水诗、中国园林建筑和中国山水画中描绘的意境为发展方向，创立具有中国特色的"山水城市"，城市绿化得到空前重视，出现了许多艺术性与生态性兼顾，考虑大众使用和城市环境形象的绿化建设成果。如上海的人民广场、世纪公园、环城绿化带，北京的环城绿化带，青岛的滨海绿化带等。1992年建设部开始实行"国家园林城市评选"，进一步推动了各地城市绿地建设，截至2008年，全国共命名"国家园林城市（区）"139个，各项绿地指标得到显著提高。

20世纪90年代以后，随着改革开放的不断深化，完成了从计划经济向市场经济的转轨。住房制度逐步商品化也为城市园林绿地建设注入了新的活力，房地产商充分利用园林环境带来的市场商机，注重加大项目的绿化环境投资，以此来打造自己的品牌，收益十分可观。而对于城市绿化建设来讲，这也是其中的一个重要组成部分。

2.中国城市绿地的发展趋势

当今时代，中国的城市园林事业在社会经济建设的进程中，正展现出一个蓬勃发展的局面，前景是十分令人鼓舞的。既要肯定已经取得的成就，更要看到城市绿地发展中存在的不足。未来的城市园林绿地建设不仅要在数量上迅猛增长，在质的方面也必须有快速的提升。首先得要解决当代社会的具体背景和问题，并且要在园林和绿地建设中有所创新。中国的城市园林和绿地建设不能墨守成规，通过与西方国家的交流和借鉴，能够取长补短，使城市规划理论进一步完善，但也要注意保持中国园林的优良传统，不可完全被西方同化。在21世纪发展的今天，中国的城市园林绿地建设要向科学、生态、和谐的方向发展，这必然导致一些新的特点的出现。

现代城市园林绿地建设，首先必须建立在生态观念的基础上，尊重自然条件、历史和文化传统，构建出体现人文关怀、天人合一特色的城市园林绿地系统。其次要重视园林绿地的实用功能，对那些于生态环境没有实际作用的"形式主义工程"和"形象工程"要坚决摒弃。另外，还要在批判地继承古今中外园林艺术精华的基础上，设计出富有中国特色的城市园林景观。这样才能找到一条中国城市园林与绿地建设的良性发展道路。

（三）国外城市绿地发展概况

1.国外城市绿地的发展历史

（1）古代时期。

与中国相比，西方国家在古代城市规划中并不像中国那样重视绿化建设，在涉及绿化建设时，往往是在城市选址时侧重对地理位置的选取以及一些园林建设时进行的绿化。

公元1370年，古埃及皇帝阿克亨纳顿（Akhennaten）在阿玛纳建立首都，城市面临尼罗河，三面被山陵环抱，采取沿尼罗河稍呈弯曲的带形布局，长约3.7 km，宽约1.4 km，这种不设城墙的外围建设，使城市与自然环境融为一体。

古巴比伦产生于两河流域，这种自然优势对城市景观环境具有重要意义。古希腊是一个民主思想极为活跃的地区，人们的各种集体活动很频繁，相应地就出现了许多公共建筑，其中就包括可以供民众游玩的公共园林，这种公共园林是今天"公园"产生的基础。古希腊时期的人们在神庙四周广植树木，形成神苑，加强神庙的神圣与神秘之感，同时也表现了古希腊人对树木的敬畏观念，神苑中的树木被称为"圣林"，与神庙中举行的祭祀活动相比，圣林更受重视，后来甚至被当作宗教礼拜的主要对象。另外，希腊地处亚热带气候区，适宜户外生活，人们的体育竞赛热情高涨，为满足这种需求出现了体育场。体育场周边绿树成荫，人们在其中散步、聊天、集会，发展成了后来的公园。

在相当长的历史时期内，西方古代城市并没有把城市绿化视为一项极其重要的工程。直到文艺复兴时期，意大利的佛罗伦萨、威尼斯等地兴建了一大批反映文艺复兴新精神和具有重要历史价值的广场，同时与别墅建筑相结合的园林建设也进入高潮，人们对植物的态度也由实用转向园艺观赏。

17世纪后半叶，路易十四在巴黎市内建造了旺多姆广场和胜利广场，对着卢佛尔宫建立了一个大而深远的中轴线，后来成为巴黎城市的中枢主轴，两侧都是茂密的树林，后于18世纪中叶和下半叶完成了巴黎最为壮观的林荫道——香榭丽舍大道建设，凡尔赛宫也是这一时期建造起来的著名宫苑，凡尔赛宫将其外围的大林园包括在内，占地面积达到6000多公顷。宫苑轴线强烈，构图对称规整，苑内各园周围不设围墙，使园内绿化与田野连于一片，更加突出了宫苑宏大的气势。这种简洁豪放的风格也成为世界园林发展史上的独特流派。

（2）近现代时期。

西方国家城市绿地的发展主要是伴随着资本主义经济高速发展而开始的。在19世纪下半叶，工业革命使新型的工业城市迅速成长起来。与此同时，西欧的城市面貌、市政设施、生态环境等都带有工业时代的特点，彰显着全新的时代特征与崭新的生活形态。然而，由于人们过分追求物质利益，工业生产导致了一系列的环境问题，得到了政府和资本家的重视，城市公园运动就在这时应运而生。

英国是城市绿地发展较早的国家，1833—1843年，英国议会就通过了多项法案，准许动用部分税收进行下水道、环境卫生和城市绿地等基础设施建设。1838年开放的摄政公园就是在这种背景下建设的，公园设计体现了英国公园的固有风格，配置了大面积水面、林荫道、开阔草地，并且在公园周围建造了住宅区，尽量做到从整栋建筑物均可以看到公园。摄政公园的建设还考虑了周边和伦敦市区环境的改造，将公园与居住区联合开发在提高环境质量与居住品质的同时，还能够取得经济效益。这为英国城市公园的规划与建设带来了新的视点，并且对其他国家产生了影响，掀起了新一轮建造城市公园广场的热潮。

19世纪，英国的城市公园是城市化与工业化浪潮的必然结果。新型公园的出现与传统的园林有很大不同，主要表现在：城市公园的开发主体不再单单是皇室和贵族，大部分是由各个自治体自主开发；城市公园不再是供少数人享用的园地，而是面向社会全体大众开放，具有公共性质；城市公园的功能发生了变化，主要是为了改善城市卫生环境而建造的，具有生态、休闲娱乐、创造良好居住与工作环境的功能，这在一定程度上也有助于缓和城市矛盾。

这一时期，美国的城市公园建设也在积极开展。19世纪40年代的纽约，城市化进程加快，导致一些城市问题暴露出来，其中就包括由于环境问题造成的传染病流行等。1844年，一些知识分子团体在纽约论坛上陆续发表文章，宣扬公园对改善城市环境的积极意义，还指出纽约应该建成像伦敦、巴黎一样美丽的公园城市。从1851年起，纽约州通过考察论证，决定兴建纽约中央公园。该公园于1873年建成，占地面积340 hm²，园内拥有大面积的草地，树木郁郁的小森林、庭院、滑冰场、露天剧场、小动物园、网球场、运动场等基础设施，为市民提供了丰富的休闲活动场所；纽约中央公园的兴建也再一次证明，公园与城市同步发展才能促进城市面貌的改观。

20世纪初新技术的问世，使人们对城市的规划与建设有了新的认识，其中交通工具的进步所产生的影响是十分巨大的。同时，由于城市人口大量涌入，在有限的城市占地内，住房短缺又成了一大难题，这导致一些理论家开始探讨城市规划与改造的新方向。

1898年，英国人霍华德出版了《明天：一条引向真正改革的和平道路》，1902年又以《明日的田园城市》为名再版该书，引起欧美各国的普遍注意，影响极为广泛。他在书中提出了"田园城市"的概念，对后来的城市规划产生了很大的影响。霍华德在书中形象地用"三磁铁"来比喻三种生活方式：城市生活、乡村生活、城市乡村生活，指出"可以把一切最生动活泼的城市生活的优点和美丽、愉快的乡村环境和谐地组合在一起"，他主张建设一种兼有城市和乡村优点的理想城市，即"田园城市"来解决城市问题。

霍华德的"田园城市"理论具体内容为：在一座城市当中，人口约为32万人，占地面积约400 hm²，城市外围有约2000 hm²的农业用地。城市由一系列同心圆组成，6条林荫大道从中心通向四周，最中心是一个占地2.2 hm²的花园，四周环绕着各种大型公共建筑，包括市音乐厅、剧院、图书馆、展览馆、画廊和医院等，它们的外面作为商店和冬季花园，面积约为58.7 hm²，再外一围为住宅，再外面为宽128m，长48km的带形绿地，即大林荫道，绿带内有学校和各种派别的教堂，学校内设有游戏场和花园，绿带外围又是一圈住宅。在城市的外环，靠近围绕城市的环形铁路布置有工厂、仓库、市场等。

霍华德的"田园城市理论"得到了广泛关注，并且被应用到实践当中：1902年在伦敦东北部建立的莱奇沃思是世界上第一座田园城市，1920年又在伦敦北部的韦林建立了第二座田园城市。虽然在建设中不能达到理论设计的标准，但这种比较完整的城市规划的确能解决许多城市问题，并且该理论还对现代城市规划思想具有启蒙作用，对后来卫星城理论的出现颇有影响，可以说，"城市田园"理论是现代城市规划理论学科的里程碑。

在这一时期，还出现了许多其他的城市规划理论，如带状城市理论、"有机疏散"理论、光明城理论等，其中的一些规划思想被广泛运用于城市建设的实践当中。

在经历了第一次世界大战以后，欧洲各国战后的恢复进行得十分迅速。在战后城市在重建的过程中，更多地融入了新的规划思想，其中英国伦敦的环状绿带建设最具有代表性。

英国的环状绿带规划思想其实是根据霍华德的"田园城市"理论发展而来，学者恩温总结出的"卫星城"理论，逐渐被人们所认可。1924年，在阿姆斯特丹召开的周际城市会议指出，建设卫星城和以绿带环绕已有建成区是防止大城市规模过大和不断蔓延的一个有效方法。在1927年，恩温又提出用一圈绿带将城市围住，防止其向外扩展，若城市中人口过多，可以将多余人口疏散到卫星城当中，并且卫星城与"母城"之间要用农田和绿带隔离，这样就能实现城市空间结构的合理化。后来他又提出"环城绿带"的思想，1944年由艾伯克隆比在伦敦主持实施，伦敦从内到外依次规划为内城环、近郊环、绿带环和农业环，这种规划为日后其他地区的绿带规划提供了根本依据，同时也对世界各地的城市建设产生了深远的影响。

（3）国外对城市绿地的反思。

第二次世界大战以后，百废待兴，人类经济和社会规模进入了快速膨胀期。战后的很长一段时间，世界局势比较稳定，这为经济腾飞提供了有利条件。与此同时，人们也逐渐反思工业革命给现代社会造成的严重恶果，所以，在这一时期的城市建设中，主导思想更加侧重生态规划。

这一时期的生态规划范式已经不再仅仅局限于城市公园和绿化带，人们希望对城市进行更深层次的剖析，从根本上解决社会的环境问题。相应地就出现了生态网络、环境廊道、城市森林等各种生态规划模式，在现代城市当中对环境改善和生态保护发挥着极其重要的作用。这些模式不再单纯追求物质利益，而是要求物质与精神并重，同时随着新时期科学技术的不断发展，在城市园林绿地设计领域又注入了许多新的元素。

四、城市生态与绿地系统的功能作用

（一）生态保护功能

工业的发展与人口的集中使城市环境污染日益严重，这无疑会对人们的生活和生产造成巨大的危害。要想改善和保护城市环境，除了从源头上杜绝污染，还要进行有效的防治，而园林绿化就是一项改善环境，防治污染最为有效的途径。

1.改善城市小气候

由于工业聚集、人口众多等因素，城市中的气候与城市周围郊区以及乡村的气候差别十分明显。具体表现一般为：城市气温比郊区高，云雾和降雨比郊区多，城市上空的悬浮尘埃比郊区多，空气污染情况比较严重。除城市与郊区、与乡村会形成鲜明对比之外，在城市内部由于建筑物、人口、工业区的聚集程度不同，也会形成"局部小气候"，不仅危害人类健康，还影响城市的形象。近几年来，中国许多城市中还出现了十分严重的雾霾现象，实际上这就是城市小气候直接造成的。除了一些人为因素，之所以城市小气候比较严重，还与城市绿地面积少、绿化面积不足有很大关系。人们在科学实践的过程中逐渐认识到，城市地区及周围大面积进行绿化种植，利用树木花草叶面的蒸腾作用能够有效降低气温，调节湿度，吸收太阳辐射的热量，从而对城市整体以及局部地区的温度、湿度、通风都产生良好的调节效果。城市绿地对于小气候的调节作用主要表现在以下三个方面。

（1）调节气温。

绿地调节气温的功能对人体的影响是最直接、最主要的，根据科学研究，一般人体感觉最为舒适的温度是18~24℃，相对湿度在30%~60%之间为宜，如果低于或高于这个温度的气候，会使人感到不适。随着城市的向外发展，城市人口大量增加，同时加上工业生产以及硬化路面等原因，城市中的碳排放量直线上升，形成了城市中许多气流交换较少和辐射热相对封闭的生存空间，这就是所谓的城市"热岛效应"。究其原因，主要有三个方面：城市中建筑材料的热容量比较大，反照率小；城市中建筑物过于集中，通风不良；为了满足人类生活生产的需要导致燃料消耗大，二氧化碳排放量急剧增加。例如，在中国的长江三角洲地区，有上海、南京、苏州、杭州等一大批经济繁荣、人口众多的城市，每到夏季该地区的气温能达到35~40℃，并且有很高的空气湿度，生活在这些地区的人们可以说是酷暑难耐。在城市郊区一般有大面积的森林和宽阔的林带，还有其他各种城市绿地，这对城市温度有良好的调节效果。当在炎热的夏天步入森林当中，就能明显感受到一丝凉意。对于整个城市而言，增加绿色植物的覆盖面积能够改善下垫面的气流状况，这是改善城市热环境的重要途径。

在炎热的夏季，绿色植物一般从两个方面改善城市的"热岛效应"，即蒸腾作用和吸收热辐射。根据科学研究，太阳辐射的60%~80%能够被成荫的树木和地面的植物吸收掉，同时空气中有90%的热能会被植物的蒸腾作用消耗掉，这样，太阳辐射到达地球的热源被绿色植物吸收掉了大部分，对温度调节的效果是十分明显的。夏季时，人站在树荫下和站在阳光直射下的感觉差别一定很大。然而，绿色植物对气温的调节并不仅仅表现在吸收热量上。到了冬季，绿地对环境温度的调节结果与夏季正相反，即在冬季绿地的温度要比没有绿化地面高出1℃左右，这一现象在足球场上最为明显，经测量，铺有草坪的足球场会比不带草坪的场地高出4℃左右。这是由于绿色植物能够反射地面辐射，从而减少绿地内部热量的散失，绿地又有降低风速的作用，进一步减少热量散失。另外，冬季树干和树叶吸收的太阳热量能够缓慢地散发出来，从而使温度升高。因此，城市绿地对于城市来说，是名副其实的冬暖夏凉的"天然温度调节器"。

（2）调节湿度。

生活中最舒适的空气湿度为30%~60%，如果空气湿度过高，容易使人厌倦疲乏，过低的话又会感到干燥。由于城市大部分面积被建筑和道路所覆盖，空气的湿度会比郊区和农村低。虽然降雨能够缓解空气的干燥程度，但作用并不明显。因为在城市中有比较完备的排水系统，雨水降落到地面以后会迅速经过排水系统排出，真正蒸发到空气中的比例非常少，而农村地区的降雨基本上都蓄于土地和植物中，通过地面蒸发和植物的蒸腾作用回到大气中，所以空气的湿度会明显高于城市。

城市绿地对空气湿度的调节作用也是十分明显的，由于绿化植物叶片蒸发表面积大，所以能大量蒸发水分，一般占从根部吸收水分的99.8%。根据北京园林局测算，一公顷的阔叶林，在一个夏季能蒸腾2500t水，比同等面积的裸露土地蒸发量高20倍，相当于同等面积的水库蒸发量。在现代城市生活当中，人们除了受"热岛效应"的困扰之外，还受"干岛效应"的影响，充分发挥绿地对空气的调节功能是一种科学的解决途径。

（3）调节气流运动。

绿地调节气流的最显著作用就是能够减低风速，并且风速越大这种作用就越明显。当气流穿过绿地时，树木的阻截、摩擦和过滤等作用将气流分成许多小涡流，经过这一过程，气流的能量就大大消耗了。当强风来临时，绿地中的树木能将其变为中等风速，而中等风速又能减弱为微风。另外，绿化地带减低风速的作用，还表现在它所作用的范围十分宽广，一般可以为其高度的10～20倍，而在背风面作用更明显，可以影响到其树高的25～30倍的范围，因而中国在许多地区都种植了"防风林"。

另外，城市绿地还可以形成城市通风道，这主要表现在夏季。在炎热的夏季，与城市主导风向一致，沿道路、河流等布置的带状绿地，还有由郊外插入市内的楔形绿地，是城市的"绿色通风渠道"，也被称为"引风林"，也就是通过绿地的作用可以使空气的流速加快，将城市郊区的空气引入市中心，为城市创造良好的通风条件。这是一种空气的物理流动，而城市绿地就是促使空气流动的最好载体。

2.降低城市噪声

在现代生活中，由于汽车、火车、飞机以及工厂及各类工程建设的存在，导致城市居民经常受到各种噪声的袭击和干扰，使他们的身心健康受到严重损害，轻则使人疲劳、降低工作效率，重则会引起心血管或中枢神经系统方面的疾病，有人将噪声称为"致人死亡的慢性毒药"，可见其危害之大。尤其是一些家住交通要道附近或者距离商业区较近的居民，更是饱受城市噪声的折磨。声音的大小常用"分贝"来计量，一般来说，噪声级别在30~40分贝是比较安静的正常环境，超过50分贝就会影响到睡眠和休息，如果长期生活在超过90分贝的环境当中，则会严重影响听力并导致其他疾病的产生。

在治理城市噪声的过程中，除了从源头上治理，还要采取具体措施减轻噪声的影响。在城市发展的过程中，合理规划城市的布局十分重要，同时还要大力发展城市绿化。我们发现，绿色植物和树木对防治噪声有十分明显的作用，如果种植成片的树木形成林带，就能达到最佳的效果。树木降低噪声的原理，是因为声音投射到树叶上会被反射到各个方向，造成树叶微振而使声能消耗并使其减弱，所以绿色植物是一种十分完美的"消音器"。

噪声的减弱与林带的宽度、高度、位置、配置方式以及树木种类等有密切的关系。研究表明，声音经过30m宽的林带可以降低6~8分贝，经过40 m宽的林带则可以降低10~15分贝，如果在公路的两旁搭配15 m宽的林带，噪声基本上可以降低一半。

3.净化环境

（1）增加氧气含量。

利用绿色植物增加氧气含量的目的是维持碳氧含量的平衡，正常状态下的空气含量构成为氮气78%，氧气21%，二氧化碳0.033%. 此外还有惰性气体和部分水蒸气。其中二氧化碳含量过高会对人的呼吸造成极大影响，一般空气中二氧化碳含量为0.05%时，人的呼吸就感到不适了，如果达到很高的含量人们会呼吸困难，甚至死亡。在现代化的城市生活当中，由于人口、工业、建筑等原因，空气中的二氧化碳含量已超过自然界大气中的正常含量指标，这对城市空气质量是极为不利的。

据统计，每公顷阔叶林在生长季节每天可以吸收1000 kg二氧化碳并释放出750kg氧气；而每公顷绿地每天能吸收900kg二氧化碳，产生600kg氧气；每公顷生长良好的草坪每小时可吸收二氧化碳15kg。由此可见，城市的绿地面积若达到了相应的指标，就能自动调节空气中的二氧化碳与氧气的比例平衡，使空气保持新鲜。

（2）吸收有害气体。

污染空气的有害气体有很多种，其中最主要的有二氧化硫、氯气、氟化氢等。有许多种类的植物对它们具有吸收能力，从而起到净化空气的作用。

在所有的有害气体中，二氧化硫的含量最多、分布较广、危害也较大。二氧化硫主要是工业和生活当中燃烧煤和石油时产生的，所以在工业城市的上空，二氧化硫的含量通常都比较高。各种植物吸收二氧化硫的能力不同。

4.净化水体

城市水体污染有多种类型，如工业废水、生活污水、地表径流等，其中工业废水和生活污水一般都有专门的治理，能够通过管道排出后集中处理和净化。但大气降水形成地表径流，往往能冲刷和带走大量地表污物，流入城市河道或水体，这是不容易控制的，有一部分还会渗入地下，进一步污染水源。

城市中的绿地可以滞留大量有害重金属物质，植物的根系也能吸收地表污物和水中溶解质以及减少水中细菌的含量，能够有效净化水体。许多水生植物和沼生植物对净化城市污水也有十分明显的作用，但各种植物的净化能力是有差异的。

除了水生植物，大部分树木的根系也可以吸收水中的溶解质，减少水中细菌含量。我们用一组数据进行比较：从空旷的山坡上流下的水中，污染物的含量为每立方米169克；而从林中流下来的水中，其污染物的含量只有每立方米64克。由此可见，树种对水中的有害物质具有很强的吸收作用，如柳树对水中的镉具有很强的吸收作用，对水溶液中的氰化物去除率可高达94%~97.8%。可以说，利用植物的自净能力净化水质是大自然赋予人类的一项重要的绿色技术。

5.保护生物多样性

大自然的各种生物都是人类的宝贵财富，同时也是我们赖以生存的物质基础。在农业领域，各种生物几乎都是人类生产经营的对象，同时也为工业的发展提供了可能性，这种不可替代的作用与人类的生存发展密切相关。

然而，由于人类无节制地对自然资源进行开发利用，使得许多生物种类濒临灭绝，其中既包括一些数量稀少的动物，还包括许多珍稀的植物种类。近年来，人们也逐渐意识到，这种不和谐的发展模式是不符合自然规律的，因而许多国家都高度重视对于生物多样性的保护。除了颁布各种保护生物多样性的国际公约，还有一些具体的保护措施，其中大力发展绿地建设就是被世界各国所公认的有效措施之一。

在城市绿地系统中，各种风景区和自然保护区以及人工创造的城市绿地都可以为植物、动物和微生物提供合适的栖息地，是各种生物生存的载体。经过人为的规划设置，能够利用诸如道路、河流等带状绿地形成绿色"廊道"，从而减少城市生物生存、迁移和分布的阻力面，使城市绿地系统成为开放系统，就像一个系统的网络一样，给生物提供更多的栖息地和更大的生存空间，这样能更适合生物自身的生态习性和遗传繁衍。

（二）景观及使用功能

1.景观功能

（1）衬托建筑。

在整个城市系统当中，建筑物作为主体部分未免有些单调，绿色植物则可以起到一种装饰、衬托建筑的作用，尤其在一些园林景观当中，这种效果表现得就更为明显。

园林植物本身具有独特的姿态、色彩和风韵，不同的园林植物形态各异，变化万千，通过艺术性的配置，以对植、列植、丛植、群植等方式表现植物的群体美，从而营造出乔、灌、草结合的群落景观。在中国古典园林中就有竹径通幽、梅影疏斜等方式表现园林清雅隽永的特点。园林植物随着季节的变化又会有不同的特征，春季繁花似锦，夏季绿树成荫，秋季硕果累累，冬季枝干遒劲。这种草木枯荣，盛衰往复的规律更是让城市中建筑的景观发生着丰富的变化。

城市中大量的硬质楼房形成了轮廓挺直的建筑群体，而绿色植物的添加则是柔和色彩的体现，将这两者融合在一起才能达到刚柔相济、和谐统一的美感。绿色植物既可以用于基础栽植、墙角种植、墙壁绿化，也可作为雕塑、喷泉、建筑小品的装饰，通过色彩对比和空间的围合营造烘托的效果。

（2）营造整体风貌。

城市绿地通过良好的空间布局可以改善城市环境，形成典型的景观特色。世界上许多著名的城市，都是通过具有特色的城市构造而闻名于世的。例如，杭州就是以西湖风景园林著称，巴黎是由于塞纳河横贯其中，沿河绿地丰富了城市风貌而知名，澳大利亚的堪培拉，整个城市都处于绿树花草之中，被称为美丽的

"花园城市"。

一个城市的整体风貌想要具有自己的特色，在构建的过程中就要考虑多方面的因素。道路是人们进入城市后的主要印象，要具有连续性和方向性，利用不同种类的绿色植物装饰道路可以获得一种自然野趣的效果，使道路更具魅力。城市的边界和外围景观效果，通过水体、森林、空旷地等形成的城郊绿地，是十分理想的自然边界。城市的整体又可以分为多个功能分区，不同区域的景观效果应保持特色，运用绿地就可以明显区分各个区域之间的界线。此外，城市中还应具有相应的标志物，标志物最好在城市中心较高的地区，如拉萨的布达拉宫、北京北海的白塔等，都成了一个城市的名片。在标志物周围用绿地进行装饰美化，更能体现其历史文化价值。总之，城市整体风貌的营造需要充分利用各种自然特征，并与城市绿地系统紧密结合进行布局，这样才能体现出城市的独特魅力。

2.使用功能

（1）提供游憩娱乐场地。

现代生活的节奏较快，人们工作显得紧张而繁忙，所以利用假期进行放松休憩是必不可少的生理需求。例如，安静休息，文化娱乐，体育锻炼、郊野度假等都是较为适合的形式，可以消除疲劳，恢复体力，调剂生活，振奋精神，提高工作效率。游憩这种个人的需要逐渐发展成社会的需要，也越来越受到人们和社会的重视，因此，游憩空间的组织就成为现代城市规划不可缺少的组成部分。

休闲娱乐已经成为城市绿地的主要功能之一。园林绿地为人们提供游戏游憩活动的场所，这些场所主要包括：城市中的公园、街头小游园、林荫道、广场、居住区的公园、小区公园等园林绿地，根据不同人群的喜好，人们日常的游憩活动可分为动、静两类，一般青少年喜欢动的游乐，中老年人多喜欢静的游憩活动。城市居民可以在园林绿地当中选择自己喜欢的休闲内容：文娱活动可选择下棋、唱歌、舞蹈、绘画、摄影等；体育活动可选择田径、游泳、球类、武术等；少年儿童可以选择滑梯、秋千等适合孩子心理的游戏，但要注意安全；安静一些的休息方式可以选择散步、垂钓、品茶、赏景，等等。

城市绿地拥有良好的环境，多种多样的类型，为人们提供了绿色、丰富、便利的户外活动场所，促进了人与人之间、人与自然之间的交流，显著改善了城市居民的生活质量。

（2）提供度假疗养场地。

根据医学和心理学的研究发现，植物对人类有着一定的心理功能，尤其是绿色植物能够让人产生一种自然的亲近感。绿色使人感到舒适，能调节人的神经系统，在一些国家，公园绿地甚至被称为"绿色医生"。一般来讲，绿色和蓝色容易使人镇静，红色和黄色能够使人兴奋和活跃，而在现代生活中，使人镇静的色彩越来越少，使人兴奋的色彩越来越多，其实这是不利于人的身心健康的。身处绿地当中，可以激发人们的生理活力，使人们在心理上感觉平静，植物的青、绿色又能吸收强光中对眼睛有害的紫外线，对人的神经系统、大脑皮层和眼睛的视网膜都有保护作用。在一些自然风景区，气候宜人，景色优美，绿色植被较多，是人们度假和疗养的最佳选择。

（三）避灾与救灾功能

在地震、火灾等严重的自然灾害和其他突发事故、事件发生时，城市绿地可以用作避难疏散场所和救援重建的据点。

1.避灾功能

灾害发生后，城市绿地可以为避难人员提供避难生活空间，并确保避难人员的基本生活条件。

1923年日本发生关东大地震，在城市公园避难的人数占当时东京市避难总人数的40%以上，城市绿地的避灾功能被公众和城市规划人员认识并开始进行深入的探讨。1986年，日本提出把城市公园绿地建成具有避难功能的场所，在城市绿地系统建设中有意识地加强了防灾避灾绿地的建设，并形成了较为完备的防灾避灾绿地体系。1995年，当阪神大地震来临时，有约31万人被分散在1100多个避难场所中，其中神户的27个公园都成了居民的紧急避难所和灾后暂住场所。

1976年7月，唐山地震波及北京、天津一带，北京15处公园绿地总面积逾400hm²，疏散居民20多万，绿地提供了避灾的临时生活环境。2008年5月12日的汶川地震，全国很多地方有强烈震感。在上海延中绿地、陆家嘴绿地等大型城市绿地中，站满了从周围办公建筑中疏散下来的人员，在重庆不少地区，很多市民产生恐慌心理，陆续进入城市绿地中避震，仅花卉园深夜高峰期就达到5万人。事实证明，在历次的地震灾害中，城市绿地都发挥了重要的避难疏散作用。

随着对应急避难体系研究的深入，中国也越来越重视城市绿地所发挥的作用。2002年颁布的《北京市公园条例》第二条规定，"公园具备改善生态环境、美化城市、游览观赏、休憩娱乐和防灾避险等功能"；第四十九条规定，"对发生地震等重大灾害需要进入公园避灾避险的，公园管理机构应当及时开放已经划定的避难场所"。

2.救灾功能

城市绿地在灾后救援与重建中同样发挥着重要作用。

物资、食物、饮用水的分发等救援活动，可以将城市绿地作为据点来进行。

严重的灾害过后，都会有不同程度的人员伤亡。1976年唐山大地震震亡24万余人，重伤16万余人。灾害发生后，及时抢救伤员特别是危重伤员是一项十分紧迫的工作。在城市绿地中设立医疗服务点，可以让救援人员及时开展医疗救护，对伤员进行救治。

灾害发生后，灾区内外的运输任务极为繁忙。以唐山大地震为例，震后几天之内，10万名解放军指战员、2万多名医务人员和大量工程技术人员进入灾区，逾70万吨支援灾区的物资运抵唐山。城市绿地中大型的停车场和停机坪、大面积的空地，可以成为救援物资的集散地，为运输车辆和相关人员提供服务，建立救护指挥部，进行道路抢修、倒塌建筑的应急处理、防火、防范巡逻等有组织的复旧活动。

第六章 公共环境、室内环境 的设计与生态化分析

第一节 公共环境设计与生态化分析

公共环境设计是指在开放性的公共空间中进行的艺术创造，这里对于公共环境设计与生态化的研究，从公共艺术空间的外部环境、公共环境装饰艺术理解以及生态视角下的公公共环境设施设计三个方面入手。

一、公共艺术空间的外部环境

公共艺术空间的外部环境是指公共艺术创作与实施的客观外部环境，即地域自然环境与地域社会环境。公共艺术应当反映作品所在地的地域自然环境与社会环境特征，其创作实施必然受作品所在地的自然环境与社会环境的影响，并由此而综合形成公共艺术的地域个性。

（一）公共空间的地域自然环境

地域自然环境包括地理区位与地理环境，是公共艺术外部因素中的基础因素，是公共艺术产生和发展的自然基础。地域自然环境是在很长实践内逐渐形成的相对稳定的因素，长远并间接地作用于地域社会环境的形成过程中。公共艺术创作的内容应反映地域自然风貌，创作所选材料，所用形式，运输、安装、维修方法等均要考虑地域气候与地域产材。城市是一个人造的自然环境，属于大自然的一部分，无法脱离整体生态系统而独立存在。因此，在城市中进行公共艺术创作与实施，应按照自然美的规律再造自然，倘若背弃自然的原则，就会破坏自然环境的原生形态，必将遭到自然的惩罚。

1.公共空间的地理区位

地理区位是公共艺术空间环境因素中一个不可变的因素，但在不同的时代，其作用会发生变化。地理区位是同地理位置有联系又有区别的概念。区位一词除解释为空间内的位置以外，还有布置和为特定目的而联系的地区两种意义。所以，区位的概念与区域是密切相关的，并含有被设计的内涵。区位中的点、线、面要素，具有地理坐标上的确定位置，如河川汇流点和居民点，海岸线和交通线，流域和城市吸引范围等。一个区域，是由点、线、面等区位要素结合而成的地理实体的组合。

2.公共空间的地理环境

地理环境是社会历史存在与发展的决定性因素之一，也是公共艺术产生与发展的必要条件，任何公共艺术都在一定的地理环境中存在并受其制约与影响。作为具有创造性思维的人，不可避免地会受到所在国家、社会、民族的地理环境的影响。

实际上，纯粹抽象的城市公共空间并不存在，每一个城市公共空间最终都要与不同的社会活动结合，产生不同的场所，即公共场所。每一个场所又形成了不同的场所精神。场所大致有五种：政治性场所，文化公共场所，商业公共场所，一般性公共场所和娱乐休闲性公共场所，这些场所的性质和职能决定了公共空间的性质和职能，也决定了场所精神。

（二）公共空间的地域社会环境

1.经济规律

公共艺术属于物质社会的一部分，如果没有经济的投入，公共艺术的创作与实施不可能进行。经济繁荣、社会进步是公共艺术发生的物质基础。现代公共艺术活动是社会活动的一部分，担负着具体的社会实用功能。

2.科学技术

社会物质文化的产生、形成与发展，每一步都离不开物质技术手段在生产、生活中的应用。人类开发利用自然资源的技术水平与观念是地域自然环境变迁的主要原因之一，由此引起地域社会环境其他因素如政治、经济等的变动，对文化艺术意识及状态产生影响。而公共艺术从设计到实施必须考虑工程技术的实施可行性，公共艺术制作、运输、安装、维修等具体实施的每个环节，必定与其相关的技术发生关系。中国当代最具代表性的四座公共性建筑——鸟巢、水立方、国家大剧院、央视新大楼的诞生，无不与现代高科技息息相关。

3.政治制度

经济繁荣与民主政治是公共艺术的两大外部因素，地域政权形式、职能行使方式及其他地域相互的作用，直接影响地域文化艺术状态的形成。政府文化投入政策的制定、政府文化意识趋向等对公共艺术的立项与定位有着重要作用，有时甚至是决定性的。

4.民族宗教

历史上，民族的迁移、民族的往来往往带来宗教的传播与文化艺术的交流，形成地域文化艺术新形态，宗教建筑则因氛围营造的功能需要成为实用艺术的载体。而公共艺术作品在表现地域文化个性时，地域民族宗教特色及其渊源是其中重要的表现内容。

5.民俗传统

每个地区都有自己传承下来的民俗传统。民俗传统是经历长期的历史演变而成，综合地体现了地域大众的发展状况。作为一种以大众性为其显著特征的实用艺术，地域公共艺术应反映地域民俗传统，使其更具地域特色，更易被地域民众广为理解与接受。

二、公共环境装饰艺术理解

（一）公共雕塑

城市雕塑是雕塑艺术的延伸，也称为"景观雕塑""环境雕塑"。无论是纪念碑雕塑或建筑群的雕塑，还是广场、公园、小区绿地以及街道间、建筑物前的城市雕塑，都已成为现代城市人文景观的重要组成部分。城市雕塑设计，是城市环境意识的强化设计，雕塑家的工作不只局限于某一雕塑本身，而是从塑造雕塑到塑造空间，创造一个有意义的场所、一个优美的城市环境。

作为公共艺术作品，雕塑在设计的过程中，必须考虑与周围环境是否和谐，必须考虑雕塑放置的场地周围相应的景观、建筑、历史文化风俗等因素，人群交流因素以及无形的声、光、温度等因素，这一切都构成了环境因素，即社会环境与自然环境。因此，在决定雕塑的场地、位置、尺度、色彩、形态、质感时，常要从整体出发，研究各方面的背景关系，通过均衡、统一、变化、韵律等手段寻求恰当的答案，表达特定的空间气氛和意境，形成鲜明的第一印象。人行走在这一环境空间中，才会对城市雕塑作品产生亲切感。

1.公共雕塑的设计原则

（1）接近真人尺度。

由于现代城市生活节奏快，高层建筑林立，人们被分隔、独立，造成了人文负面影响。因而在城市规划中，设立观赏区、休闲区、步行街、绿地等公共空间，并在其间设计雕塑，以创造人与环境的亲近感。在设计环境雕塑时，雕塑的尺寸大都采用接近真人的尺度，使观众的可参与性加强，从而满足了不同层次人们在城市公共环境中的舒适感。

（2）关注现代人的审美与时尚。

城市环境的现代性，促使公共艺术作品不能满足于以往的传统模式，而更应丰富艺术作品的表现手法、材料技法，更加关注当代城市人的审美情趣、审美心理与习惯、流行时尚，只有这样，现代城市雕塑才能和谐地矗立在城市的公共空间中。

2.公共雕塑的一般放置地点

城市雕塑选址的着眼点当然首先是精神功能，同时还要兼顾环境空间的物质因素，以构成特定的思想情感氛围和城市景观的观赏条件。城雕一般放置的地点有以下几个地方。

（1）城市的火车站、码头、机场、公路出口。这是能给城市初访者留下第一印象的场所。

（2）城市中的旅游景点、名胜、公园、休憩地。这些地方是最容易聚集大批观众，而且最适合停下来仔细欣赏城市雕塑的场地。

（3）城市中的居住小区、街道、绿地。这些地方的环境和谐、气氛温馨，是最容易让雕塑与人亲近的地方。

（二）城市壁画

壁画设计制作的全过程是根据业主的意图，利用一定的材料及其相应的操作工艺，按照艺术的构想与表现手法来完成这个工程项目。

1.选题与构思

选题是从业主（委托人）和使用者的命题范围来着手的。功能性强的壁画，有的业主是直接出题，在构思完成后，利用艺术家的表达方式表现出来。而构思一般分为两个方面，一方面是以理性思维为基础，对建筑载体的内涵进行直接阐述与强调，重视场所精神的事件性和情节性，带有纪念和引导意义；另一方面是非理性的表现，这类壁画大多从宣泄设计者的情感出发，想象表现一种理想和意识，强调装饰效果是一种带有唯美色彩与抒情性的设计，注重视觉效果对建筑物外部环境的形、质、色等视觉因素的补充和调整。

在壁画的选题构思中，设计师还得不断从古今中外的文化财富中汲取营养，研究壁画与建筑墙体形态的变化关系，并与当地文化特征和现实背景相适应，或者依据特定场所功能而展开构思。

2.色彩与处理分析

现代壁画设计中，色彩处理直接关系到壁画的装饰性效果。在普通的绘画中较多地表现出个人风格，允许采用个性化、个人偏爱的色彩，而在壁画设计中，色彩要更多地体现环境因素、功能因素和公众的审美要求。

（1）需要特别重视色彩对人的物理的、生理的和心理的作用，也要注重色彩引起的人的联想和情感反应。例如，在纪念堂、博物馆、陈列厅等场所的壁画往往以低明度、高纯度的色调为主，可获得庄严、肃穆、稳定和神秘的气氛；而在公共娱乐场所、休闲场所、影院、公园、运动场、候车室中则多以热烈、轻快、明亮的色调为主，并适当使用高明度、高纯度色调，从而营造出欢快、愉悦、活泼的气氛。

（2）不能只满足于现实生活中过于自然化的色彩倾向，而且还要思考如何来表现比现实生活更丰富、更理想的色彩，从而实现它的装饰性功能。

（3）还可以通过色彩设计来调节环境，恰当地运用不同的色彩，借助其本身的特性，对单调乏味的硬质建筑体进行调节性处理，使环境产生人性味。

（4）壁画的色彩设计要从整体出发审视周围环境，强调结构方式，把它们各部分及其变化与壁画完整地联系起来，使气氛自然和谐。

三、生态视角下的公共环境设施设计

（一）公共环境空间与人的关系

1.人对空间的感知

空间和人之间的关系，犹如水和鱼之间的关系，只有有了空间的参照，才能凸显出人的存在。人可以对空间进行能动的改造，而空间也是事物得以存在的有机载体。对于一个能够容纳人的空间来说，它需要变得十分有序，在空间中，人和空间中所存在的公共设施构成了主从关系。现代社会中的人们通过建造居住、活动以及旅游的空间，追求自己内心丰富的愉悦感。

人在环境空间的活动过程中，可以通过不同的体验来获得多个方面的感知，这其中也包括人对空间的感知：

（1）生理体验。

锻炼身体、呼吸新鲜的空气。

（2）心理体验。

追求宁静、赏心悦目的快感，缓解工作压力。

（3）社交体验。

发展友谊、自我表现等。

（4）知识体验。

学习文化、认识自然。

（5）自我实现的体验。

发现自我价值，产生成就感。

（6）其他。

不愉快体验或消极体验等。

人的不同层次的体验，正是现代人品格的追求，也是现代人的特点的充分体现。在公共设施的设计中要能够充分满足他们各种体验的需求，才会实现空间的效益化，这是对当前环境进行优化的先决条件。

2.人在空间中的行为

地域不同，其地形地貌与风土人情之间也会有不同，其中也有着一定的联系，如辽阔的草原给生活在其中的牧民一种豪爽气概、江南水乡的人们具有一种精明能干的特质等，由此可以看出，环境对人的性格塑造起着重要的作用。空间环境会对人的行为、性格以及心理产生一定程度的影响，同时人的行为反过来也会对环境空间起到一定的作用，这些影响突出体现在城市的居住区、城市广场、街道、商业中心等人工景观的设计与使用方面。

生活空间和人的日常行为之间的关系可以分成下列三个方面：

（1）通勤活动的行为空间。

这一空间主要是指人们在上学、上班的过程中途经的路线与地点，同时也包括外地的游览观光者所经的路线和地点。景观公共设施设计应把握局部设计和整体之间的融合。

（2）购物活动的行为空间。

由于消费者的特征不同，商业环境、居住地以及商业中心距离也会对行为空间产生一定程度的影响，人们不光要有愉悦的购物行为，还有休闲、游玩等多种其他的行为。因此，城市形象的主要展示途径之一也需要一个良好的景观公共设施设计。

（3）交际与闲暇活动行为空间。

这个空间包括了朋友、邻里以及亲属间的交际活动，而且，这一类的行为多发生在宅前宅后、广场、公园及家中等场所。所以，出现这些行为的场所设计依然为景观公共设施设计一部分。

（二）公共设施的颜色与材料

公共设施不单单是一种造型与功能相结合的设计形式，它还是一种依托于材质表现出来的设计艺术，材料支撑了公共设施的骨架，而且会通过特定的加工工艺程序表现出来，由此可知，公共设施的材质和工艺会对其美观造成直接的影响；而在设计的过程中，还要重点考虑各材料所具备的特性，如可塑性、工艺性等，利用材料的材质不同来表现设计主题的差异。材料不同，设施自身具备的特点和美学特征就会相应地不同，其美学特征主要体现在材料的结构美、物理美、色彩美。由此可知，运用材料时要尽可能地挖掘材料自身所具备的个体属性以及结构性能，充分地体现出物体美。同时还应该重点关照材质表面肌理，这是因为，如果表面的工艺不一样，其材料的肌理也会相应地不同，从而对人的视觉作用也就不同。

除了上述原因之外，材料的工艺精细程度不同，给人的感受也会不同，工艺越精细，给人的感觉也就越逼真、醒目，反之，如果工艺相对简单、粗糙的质地就会给人一种十分大气的感觉。由此可知，工艺不同给人带来的视觉感受也会不同，工艺美也会有所不同。

（三）公共交通空间的环境设施

1.自行车停放位置设计

中国有"自行车王国"的称号，由此可见自行车在中国的使用数量之多、人数之庞大，它已经成为我国最为普遍的交通工具之一，自行车在空间中的停放是我们有效解决环境景观整体效果的重要因素。在不少公共环境空间的周围或道路边，设计者们都会额外地设置一些固定的自行车停放点，一般多是遮棚的构造，也有很多采取的是一种相对简易的露天停放架或停放器设计。

自行车的存放设施不但要考虑到它的功能，还要体现出一定的效益，最大限度地考虑一定面积内的停放利比率，自行车在存放时可用单侧式、双侧式、放射式、悬吊式与立挂式等多种方式。其中，以悬吊式与立挂式最为节省占地面积，但缺点是存取十分不便；而放射式则具有比较整齐、美观的摆放效果。

自行车的停放场车棚内还要有照明、指示标志等辅助性基础设施。对于停放自行车的地面来讲，最好是选择受热不易产生变形的路面，如混凝土、天然石材等。在对车棚做雨水排放设计时，不仅要考虑地面，同时还要兼顾顶棚，可以在地面上铺置一些碎石块来防止棚顶的雨水对地面的冲刷，也可以设置一些排水槽等。

2.公交站亭的设计

公交站亭的主要功能是能够让乘客在等车时享受便利、舒适的环境，保证人们的安全与便利，由此可知，公交站亭在设计时需要具备防晒、防雨雪、防风等多种功能，材料上也要考虑到它们处于户外这一因素。一般公交站亭的使用材料多采用不锈钢、铝材、玻璃等易清洁的材料，在造型方面多保持开放的空间构成。实际上，在满足公交车站的空间条件、空间尺度的情况下，还可以设置公交车亭、站台、站牌、遮棚、照明、垃圾箱、座椅等辅助性设施。城市中的公交站亭的一般长度多在1.5~2倍的标准车长，宽度也要大于1.2 m。

（1）公交站亭的类型。

公交站亭的类型较多，其主要的有顶棚式、半封闭式、开放式。

①顶棚式。

只有顶棚与支撑设置，顶棚下是一个通透的开放空间，便于乘客随时查看来往的车辆，也可以单独地设置一个标志牌等。没有围合的公交站亭模型就是这样的一种顶棚式公交站亭。

②半封闭式。

这种展厅的设计主要是面向前面的道路与公交车驶来方向不设阻隔，一般都是在背墙上应用顶棚，亭子的四个空间上最少要有一个面不设隔挡。地面和顶棚是必需的，而立面却可以自由地拆卸，且是相互独立的。

③开放式。

开放式设计是在顶棚式的基础上进行的一种大胆创新，把顶棚去掉的一种公交站亭。这种站亭实际上只是保留了地面，其他的面设计成开放空间。这种站亭设计通常要有相对合适的气候环境。

（2）设计原则。

①易于识别。

易识别就是在设计公交站亭时要能够充分考虑到它所具有的良好识别性，使人可以在较远的地方就能认出或从周围的景观中识别出，具有很好的对比性。

②可以提升周边的景观环境。

公交车站亭的自身具有一定的体量感，所以会对周围的环境产生影响，因此，在对公交站亭设计时要考虑到它与周围景观的协调性，要么做到良好的统一，要么形成良好的对比，以此来提升景观的形象。

③空间、功能的划分要明确。

公交车站亭设计需要十分注意空间的划分，尤其是对人流中动静空间的划分，同时，还应该注意公交亭的功能划分，包括对座椅、垃圾箱、导示牌的设计和关系的处理。

④具有地域性特色。

公交站亭设计不仅要具备相对齐备的功能，还要和当地的景观相协调，能体现出一个城市所具备的独特的地域文化。

综上所述，只有遵循上述中的原则，才会使公交站亭的设计更为人文化、更具协调性。

（四）公共空间的服务设施

1.公共娱乐设施

公共娱乐设施主要是提供给儿童或成年人共同使用的娱乐与游戏的设施，这种设施可以满足广大群众的游玩、休闲需求，能够锻炼人的智力与体能，丰富广大群众的生活内容。这类设施一般多放置于公园、游乐场等环境中。

公共娱乐设施有两种类型：观览设施和娱乐设施。观览设施主要为游客观光提供便利，是辅助性质的娱乐设施，如缆车、单轨道车等；娱乐设施主要是为游客提供的娱乐性器械，如回转游乐设施等。在这里，我们主要讲述的是小型娱乐设施，如在公园中，可以依据游客的心理与生理特点，对设施的造型、尺度、色彩等综合设计。

公共娱乐设施的发展演变主要体现在儿童游戏设施上，这些设施将娱乐与场所环境相结合，如科技馆、生物馆、植物园等。把开发智力、开阔眼界相结合，充分体现出娱乐设施的综合功能以及处于特定环境条件下的意义。

儿童类型的娱乐设施在娱乐设施的种类上所占比重较大，主要是沙坑、滑梯、秋千、跷跷板等多种组合型器材，这类公共设施顾及儿童戏的年龄、季节、时间性等，也可根据需要因地制宜进行创作。在材料的选用上，要尽量采用玻璃钢、PVC、充气橡胶等，以免人体在活动过程中发生碰伤。

2.售货亭

售货亭的最大功能是满足人们便利的购物需求，这种设施遍布在广场旁、旅游场所等公共空间，随着社会化发展，商业经济的不断增长以及人们日常生活的需求，这种服务亭设施也趋于完善。

首先，将它视作城市环境里的点，对于它的位置、体量的确定应该按照其使用目的、场景环境要求以及消费者群体的特征进行综合性的考虑。通常情况下，售货亭的体量都比较小，造型十分灵巧，特征也相对明确，分布较为普遍。

售货亭通常可分为固定式与流动式两种类型。

（1）固定式的售货亭。

多和小型的建筑特征、形式、大小比较类似，而且体量不大、分布十分广泛，便于识别。

（2）流动式售货亭。

多为小型货车，其优点是机动性较好，如手推车、摩托车或拖斗车等。外观的色彩十分鲜艳、造型也十分别致，展示销售商品服务的类型。自动售货也是一种公共售货服务设施，其特点是外形十分小巧、机动灵活、销售比较便利，使城市中公共场所的销售设施进一步发展与完善，满足了行人比较简单的需要。现在比较常见的投币式自动售货机主要销售香烟、饮料、冰淇淋、常见药品等，大多是箱状外形配备了照明装置。

3.公共垃圾箱

如今，现代城市生活节奏日益加快，人们的生活频率与高效率的办事方式对公共设施提出了更高的要求，基于此，人们对公共卫生设施的设计内容也变得更加具体、更加多样化，这些都很大程度上反映了现代城市生活环境卫生的提高，设施的广泛使用也促使城市卫生环境质量大幅度提升。现在城市公共卫生设施包括垃圾箱、公共卫生间、垃圾中转站等。这些设施的设计原则主要是强调生态平衡与环保意识，同时还要突出"以人为本"的设计理念，全面展示公共卫生设施在改善人们生活质量方面发挥的作用。

公共垃圾箱主要设置于休息区、候车亭、旅游区等公共场所，可以单独存在实现功能，也可以和其他公共设施一道构成合理的设施结构。

（1）普通型。

普通型垃圾箱也叫"一般垃圾箱"。日常生活中所见最多的垃圾箱结构形式为固定式、活动式以及依托式；其造型的方式主要有箱式、桶式、斗式、罐式等多种，垃圾箱的制作材料、造型色彩等也是需要考虑的因素，要做到和环境配搭，给人们一种卫生洁净的感觉。垃圾箱安装方式也很多，其中比较常见的有以下几种：

①固定式。

垃圾箱与烟灰缸的主体设计大多使用不锈钢材质，削弱了箱体的体量，和环境融为一体。

②活动式。

活动意思是可移动，维护和更换比较方便，多用于人流与空间变化较大的场所。

③依托式。

这种箱体设计的体量通常比较轻巧，多依附于墙面、柱子或其他设施的界面，通常用于人流量比较大、空间又十分狭窄的场所。

对于这类垃圾箱的设计也有一定的要求。

①设计的造型要便于垃圾投放。

主要强调实用性价值，投放口也要与实际相结合，尤其是在人流量比较大的活动场所，人们匆忙穿梭，经常会有将垃圾"抛"进垃圾箱的愿望。

②垃圾箱的造型要便于垃圾的清理。

垃圾清理的方式多种多样，通常使用的方式为可抽拉式。垃圾箱体有时还有密封性，主要是考虑其内部通风性与排水性。

③要注意箱体的防雨防晒。

这种方式一方面可采用造型特征加以解决，另一方面可通过使用的材质去实现。材料包括铁皮、硬制塑料、玻璃钢、釉陶、水泥等。

④要根据场所来配置垃圾箱的数量与种类。

如人流大的地区要多摆放些，这是因为这一地区的大量垃圾是纸袋，数量大，清理频繁。

⑤要和环境做到协调统一。

垃圾箱所具有的形态、色彩、材质等特征，应和周围的环境特征保持协调一致。

（2）分类型。

垃圾箱的分类与回收再利用是现代文明发展的充分体现在现代社会，人们对不同类型的垃圾有了越来越多的新认识。对垃圾分类应该变成现代人的一种生活习惯，这些年，国外一些比较发达的国家推行垃圾分类的情况较好；而在那些中等或不发达的国家里，这种意识的存在程度还较低，对垃圾进行分类是现代人改善生活环境与发展生态经济的重要方法之一。

城市的垃圾分类主要有下列几种。

可回收垃圾：如废纸、塑料、金属等。

不可回收垃圾：如果皮、剩饭菜等。

有害垃圾：如废电池、油漆、水银温度计、化妆品等。

分类垃圾箱的设计方法有多种。

①采用色彩的效果加以分类。

如绿色代表可回收垃圾；黄色代表不可回收垃圾；红色代表有害垃圾。实际上，当今世界范围内并没有严格的垃圾分类的统一色彩要求，只是各地的人们按照地方用色习惯来进行的设计。

②采用应用标志。

这也是垃圾分类的一个重要的方式。我们知道，单纯地采用文字来区分是有限的，所以加上色彩和图形的表示作用就能有效地将垃圾进行分类了。

4.公共卫生间

公共卫生间的设置充分体现现代城市的文明发展程度，充分突出以人为本的理念。通常情况下，公共卫生间的设置多在广场、街道、车站、公园等地，在一些人口比较密集以及人流量较大的地区要依据实际情况来设定卫生间数量。它的造型设计、内部设备结构处理和管理质量，标志着一个城市的文明程度和经济水平。

公共卫生间的设计要遵循卫生、方便、经济、实用的原则，它是一种和人体有紧密接触的使用设施，因此它所具备的内部空间尺度也要符合人体工程学原理。

公共卫生间有固定式和临时式两种类型。固定式通常和小型的建筑形式相同；临时式则要按照实际需要加以设置，可以随时进行简易的拆除、移动。对于公共卫生间的设计有如下要求。

（1）与环境相协调。

公共卫生间的设计要最大限度地和周围的环境协调统一，同时还要做到容易被人识别出来，但是也要避免太过突出。为了便于人们识别利用，可以结合标志或地面的铺装处理方式来加以引导。

（2）设置表现方式。

①为确保和环境相协调，在城市的主要广场、干道、休闲区域、商业街区等场所，常常采用和建筑物结合、地下或半地下的方式来设置。

②在公园、游览区、普通街道等场所，公共卫生间的设计往往会采用半地下、道路尽头或角落、侧面半遮挡、正面无遮挡的方式进行设置。

③场所中临时需要的活动式卫生间。

（3）安全配套设施。

①活动范围内的安全考虑。

主要有无障碍设计要求（如扶手位置、残疾人专用厕位等）、地面的防滑、避免尖锐的转角等。

②防范犯罪活动。

厕所内的照明设施要加强、内部空间结构布置要简洁等。

③配套设施设计。

卫生间内的配套设施要确保齐全与耐用，通常要设置一些手纸盒、烟灰缸、垃圾桶、洗手盆、烘干机等，以满足使用者的需求。

5.路盖设施。

现代城市在持续发展，利用地下空间成为城市摆脱上空布满电线、管道等杂乱局面的有效方法。因此，对地下管道进行必要的路面盖具设计，对形成城市美好形象等方面起到特别重要的作用。

（1）普通道路盖具。

普通道路盖具的形状多是圆形、方形或格栅形，是水、电、煤气等管道检修口的面盖，使用的材料多是铸铁，但是现在的盖具设计也会和环境场景相结合，并配上合适的纹样图案让地面更具美感。

（2）树篦。

保护树木根部的树篦也是盖具的形式，树篦的功能是确保地面平整，减少水土流失，保护树木的根部。树篦的大小需要按照树木的高度、胸径、根系进行决定，在造型方面需要兼顾功能与美观两大方面，具有良好的渗水功能，同时还便于拆装。树篦通常使用石板、铁板等比较坚实的材料制作，色彩与造型也要和环境保持协调。

（五）公共空间的信息设施

1.标志导向

标示性导向设施是公共设施中的一种，它运用相对合理的技术和创作手法，通过对实用性与效力性的研究，创造出一个能够满足人们行为与心理需求的视觉识别系统。

随着当今社会经济的快速发展，人们对安全意识尤为关注，在这种背景下，以引导人们安全出行为目的的标示性设施也逐步得到规范，其中最直接、最充分的公共信息设施是道路交通标志，它有很强的导向作用。另外，现代高速公路的标志导向系统也呈现出立体化、网络化的特征。这些基础设施能够传达出准确可靠的信息，确保城市环境更加安全，已经得到大众的广泛认可。

交通标志有很多种，其中最主要的包括警告标志、禁令标志、指示标志等，可以通过不同的图形与颜色的搭配加以区分。

（1）地标设计。

地标是一个城市中比较突出的建筑物，在空间中起着制高点的作用，是人们识别城市环境的重要标志。城市地标物，最突出的就是塔。塔的类型有很多，其中比较传统的有寺塔、钟楼等，现在的有电视塔。随着现代建筑技术水平的提高，塔的高度和规模也在持续提升，功能应用也变得更加多样。它涉及广播、广告、计时、通信等众多的作用，成为城市象征的标志。此外，城市中的地表还有一些低的、具有浓厚历史韵味的建筑，如拱门、雕塑、树本等，也可以作为地标物。

（2）导示牌设计。

导示牌在设计上追求造型简洁、易读、易记、易识别。导示牌的功能不同、位置不同，则导示设计的形态尺度也会相应地不一样。导示系统能够在城市交通标志中最直接地体现出其重要性，能够让外来人迅速地找到准确的目标位置，以此解决交通问题。

2.公共钟表

城市环境中，计时钟（塔）是传达信息的重要公共设施。这种设施可以表达出城市所具备的文化以及效率，通常是在城市的街道、公园、广场、车站等场所中进行布置。计时钟（塔）表示时间的方法有机械类、电子类、仿古类等。

设计计时钟（塔）时有下列需要注意的事项：

（1）在位置上，计时钟的尺度有十分合适的高度与位置关系，造型在空间领域方面也要十分醒目。

（2）要和周围的环境有较好的互动关系，反映出这座城市的地域性，同时还要和整体环境相协调一致。

（3）计时钟的支撑结构与造型都要求十分完善，同时还要考虑到它的美观性。

（4）对计时钟要做好充足的防水性设计，要确保钟表足够牢固，同时还应该方便维护等。

计时钟（塔）很容易成为环境里的焦点，所以要在功能上和其他环境设施相结合。

（1）和雕塑、花坛、喷泉等结合，在时钟发挥计时功能的同时还体现出它的美感。

（2）要采用多种多样的艺术手法设计，同时还要和现代的新型材质结合，塑造出具有现代气息的计时设备。

（3）最好是体现传统文化与现代文化的结合，赋予其更多的文化内涵。

3.广告与看板

（1）广告。

在现代化城市中，广告是商品经济得以发展的必然结果，特别是在现代知识时代，商品、品牌的大力宣传、大众消费的普及以及销售的自助化发展，都在一定程度上促使广告得以快速的发展。

广告的发展要利用多种传播渠道，如电视、互联网、报刊、广播、灯光广告等，从城市的环境设计和景观的参与中来看，庞大的广告数量以及飞快的传递形式都对人民群众以及社会的变化产生了巨大的影响。在现代城市的公共环境中，室外广告是广告的主要表现形式，主要可分为表现内容与设置场所两大类。只从表现内容来看的话，室外广告可分下列内容：

①指示诱导广告。

其主要形式有招牌、幌子等，内容为介绍经营性的广告，如产品介绍、展示橱窗等其他的广告形式，其中，宣传广告橱窗主要有壁面广告、悬挂广告、立地广告等。

②散置广告。

主要形式包括广告塔、广告亭。

③风动广告。

主要包括旗帜广告、气球广告、垂幔广告等。

④交通广告。

主要包括车载流动广告、人身携带广告等。

在对广告设计时，要注意其设计要点：广告牌的尺度、取向、面幅、构造的方式等，要和它所依附的建筑物进行良好的关系处理，同时还要充分考虑到主体建筑的性质与建筑的特点，使之互相映衬，形成良好的配合。

在进行广告牌设置的时候还要注意不同时间的效果，如白天的印象与夜晚的照明效果，单体和群体的景观效应等。最后需要注意的是，在设置广告牌的时候一定要符合道路与环境的规划以及相关的法律法规，还要考虑到广告牌的朝向、风雨、安全等多方面的因素。

（2）看板。

所谓看板，就是指人们通过版面阅读，获得各种信息的有效途径。这也是信息传播的一种有效设施，在城市环境中这种设施多放置在路口、街道、广场、小区等公共的场所，提供给人们各种新闻与社会信息。

①根据看板的面幅与长度，可以把看板分为牌、板、栏、廊四类。

其中最小的叫牌，通常边长要小于0.6 m，边长为1 m或超过1 m的版面也常称为板；较长的为栏，最长的则为廊。

②看板设计和广告、标志有直接的关联，但是也有一定的特殊性。

设计看板时，首先要明确看板将要设置的地点，其中主要是以街头、桥头、广场的出入口最佳，不但要方便人们发现与观看，而且也没必要让它在环境中过于醒目。

③看板所用的材料、色彩等。

要考虑和周围的场所与环境的一致性，同时还应该考虑更换内容、灯光照明、设施维护、防水处理等方面的问题。看板在具有传递信息的同时，还扮演着装饰、导向和划分空间的角色，由此可知，看板的造型需要具有一定的审美功能。

第二节　室内环境设计与生态化分析

在倡导生态和谐社会的今天，人们对于自己赖以生存的室内环境提出更多节能和改善居住环境的绿色要求和理念。要想使人类生活、居住的室内环境体现出空间环境、生态环境、文化环境、景观环境、社交环境、健身环境等多重环境的整合效应，使人居环境品质更加舒适、优美、洁净，就必须抓住生态化的设计要素，并有效运用各种设计要素。

生态化室内设计是一种整体设计模式，综合考虑环境保护与经济、社会的可持续发展。它以生态伦理观为基本价值观，以可持续发展理论为基础理论。它的目标是创造人与自然和谐共生的室内环境。中国传统文化中蕴含了丰富的生态思想，如儒家、道家和佛教的文化都把仁爱万物、尊重自然和遵循自然规律作为基本理念。中国传统民居也体现出朴素的生态化设计思想，如北方的四合院、江南的窄天井等，各地的居民根据当地的地理、气候特点，以不同的方式创造了舒适而符合生态理念的栖居环境。世界各地的自然、经济、气候条件各不相同，生态化室内设计所依托的基础也不相同。现代生态化室内设计增加了对新技术、新材料的运用，使生态化室内设计表现出新的特点。

一、室内环境与室内设计

（一）基本概念

1.室内环境

室内环境是一个四维时空概念，它是围绕建筑物内部空间而进行的环境艺术设计，从属于环境艺术设计范畴。室内设计是一门综合性学科，它所涉及的范围非常广泛，包括声学、力学、光学、美学、哲学、心理学和色彩学等知识。

2.室内设计

室内设计所创造的空间环境既能满足相应的功能要求，同时也反映了历史文脉、建筑风格、环境气氛等精神因素。现代室内设计是综合的室内环境设计，它包括视觉环境和工程技术方面的问题，也包括声、光、热等物理环境及氛围、意境等心理环境和文化内涵等内容。室内设计是为了满足人们生活、工作的物质要求和精神要求所进行的理想的内部环境设计，是空间环境设计系统中与人的关系最为直接、最为密切和最为重要的方面。

（二）室内设计的特点

1."以人为本"宗旨

室内设计是根据空间使用性质和所处的环境，运用物质技术手段，创造出功能合理、舒适美观、符合人的生理和心理要求的理想场所的空间设计，旨在使人们在生活、居住、工作的室内环境空间中得到心理、视觉上的和谐与满足。为了满足人们在室内的身心健康和综合处理人与环境、人际交往等关系的需求，设计师在进行室内设计之前就必须对人的生理、心理等有一个科学的、充分的了解，以创造一个满足人们多元化物质和精神需求的舒适美观的室内环境。

2.结合了工程技术与艺术

室内设计是一门技术与艺术相结合的科学，因而工程技术和艺术创造在室内设计中都应该被强调。在科技不断发展的今天，人们的审美观念随着价值观的转变也有了极大的改变。这带动了室内设计材料的更新以及设计灵感的涌现。只有将物质技术手段的设计素材和艺术手法的设计灵感结合起来，才能创造出富有表现力和感染力的室内空间环境。

3.具有可持续发展性

生态意识是当前非常强劲的一股设计思潮，从本质上讲，它也是一种方法论，反映出人与包括人、物和社会在内的大环境的态度，着眼于人与自然的生态平衡关系，强调人与自然的协调发展。室内环境设计的生态意识，要点就在于人生存于室内的可持续发展。生态意识贯穿于室内设计的整个过程，所以要求室内设计的所有程序，需要在设计定位、材料计划、施工组织等各方面都应该以生态、可持续发展为前提。

（三）室内环境的构成

室内设计是一门专业涵盖面很广，综合性很强的学科。现代室内环境设计是一项综合性的系统工程。室内设计与室内装饰不是同一含义，室内设计是个大概念，是时间艺术和空间艺术两者综合的时空艺术整体形式，而室内装饰只是其中的一个方面，仅指对空间围护而进行装点修饰。因此，从构成内容上说，室内设计应包括以下四大方面。

1.室内空间设计

室内空间设计，就是运用空间限定的各种手法进行空间形态的塑造，是对墙、顶和地六面体或多面体空间形式进行合理分割。室内空间设计是对建筑的内部空间进行处理，目的是按照实际功能的要求，进一步调整空间的尺度和比例关系。

2.室内装修设计

室内装修设计是指对建筑物空间围合实体的界面进行修饰、处理，按空间处理要求，采用不同的装饰材料，按照设计意图对各个空间界面构件进行处理。室内装修设计采用各类物质材料、技术手段和美学原理，既能提高建筑的使用功能，又能营造建筑的艺术效果。

室内装修设计的内容主要包括以下方面。

（1）天棚装修。

又称"顶棚"或"天花"的装修设计，起一定的装饰、光线反射作用，具有保湿、隔热、隔音的效果，比如家居展示大厅中顶棚的立体化装修设计，既有装饰效果又有物理功能。

（2）隔断装修。

是垂直分隔室内空间的非承重构件装置，一般采用轻质材料，如胶合板、金属皮、磨砂玻璃、钙塑板、石膏板、本料和金属构件等制作。

（3）地面装修。

常用水泥砂浆抹面，用水磨石、地砖、石料、塑料、木地板等对地面基层进行的饰面处理。另外，门窗、梁柱等也在装修设计范畴内。

3.室内物理环境设计

室内物理环境设计，包括对室内的总体感受、上下水、采暖、通风、温湿调节等系统方面的处理和设计，也属室内装修设计的设备设施范围。随着科技的不断发展及对生活环境质量要求的不断提高，室内物理环境设计已成为现代室内设计中极为重要的环节。

4.室内装饰、陈设设计

室内装饰、陈设设计，主要是针对室内的功能要求、艺术风格的定位，是对建筑物内部各表面造型、色彩、用料的设计和加工，包括对室内家具、照明灯具、装饰织物、陈设艺术品、门窗及绿化盆景的设计配置。室内物品陈设属于装饰范围，包括艺术品（如壁画、壁挂、雕塑和装饰工艺品陈列等）、灯具、绿化等方面。

（四）室内环境的设计原则

室内外环境设计是建筑设计的深化，是绿色建筑设计中的重要组成部分。绿色建筑的核心理念是"以人为本"，是人们对于绿色建筑的本质追求。在室内外环境设计中，我们必须一切围绕着人们更高的需求来进行设计，这就包括物质需求和精神需求。

1.合理性

（1）空间的合理布局。

合理组织、布局室内空间，以最大限度地满足通风和自然采光等要求，从而创造出适合人居住的物理环境，对于室内环境设计至关重要。设计师在对室内环境进行设计的时候，应尽量避免仅针对表面装饰形式、色彩和材料的效果作推敲，还应该对室内自然生态设计的力度进行提升。室内环境也应该有动静、干湿之分，设计师应对这种区分加以强调，以减少空间之间的相互干扰，从而加大空间布局的实用性。在设计室内环境时，可以选用植物来代替家具划分空间，这样不仅可以减少家具造成的生硬和呆板，增加室内的生命力，还可以净化空气、令人赏心悦目。这就要求设计师在设计室内时，需要考虑到室内功能、形式和技术的总体协调性，以进行全面合理的布局。

（2）控制建筑材料。

用传统的建筑材料建造建筑，不仅会耗费大量自然资源，还会导致许多环境问题的产生。随着人们环保意识的提高，人们对建筑材料增加了降低自然资源消耗和打造健康舒适的空间两个考虑。

（3）控制有害物质。

随着现代生活节奏的加快和环境质量的降低，长期在室内生活和工作的人身体健康受到很大威胁。因而，减少有害物质在建筑中的使用，对于提高人们的生活质量和健康指数有着十分重大的意义。

室内环境质量受到多方面的影响和污染，其污染物质的种类大致可以分为包括噪声、光辐射、电磁辐射、放射性污染等在内的物理性污染，包括建筑装饰装修材料及家具制品中释放甲醛、苯、氡、氨等危害气体的化学性污染，包括来自地毯、毛毯、木制品及结构主体等中的螨虫、白蚁、细菌等在内的生物性污染这三大污染类型。绿色建筑在设计中对污染源要进行控制，尽量使用国家认证的环保型材料，提倡合理使用自然通风，并设置污染监测系统。在确保建筑物室内空气质量达到人体所需健康标准的同时，节省更多的能源。此外，还可以采用室内污染监控系统对室内空气质量进行监测，监测设备可采用室内空气检测仪。

现在所说的"绿色环保材料"，是指以环境和保护环境为核心概念而设计生产的无毒、无害、无污染的材料。这些材料不仅无毒气散发、无刺激性、无放射性，而且还是二氧化碳含量低的材料。由于传统的室内更新出来的材料自然降解和转换的能力非常低，材料不可再生和再利用，因而需要加大绿色环保型室内装修材料的清洁生产力度和产品生态化。在科技不断发展的当下，这是所有室内装修材料乃至建筑材料的发展方向，也是室内设计的重要内容。

（4）隔音设计。

噪声的危害是多方面的，如可引起耳部不适、降低工作效率、损害心血管、引起神经系统紊乱，严重的甚至影响听力和视力等，必须引起足够的重视。随着现代城市的不断发展，城市建筑物越来越密集，噪声源越来越多，人们对于高强度轻质材料更加偏爱。这就需要人们对建筑室内隔声的问题多加予以考虑。对建筑物进行有效的隔声防护措施，除了要考虑建筑物内人们活动所引起的声音干扰外，还要考虑建筑物外交通运输、工商业活动等噪声传入所造成的干扰。建筑隔声设计的内容主要包括选定合适隔声量、采取合理的布局、采用隔声结构和材料、采取有效的隔振措施。

（5）采光照明设计。

室内照明是室内设计的重要组成部分之一，在设计之初就应该加以考虑。室内设计中的光可以形成空间、改变空间或破坏空间，它直接影响到人对物体大小、形状、质地和色彩的感知。室内采光主要有自然光源和人工光源两种。然而天然采光的变化性因素比较多，其不稳定性导致其达不到室内照明的均匀度。要想改善室内光照的均匀性和稳定性，就需要在引进自然光线的同时，在建筑的高窗位置采取反光板、折光棱镜玻璃等措施进行弥补。

2.健康性与舒适性

真正的绿色建筑不仅应亲近、关爱与呵护人与建筑物所处的自然生态环境，追求自然、建筑和人三者之间和谐统一，还要能够提供舒适而又安全的室内环境。

（1）利用大环境资源。

在进行绿色建筑的规划设计时，要合理利用大环境资源和充分节约能源。真正的绿色建筑要实现资源的循环，要改变单向灭失性的资源利用方式，尽量加以回收利用；要实现资源的优化合理配置，应该依靠梯度消费，减少空置资源，抑制过度消费，做到物显所值、物尽其用。对于绿色建筑的规划设计，主要从全面系统地进行绿色建筑的规划设计、创新利用能源、尽可能维持建筑原有场地地形地貌以免破坏生态环境景观、选择安全的建设地点这四个方面进行重点考虑。

（2）完善的生活配套设施体系。

当今时代，绿色住宅建筑生态环境的问题已得到高度重视，人们更加渴望回归自然，使人与自然能够和谐相处，生态文化型住宅正是在满足人们物质生活的基础上，更加关注人们的精神需要和生活方便，要求住宅具有完善的生活配套设施体系，因此，着眼于环境，追求生存空间的生态和文化环境的第五代住宅便应运而生。

（3）多样化和适应性强的建筑功能。

所谓建筑功能，是指建筑在物质方面和精神方面的具体使用要求，也是人们设计和建造建筑所要达到的目的。不同的功能要求产生了不同的建筑类型，如工厂为了生产，住宅为了居住、生活和休息，学校为了学习，影剧院为了文化娱乐，商店为了商品交易，等等。随着社会的不断发展和物质文化生活水平的提高，建筑功能将日益复杂化、多样化和具有适应性。

绿色建筑功能的多样化和适应性主要表现在要求住宅的功能分区要合理，住宅小区的规划设计要科学等方面。

3.安全性

绿色建筑的安全性是指建筑工程建成后在使用过程中保证结构安全、保证人身和环境免受危害的程度；绿色建筑的可靠性是指建筑工程在规定的时间内和条件下完成规定功能的能力。适用、耐久、安全、可靠是人们设计和选择适用建筑的重要参考元素。因而，安全性和可靠性是绿色建筑工程最基本的特征，其实质是以人为本，对人的安全和健康负责。

（1）选址。

洪灾、泥石流等自然灾害不仅对建筑物的毁坏十分巨大，对人们的生命财产安全的威胁也不容小觑。此外，有毒气体和电磁波对于人体的不良影响也应该引起重视。为此，建筑在选址的过程中必须首先考虑到现状基地上的情况，最好仔细查看历史上相当长一段时间的情况，有无地质灾害的发生；其次经过实勘测地质条件，准确评价适合的建筑高度。总而言之，绿色建筑选址必须符合国家相关的安全规定。

（2）建筑。

一般来说，建筑结构必须能够承受在正常施工和使用时可能出现的各种作用，且在偶发事件中，仍能保持必需的整体稳定性。建筑结构直接影响建筑物的安全，结构不安全会导致墙体开裂、构件破坏、建筑物倾斜等，严重时甚至发生倒塌事故。因此，在进行建筑工程设计时，应注意采用以下确保建筑安全的设计措施。除了应保证人员和建筑结构的安全以及结构功能的正常运行，还应保证建筑结构有修复的可能，即绿色建筑应遵守"强度""功能"和"可修复"三条原则。

4.耐久性

在其结构的设计的使用年限内仍能保持正常设计、正常施工、正常使用和正常维护，以及结构的安全性、适用性和耐久性，是人们对于现代绿色建筑设计所提出的要求。

耐久适用性是对绿色建筑工程最基本的要求之一。耐久性是材料抵抗自身和自然环境双重因素长期破坏作用的能力，绿色建筑工程的耐久性是指在正常运行维护和不需要进行大修的条件下，绿色建筑物的使用寿命满足一定的设计使用年限要求，并且不发生严重的风化、老化、衰减、失真、腐蚀和锈蚀等。适用性是指结构在正常使用条件下能满足预定使用功能要求的能力；绿色建筑工程的适用性是指在正常运行维护和不需要进行大修的条件下，绿色建筑物的功能和工作性能满足建造时的设计年限的使用要求等。

而绿色建筑的耐久性和适用性则对其提出诸如建筑材料应可循环使用、充分利用尚可使用的旧建筑等多方面的要求。

5.绿色环保性

绿色建筑的基本特征之一是节能环保，这个节能环保的概念是包括用地、用能、用水、用材等节约多方面在内的多方位、全过程的概念。

用地方面，要加强对城市建设项目用地的科学管理，在项目的前期工作中采取各种有效措施对城市建设用地进行合理控制；在节能方面，一方面要节约，如提高供暖系统的效率和减少建筑本身所散失的能源，另一方面要开发利用新的能源；节水方面，要开源节流，对城市排水系统进行合理的规划和设计，采用相应的工程措施，对雨水等水资源进行收集和再利用。

清洁能源不仅可以满足能源使用的可持续性，又不会对环境产生危害。到目前为止，太阳能是运用最为广泛的清洁能源，阳光温室技术的前景也十分广泛。由于太阳能是一种清洁的可再生能源，因而，开发利用室内太阳能资源具有十分重要的意义。室内太阳能可用于太阳灶、太阳能热水器等，不仅不会危害到室内环境，还可以为室内增加洁净而舒适的环境气氛，从而间接地实现节能和营造室内环境两者之间的良性互动关系。

在节约能源方面，室内设计可以尽量采用自然光来照明，以减少电能消耗。同时，还可以采用诱导式构造技术以解决室内自然通风问题，从而更新室内空气。

绿色文明包括绿色生产、生活、工作和消费方式，绿色建筑文明则倡导保护生态环境和利用绿色能源。其中，绿色能源不仅包括太阳能、风能、水能、生物能等可再生能源，也包括秸秆、垃圾可以变废为宝的新型能源。

（五）室内设计的发展

一般认为，室内设计作为一门专业性较强的发展迅速的新生边缘学科，是在20世纪六七十年代以后在世界范围内真正确立的，但室内设计的历史却可以追溯到人类文明史的早期。

公元前4000年定居在两河下游的苏美尔人，在神堂内开创性地用圆锥形陶钉镶嵌在墙壁和柱面上，陶钉分红、白、黑三色，排成编织纹，既保护了泥墙，又是雅致的装饰。到公元前3000年后，人们开始用沥青保护墙面并在其上粘贴各色石片和贝壳作为装饰。

公元前3000多年前的古埃及人在宅邸中的抹灰墙上绘制彩色竖直的条纹，在地上铺草编织物，并配备各类家具和生活用品。到新王国时期（公元前1582—前332年），已经知道利用空间序列形成所需要的特殊室内气氛，并且雕刻与绘画艺术也发展到前所未有的高度，用来烘托营造室内气氛。如卡纳克的阿蒙神庙，在一条纵轴线上以高大的塔门、围柱式庭院、柱厅、祭殿以及一连串密室，组成一个连续而与外界隔绝的封闭性空间，柱厅图中密布着许多高大而粗壮的柱子，柱子直径大于柱间净空，造成空间纵深复杂、无穷无尽的感觉，柱上是彩色的比真人大几倍的人像雕刻，其气势压人，使人顿生敬畏，从而达到宗教所需要的威慑感图。这时期的住宅室内则在坯墙上抹一层胶泥砂浆，再涂抹层石膏，然后满植物和忆禽的壁幽，天花、地面、柱梁也都有各种各样华丽异常的装饰图案。

古希腊以精美的形式和比例营造出神圣、崇高、典雅的空间氛围，发展了建筑及室内设计的理性和数学原则。古罗马吸收古希腊的艺术成就，在公共建筑室内设计方面有了新的发展，如公共浴场的室内空间流转贯通、复合多变，室内装饰富丽华美，墙面贴各种颜色的大理石板，地面铺色彩艳丽的马赛克，沿墙和壁皂电用装饰性的柱子，柱头上陈列精美的雕像。古希腊和古罗马的室内设计艺术对后世欧洲、美洲影响深远。

19世纪中叶以后，工业革命蓬勃发展，新材料、新技术、新设备被应用到建筑上，欧洲开始探求新建筑的运动，引发室内设计领域的变革，室内设计不再以界面的装饰为重点，开始注重塑造空间。20世纪初，一批现代主义设计师进行了现代设计理论探索与实践，形成了建筑室内设计的新特点，即重视功能、强调功能与形式的统一、崇尚简洁、废弃农面外加的装饰、讲求社会效益、提高经济性。20世纪40—70年代，现代建筑思想得到了全面普及和发展，许多室外的景观被借鉴到室内，出现了室内街道、广场等，建筑室内外的分界逐渐模糊。

20世纪六七十年代以来，西方发达国家的环境问题日益严重，促使人们开始思索环境保护问题。建筑业所耗费的资源和能源占人类从自然获取资源和能源的一半以上，与建筑有关的污染占总污染的30%多，建筑业产生的垃圾占人类活动产生垃圾的40%，因此建筑业的环保节能对于整个自然环境有着举足轻重的作用，于是关于生态建筑设计的探索研究应运而生，而室内空间是建筑的有机组成部分，没有生态化的室内就不可能有真正意义上的生态建筑，因此室内设计也必须开始进行生态化研究。

从室内设计发展历程看，原始农耕时代的建筑受当时条件的限制，其使用功能简单，建造规模、建造技术、建造材料等都处于自然原始状态，室内空间的设计只限于对墙、地面等界面的保护与装饰美化，室内环境与自然环境之间非常融会贯通，处于原始的绿色生态室内状态。进入工业时代，建筑的功能有了更多要求因而变得复杂，钢筋混凝土结构和玻璃等材料的发明使追求更大、更灵活的室内空间得以实现，建筑体量和规模空前扩大，尤其在20世纪后，科学技术有了突破性发展，建造技术更高，建造材料更广泛，能够满足建筑的更多功能要求、更大规模要求，以及更豪华、更舒适的室内空间要求。这时代的室内设计开始从单纯的界面装饰走向空间设计，依靠技术进步创造全新的室内环境。科技的进步使人工通风、采暖采光变为可能，于是居住建筑和公共建筑开始与自然隔绝，大量使用人工照明、人工通风，一度使人们享受到现代物质文明的舒适，然而这种不顾及自然环境，与自然隔绝的室内环境很快就显现出其负面影响，温室气体的大量排放造成温室效应，使气候异常、灾害性天气频繁发生，氟利昂大量排放使地球大气层的臭氧层出现空洞，严重危及地球上各种生物的生存安全。这种设计模式造成自然资源被无节制消耗，又加深了资源危机的程度。工业革命以来地球自然环境发生的巨大变化使人类认识到，地球只有一个，人与自然是共生的，保护环境就是保护人类自己，只有走可持续发展之路，人类社会才可以持续发展。建筑设计活动是人类最重要的也是对环境有直接影响的活动，建筑室内空间的绿色生态化是人类可持续发展的重要体现，因此在设计建筑及室内空间环境时，首先要把环境作为首要考虑因素，遵循可持续的生态设计原则，生态设计是21世纪室内设计发展的必由之路。

二、生态视角下的室内细节设计

（一）顶棚、墙面与地面

1.顶棚生态化设计

（1）顶棚装修。

顶棚在人的上方，它对空间的影响较为显著，一般材料选用石膏板、金属板、铝塑板等，在设计时应考虑到顶棚上的通风、电路、灯具、空调、烟感、喷淋等设施，还应根据空间或设施的构造需要，在层次上作错落有致的变化，以丰富空间、协调室内空间环境气氛。

①纸面石膏板吊顶。

纸面石膏板吊顶是由纸面石膏板和轻钢龙骨系列配件组成，具有质轻、高强度、防火、隔音、隔热等性能，有便于安装、施工速度快、施工工期短等特点，适合不同空间，并能制作出多种造型。

②石膏角线。

石膏角线位于顶棚与墙的交界处，也称为"阴角"，由于阴角处一般在施工中很难处理好，故用石膏角线来弥补阴角的缺陷，起到美化空间的作用。根据设计的需要，石膏角线后边可以隐藏一些电线，将形式和功能结合得天衣无缝，同时角线也可以做成木质的。然而，并不是所有房间均适合用角线，在设计时要根据房间的风格形式来决定是否使用。

（2）屋面保温隔热技术。

屋面节能形式主要有保温屋面、种植屋面、蓄水屋面、通风屋面或组合节能屋面等。从节能角度，屋面保温主要是为了降低寒冷地区和夏热冬冷地区顶层房屋的采暖所耗热量，并改善其冬季热环境质量。屋面隔热是为了降低夏热冬暖和夏热冬冷地区顶层房屋的自然室温，从而减少空调能耗。

①实体材料层保温隔热屋面。

保温屋面指的是选择适当的保温绝热材料并通过一定的构造方法将其设置在建筑屋面，用于改善建筑顶层空间的热工状况，实现提高室内热舒适、节约建筑能耗的目的。

一般情况下，屋面保温设计应兼顾冬季保温和夏季隔热，选取重量轻、力学性能好、传热系数小的材料。如需提高保温隔热性能，可以加大保温层厚度，也可以选择传热系数更小、保温性能更高的保温材料。另外，为增加室内的热稳定性，减少温度波动，应适当提高屋面结构材料的热惰性（蓄热性能）。应该注意的是，保温材料受潮后其绝热性能会下降，因此需要屋面的保温层内不产生冷凝水。

②通风屋面。

通风屋面是指在屋顶上设置通风层（架空通风层、阁楼通风层等），通过通风层的空气流动带走太阳辐射热量和室内对楼板的传热，从而降低屋顶内表面温度。

2.墙面生态化设计

（1）墙面装修。

①玻璃墙面。

玻璃表面具有不同的变化，如色彩、磨边处理，同时玻璃又是一种容易破裂的材料，如何固定与放置是需要特别设计的。玻璃具有极佳的隔离效果，同时它能营造出一种视觉的穿透感，无形中将空间变大，对于一些采光不佳的空间，利用玻璃墙面能达到良好的采光效果。

②壁纸墙面。

这是一种能使墙变得漂亮的方法，因为壁纸的颜色、图案、材料多种多样，可任意选择，而且如今的壁纸更耐久，甚至可以水洗。

③镜子墙面。

用镜子将对面墙上的景物映过来，或者利用镜子造成多次的景物重叠所构成的画面，既能扩大空间，又能给人提供新鲜的视觉印象，若两面镜子相对，镜面相互成像，则视觉效果更加奇特。

④面砖墙面。

由于面砖具有耐热、防水和易清洗的特点，它理所当然地成为厨房、浴室必不可少的装饰材料。长期以来，人们在使用面砖时只注重强调其实用性，而目前可供选择的面砖比以往面砖有极大的改观，花色品种多种多样。在铺装时也可采用不规则的形状或斜向的排列，构成一幅独具风味的艺术拼贴画。

（2）墙体内保温隔热设计。

将高效保温材料置于外墙的内侧就是墙体的内保温技术，这类墙体经常在外墙内侧设置绝热材料负荷。墙体内保温技术在我国的保温系统中的运用仅次于墙体外保温技术。墙体的绝热材料层（如保温层、隔热层）：针对墙体的主要功能部分，采用高效绝热材料（导热系数小）。墙体的覆面保护层：防止保温层受破坏，同时在一定程度上阻止室内水蒸气侵入保温层。

3.地面生态化设计

（1）地面装修。

室内地面是人们日常生活、工作、学习中接触最频繁的部位，也是建筑物直接承受荷载，经常受撞击、摩擦、洗刷的部位。其基本结构主要由基层、垫层和面层等组成。同时为满足使用功能的特殊性还可增加相应的构造层，如结合层、找平层、找坡层、防火层、填充层、保温层、防潮层等。

在室内设计中，地面材质有软有硬，有天然的、有人造的，材质品种众多，但对不同的空间材质的选择也要有所不同。按所用材料区分，有木制地面、石材地面、地砖地面、马赛克、艺术水磨石地面、塑料地面、地毯地面等。

①木制地面。

木制地面主要有实木地板和复合地板两种。

实木地板是用真实的树木经加工而成，是最为常用的地面材料。其优点是色彩丰富、纹理自然、富有弹性，隔热性、隔声性、防潮性能好。常用于家居、体育馆、健身房、幼儿园、剧院舞台等和人接触较为密切的室内空间。从效果上看，架空木地板更能完整地体现实木地板的特点，但实木地板也有对室内湿度要求高，有容易引起地板开裂及起鼓等缺点。

复合地板主要有两种：一种是实木复合地板；另一种是强化复合地板。实木复合地板的直接原料为木材。强化复合地板主要是利用小径材、枝丫材和胶黏剂通过一定的生产工艺加工而成。复合地板的适应范围也比较广泛，家居、小型商场、办公等公共空间皆可采用。

②石材地面。

石材地面常见的石材有花岗岩、大理石等。

由于花岗岩表面成结晶性图案，所以也称之为麻石。花岗岩石材质地坚硬、耐磨，使用长久，石头纹理均匀，色彩较丰富，常用于宾馆、商场等交通繁忙的大面积地面中。

大理石地面纹理清晰，花色丰富，美观耐看，是门厅、大厅等公共空间地面的理想材料。由于大理石表面纹理丰富，图案似云，所以也称之为云石。大理石的质地较坚硬，但耐磨性较差。其石材主要做墙面装饰，做地面时常和花岗石配合使用，用作重点地面的图案拼花和套色。

③地砖地面。

地砖的种类主要是指抛光砖、玻化砖、釉面砖、马赛克等陶瓷类地砖。

地砖的共同特点是花色品种丰富，便于清洗，价钱适中，色彩多样，在设计中不但选择余地较多，而且可以设计出非常丰富多彩的地面图案，适合于不同使用功能的室内设计来选用。地砖另外一个最大特点是使用范围特别广，适用于各种空间的地面装饰，如办公、医院、学校、家庭等多种室内空间的地面铺装。尤其适用于餐厅、厨房、卫生间等水洗频繁的地面铺装，是一种用处广泛、价廉物美的饰面材料。

④艺术水磨石地面。

水磨石地面是白石子与水泥混合研磨而成。现在水磨石地面经过发展，如加入地面硬化剂等材料使地面质地更加坚硬、耐磨、防油，可做出多种图案。艺术水磨石地面是在地面上进行套色设计，形成色彩丰富的图案。水磨石地面施工有预制和现浇之分，相比来说现浇的效果更为理想。但有些地方需要预制，如楼梯踏步、窗台板等。水磨石地面施工和使用不当，也会发生一些诸如空鼓、裂缝等质量问题，值得设计者在选择时考虑。

水磨石地面的应用范围很广，而且价格较低，适合一些普通装修的公共建筑室内地面，如学校、教学楼、办公楼、食堂、车站、室内外停车场、超市、仓库等公共空间。

⑤塑料地面。

塑料地板是指以有机材料为主要成分的块材或卷材饰面材料，其不仅具有独特的装饰效果，而且还具有质地轻、表面光洁、有弹性、脚感舒适、防滑、防潮、耐磨、耐腐蚀、易清洗、阻燃、绝缘性好、噪声小、施工方便等优点。

（2）地面保温设计。

楼地面是建筑围护结构中与人直接接触的部分，不仅具有支撑围护作用，而且具有蓄热作用，可以调节室内温度变化，对人的热舒适性影响最大。实践证明，在采用不同材料的楼地面中，即使其表面温度相同，人站在上面的感觉也不一样。例如，木地面与水磨石地面相比，后者使人感觉凉爽得多。地面舒适感觉取决于地面的吸热指数B值，B值越大，地面从人脚吸取热量越多，也越快。

（二）家具与陈设

1.家具生态化设计

家具是科学、艺术、物质和精神的结合。家具设计涉及心理学、人体工程学、结构学、材料学和美学等多学科领域。家具设计的核心就是造型，造型好的家具会激发人们的购买欲望，家具设计中的造型设计应注意以下几个问题。

（1）比例。

比例是一个度量关系，即指家具的长、宽、高3个方向的度量比。

（2）平衡。

平衡给人以安全感，分对称性平衡和非对称性平衡。

（3）和谐。

构成家具的部件和元素的一致性，包括材料、色彩、造型、线型和五金等。

（4）对比。

强调差异，互为衬托，有鲜明的变化，如方与圆、冷与暖、粗与细等。

（5）仿生。

根据造型法则和抽象原理对人、动物和植物的形体进行仿制和模拟，设计出具有生物特点的家具。

室内装修完工以后首先要选定的就是家具，作为一名室内设计人员当然应该具备家具设计的能力，但其主要任务往往不是直接设计家具，而是从环境总体要求出发，对家具的尺寸、色彩、风格等提出要求。在选择家具时，往往会遇到尺寸、材质、色彩等方面的修改和选择，家具厂可以根据设计人员或业主提供的尺寸修改家具，使家具在室内环境中无论在风格上还是尺度上，都无可挑剔。

2.陈设生态化设计

室内陈设的物品，是用来营造室内气氛和传达精神功能的物品。用于室内陈设的物品从材质上可分为以下几个大类。

（1）家居织物陈设。

家居织物主要包括窗帘、地毯、床单、台布、靠垫和挂毯等。这些织物不仅具有实用功能，还具备艺术审美价值。

窗帘具有遮蔽阳光、隔声和调节温度的作用。采光不好的空间可用轻质、透明的纱帘，以增加室内光感；光线照射强烈的空间可用厚实、不透明的绒布窗帘，以减弱室内光照。隔声的窗帘多用厚重的织物来制作，褶皱要多，这样隔声效果更好。窗帘调节温度主要运用色彩的变化来实现，如冬天用暖色，夏天用冷色；朝阳的房间用冷色，朝阴的房间用暖色。

地毯是室内铺设类装饰品，不仅视觉效果好，艺术美感强，还可以吸收噪声，创造安宁的室内气氛。此外，地毯还可使空间产生聚合感，使室内空间更加整体、紧凑。

靠垫是沙发的附件，可调节人们的坐、卧、倚、靠姿势。靠垫的布置应根据沙发的样式来进行选择，一般素色的沙发用艳色的靠垫，而艳色的沙发则用素色的靠垫。

（2）艺术品与工艺品陈设。

艺术品和工艺品是室内常用的装饰品。

艺术品包括绘画、书法、雕塑和摄影等，有极强的艺术欣赏价值和审美价值，在艺术品的选择上要注意与室内风格相协调，欧式古典风格室内中应布置西方的绘画（油画、水彩画）和雕塑作品；中式古典风格室内中应布置中国传统绘画和书法作品，中国的书画必须要先进行装裱，才能用于室内装饰。

工艺品既有欣赏性，还具有实用性。工艺品主要包括瓷器、竹编、草编、挂毯、木雕、石雕、盆景等。还有民间工艺品，如泥人、面人、剪纸、刺绣、织锦等。除此之外，一些日常用品也能较好地实现装饰功能，如一些玻璃器具和金属器具晶莹透明、绚丽闪烁，光泽性好，可以增加室内华丽的气氛。

（3）其他物品陈设。

其他的陈设物品还有家电类陈设，如电视机、DVD影碟机和音响设备等；音乐类陈设，如光碟、吉他、钢琴、古筝等；运动器材类陈设，如网球拍、羽毛球拍、滑板等。除此之外，各种书籍也可作室内陈设，既可阅读，又能使室内充满文雅书卷气息。

三、生态视角下的室内光环境设计

人眼只有在良好的光照条件下才能有效地进行视觉工作。随着经济的发展和生活水平的不断提高，人们的生活和工作方式也发生了较大的变化，据统计，在室内工作的人们有80%的时间处于室内，因此必须在室内创造良好的光环境。

（一）室内照明

1.家居照明生态化设计

客厅和餐厅是家居空间内的公共活动区域，因此要足够明亮，采光主要通过吊灯和吊顶的筒灯，为营造舒适、柔和的视听和就餐环境，还可以配置落地灯和壁灯，或设置暗藏光，使光线的层次更加丰富。

卧室空间是休息的场所，照明以间接照明为主，避免光线直射，可在顶部设置吸顶灯，并配合暗藏灯、落地灯、台灯和壁灯，营造出宁静、平和的空间氛围。

书房是学习、工作和阅读的场所，光线要明亮，可使用白炽灯管为主要照明器具。此外，为使学习和工作时能集中精神，台灯是书桌上的首选灯具。

卫生间的照明设计应以明亮、柔和为主，灯具应注意防湿和防锈。

（1）吸顶灯。

吸顶灯是一种通常安装在房间内部的天花板上，光线向上射，通过天花板的反射对室内进行间接照明的灯具。吸顶灯的光源有普通白炽灯、荧光灯、高强度气体放电灯、卤钨灯等，吸顶灯主要用于卧室、过道、走廊、阳台、厕所等地方，适合作整体照明用。吸顶灯灯罩一般有乳白玻璃和PS（聚苯乙烯）板两种材质。吸顶灯的外形多种多样，有长方形、正方形、圆形、球形、圆柱形等，主要采用自炽灯、节能灯。其特点是比较大众化，而且经济实惠。吸顶灯安装简易，款式简单大方，能够赋予空间清朗明快的感觉。

（2）吊灯。

吊灯是最常采用的直接照明灯具，因其明亮、气派，常装在客厅、接待室、餐厅、贵宾室等空间里。吊灯一般都有乳白色的灯罩。灯罩有两种，一种是灯口向下的，灯光可以直接照射室内，光线明亮；另一种是灯口向上的，灯光投射到顶棚再反射到室内，光线柔和。

吊灯可分为单头吊灯和多头吊灯。在室内软装设计中，厨房和餐厅多选用单头吊灯，客厅多选用多头吊灯。吊灯通常以花卉造型较为常见，颜色种类也较多。吊灯的安装高度应根据空间属性而有所不同，公共空间相对开阔，其最低点离地面一般不应小于2.5 m，居住空间不能少于2.2 m。

（3）射灯。

射灯主要用于制造效果，点缀气氛，它能根据室内照明的要求，灵活调整照射的角度和强度，突出室内的局部特征，因此多用于现代流派照明中。

射灯的颜色有纯白、米色、黑色等多种。射灯外形有长形、圆形，规格、尺寸、大小不一。因为射灯造型玲珑小巧，非常具有装饰性。射灯光线柔和，既可对整体照明起主导作用，又可局部采光，烘托气氛。

（4）落地灯。

落地灯是一种放置于地面上的灯具，其作用满足房间局部照明和点缀装饰家庭环境的需求。落地灯一般布置在客厅和休息区域里，与沙发、茶几配合使用。落地灯除了可以照明，也可以制造特殊的光影效果。一般情况下，灯泡瓦数不宜过大，这样的光线更易于创造出柔和的室内环境。落地灯常用作局部照明，强调移动的便利，对于角落气氛的营造十分实用，落地灯通常分为上照式落地灯和直照式落地灯。

2.商业照明生态化设计

商业空间在功能上是以盈利为目的的空间，充足的光线对商品的销售十分有利。在整体照明的基础上，要辅以局部重点照明，提升商品的注目性，营造优雅的商业环境：

在商业空间照明设计中，店面和橱窗能给客人留下很好的第一印象，其中光线设计一定要醒目、特别，吸引人的注意。

（1）办公环境。

办公空间根据其功能需求，采光量要充足，应尽量选择靠窗和朝向好的空间，保证自然光的供应。为防止日光辐射和眩光，可用遮阳百叶窗来控制光量和角度。办公空间的光线分布应尽可能均匀，明暗差别不能过大。在光照不到的地方配合局部照明，如走廊、洗手间、内侧房间等。夜晚照明则以直接照明为主，较少点缀光源为辅。

（2）商场内部。

商场的内部照明要与商品形象紧密结合，通过重点照明突出商品的造型、款式、色彩和美感，刺激顾客的购买欲望。

（3）餐饮空间。

餐饮空间为增进客人食欲，主光源照明与明亮，以显现出食物的新鲜感。此外，为营造优雅的就餐环境，还应辅以间接照明和点缀光源。

（4）酒吧。

酒吧的照明设计以局部照明、间接照明为主，在灯具的选择上尽量以高照度的射灯、暗藏灯管来进行照明，在光色的选择上还必须与空间的主题相呼应。一些特定的灯光设计与配合还可以体现相应的主题，如一些酒吧设计中，以怀旧为主题，可以使用很多木、竹、石等自然材料配合黄色灯光；为体现对工业时代的怀念，可以使用烙铁、槽钢、管道等工业时代的产品配合浅咖啡色和黄色灯光。

（二）自然采光

室内设计中的光可以形成空间、改变空间或者破坏空间，它直接影响到人对物体大小、形状、质地和色彩的感知。室内光环境包括自然光和人工光源，人类经过数千万年的进化，人的肌体所最能适应的是大自然提供的自然光环境，人眼作为视觉器官，最能适应的也是自然光。将自然光与人工光源的光谱组成进行比较会发现，各种波长的光组成比例相差甚远，现有的光源无论哪一种都不具备自然光那样的连续光谱。太阳光是一种巨大的安全的清洁能源，可谓取之不尽，用之不竭。而我国地处温带，气候温和，自然光很丰富，为充分利用自然光提供了有利的条件，充分利用自然光源来保证建筑室内光环境，进行自然采光，也可节约照明用电。

然而，天然采光的变化性因素比较多，其不稳定性导致其达不到室内照明的均匀度。要想改善室内光照的均匀性和稳定性，就需要在引进自然光线的同时，在建筑的高窗位置采取反光板、折光棱镜玻璃等措施进行弥补。

1.自然光概述

由于地球与太阳相距很远，因此认为太阳光是平行地射到地球上。太阳光经大气分子和尘埃等微粒、地表面（包括地面及地上建筑等表面）的折射、透射和反射形成太阳直射光、天空扩散光及地表面上的反射光。

2.自然采光技术

为了营造一个舒适的光环境，可以采用各种技术手段，通过不同的途径来利用自然光。在过去的几十年，玻璃窗装置和玻璃技术得到迅速的发展，低辐射涂层、选择性膜、空气间层、充气玻璃。高性能窗框的研制和发展，遮阳装置和遮阳材料的发展，高科技采光材料的应用，为天然采光的利用提供了条件，同时促进了自然采光技术的发展。现在，设计师可以采用各种技术手段，通过不同的途径来利用自然光。自然采光的技术大致可分为三类，分别是纯粹建筑设计技术、支撑建筑设计技术和自然采光新技术。

3.自然采光节能设计

纯粹的建筑设计技术手段不仅经济环保节能，还可以增添建筑的艺术感，是建筑采光设计的首选技术，在实际生活中应用得最为广泛。这种自然采光技术是把自然采光视为建筑设计问题，与建筑的形式、体量、剖面（房间的高度和深度）、平面的组织、窗户的形式、构造、结构和材料整体加以考虑，在解决自然采光的目的时，科技技术起了很小的作用或根本不起作用。这种技术手段不仅经济环保节能，还可以增添建筑的艺术感，是建筑采光设计的首选技术。

为了获得自然光，人们在房屋的外围护结构上开了各种形式的洞口，装上各种透光材料，以免遭受自然界的侵袭，这些装有透光材料的孔洞统称为窗洞口。纯粹的建筑设计技术就是要合理地布置窗洞口，达到一定的采光效果。按照窗洞口所处的位置，可分为侧窗（安装在墙上，称为侧面采光）和天窗（安装在屋顶，称为顶部采光）两种。有的建筑同时兼有两种采光形式，称为混合采光。

四、生态视角下的室内绿化设计

（一）设计功能

室内绿化是室内设计的一部分，它主要是利用植物材料并结合常用的手法来组织、完善、美化空间。

植物的绿色可以给人的大脑皮层以良好的刺激，使疲劳的神经系统在紧张的工作和思考之后得以放松，给人以美的享受。室内植物作为装饰性的陈设，比其他任何陈设都更具有生机和活力。

室内设计具有柔化空间的功能。现代建筑空间大多是由直线形构件所组合的几何体，令人感觉生硬冷漠。利用绿化中植物特有的曲线、多姿的形态、柔软的质感、悦目的色彩，可以改变人们对空间的空旷、生硬等不良感觉。

（二）设计种类

1.室内植物

室内绿化设计就是将自然界的植物、花卉、水体和山石等景物经过艺术加工和浓缩移入室内，达到美化环境、净化空气和陶冶情操的目的。室内绿化既有观赏价值，又有实用价值。在室内布置几株常绿植物，不仅可以增强室内的青春活力，还可以缓解和消除疲劳。

室内植物种类繁多，有观叶植物、观花植物、观景植物、藤蔓植物和假植物等。假植物是人工材料（如塑料、绢布等）制成的观赏植物，在环境条件不适合种植真植物时常用假植物代替。

2.室内水景

室内水景有动静之分，静则宁静，动则欢快，水体与声、光相结合，能创造出更为丰富的室内效果。常用的形式有水池、喷泉和瀑布等。

3.室内山石

山石是室内造景的常用元素，常和水相配合，浓缩自然景观于室内的小天地中。室内山石形态万千，讲求雄、奇、刚、挺的意境。室内山石分为天然山石和人工山石两大类，天然山石有太湖石、房山石、英石、青石、鹅卵石、珊瑚石等；人工山石则是由钢筋水泥制成的假山石。

五、生态化室内设计思想和实践

（一）早期朴素的结合自然生态环境的室内设计思想和实践

20世纪后，欧美等国的设计师、理论家开始有意识地关注自然生态环境，并把这种关注结合到设计中。美国现代主义建筑大师赖特致力于研究与环境结合的"有机建筑"，他在《建筑的未来》一书中认为自然界是有机的，设计师应该从自然中得到启示，使建筑成为自然的一部分，房屋自内而外，应当像植物一样，从地里长出来。他设计的住宅、别墅、公共建筑，大多结合当地环境特点，充分利用当地材料，建筑从外部形象到室内空间，都充满了自然生态趣味。如著名的流水别墅，它的起居室内部空间即是体现自然生态景象的典型例子。室内空间通过巨大的水平阳台延伸，衔接了巨大的室外空间，落地的门扇和横向的长窗把室外的山野风景和自然天光引入室内，使室内景观随季节与气候的变化而不同，呈现出或明亮欢快，或朦胧柔美的气氛。天然光线透过起居室的门窗，把光影洒在青石铺砌的地板上，随着太阳的运动，光影在室内流动，室内家具、绿化及其他陈设的倒影在地板上隐约显现，使得整个起居室内充满了自然情趣。

现代主义另一位建筑大师勒·柯布西耶在其设计思想和实践中也体现出对自然环境的关心。他主张自内而外地设计建筑，即以简洁而精确的内部空间设计来满足其功能要求，山此自然形成建筑简洁的外部形象，使建筑没有多余装饰，从而节约材料、人力、经济等资源。1926年，他从现代建筑采用框架结构这一条件出发，发表了著名的《建筑五要点》："底层架空、自由平面、自由立面、横向长窗、屋顶花园。"其中，"底层架空"保证了地面草地不被房子破坏，"屋顶花园"的意图则是恢复被房屋占去的地面，同时扩展了室内空间，这两点体现出柯布西耶在进行设计时对自然环境的保护思想。"自由平面"使内部空间具有流动的特性，"横向长窗"扩展室内的观察视野。萨伏伊别墅集中体现了柯布西耶的上述思想，该别墅的内部空间如同个精巧镂空的几何体，又像一架精确组合的机器，它的平面开放、自由，使用坡道和螺旋形的楼梯组织内部各层空间，日光洒进室内，向各个方向渗透，室内的家具也经过专门的设计制作，以求与室内环境和谐一致，整个室内环境唤起人们一种回归自然的知觉，正如中国建筑师崔恺所感"走进宜人的门厅，循坡道上，在屋中徘徊，空间在流动，视线在流动，别致的楼梯、多变的隔断、厨房的壁柜、室内的家具，以及自色、黑色、蓝色、绿色，一切都是那么质朴、简单"。

（二）与环境共生的可持续发展的生态化室内设计思想和实践

20世纪80年代，国际上提出以"生态概念"理论为基础的各类研究，生态理念开始被运用在室内环境设计中，生态化室内空间环境的设计研究和实验同时展开。根据"性态概念"的设计理论，生态化室内设计应以生态平衡思想和整体有序、循环再生为原则，并把建筑及其内部环境放在自然—社会—经济的复合系统中考察，通过合理规划，追求人工环境与自然环境的最佳结合。因此，生态化室内设计强调使用自然材料，采用复合保温结构及温室、蓄热墙、种植屋面等，合理利用风力发电、太阳能集热和供电等，同时减少废物产生，节约能源与资源。

1.关注室内环境质量的生态化室内设计实践

随着对生态理论的持续研究，欧、美、日等工业化发达国家逐渐把目光转向利用绿色材料和绿色技术来控制室内环境质量，如采用木材、树皮、毛竹、石头、石灰等天然材料作为室内环境的基本材料，并对这些建材进行检验处理，以确保其无毒无害使用热阻大的材料，降低室内外之间的热传递和热辐射，节约能源充分利用天然再生资源，节约资源室内尽量减少废物排放，减少污染，等等。

德国汉诺威按照"植物生态建筑"概念建了一个名为"莱尔草场"的住宅区，每栋楼房结构为砖木骨架，四壁用木材，朴实无华。居室里铺设麻织地毯或玉米皮、麦秆编织的地毯，沙发大都用纯棉布制成，图案雅洁，以简单的条纹、格子或碎花图案为主，甚至是纯色的，家具多采用不喷任何涂料的原木家具。

荷兰推行的"环保屋"在屋顶上铺草皮，四壁装有太阳能电池板，陶瓷管代替塑胶管做排水管，避免过多使用混凝土及乙烯基等化学材料，引雨水冲洗厕所，在室内设置了温度、灰尘、化学品、放射性毒素测量计，检测室内的空气污染情况。

2.关注生态和生物多样性的整合设计实践

美国建筑师西姆·凡·得·瑞恩是生态建筑设计的先锋之一，他认为，由于不可再生资源的紧缺，以及利用这些能源造成的环境问题，建筑师需要在"有限资源"的条件下进行"整合设计"，和谐利用各种资源。设计师要用一种整体的方式观察构成生命支持系统的每一种事物，在设计过程中学习自然界简单、高效的运行方式和自然系统多样稳定的特点，所以基于整合设计的室内环境将是高效率的、少能耗的、并与自然环境达到物质、能量循环平衡的可持续的室内环境。他在一幢老住宅的改建项目中，充分实践了上述整合设计的思想。首先，住宅室内采用多种能量来源，如热量来自窗户进入的太阳辐射、太阳能空气加热系统和烧木柴的壁炉室内产生的废物以多种方式处理，如人的粪便放在堆肥马桶中，待完全分解后做土壤有机肥，小便收集起来用作富氮肥料，厨房的剩余食物喂鸡，鸡肥用于花园中，日常生活垃圾可用于堆肥或饲养蚯蚓用来喂鸡或喂鱼，蚯蚓排泄物也可以作为花园的肥料。这种多样化设计的另一个优点是系统中的每一个组成部分都倾向于行使相互交叠的功能，如从窗户引入阳光，既可取暖，还可作为太阳能收集器，并且同时让室内人员欣赏窗外的景色，而如果是用电暖器，则只能用来采暖。

根据这种设计思想进行的实践还有很多，如美国诺次大学设计建造了一座生态房，共四居室，全部热能来源于人体散热和阳光及家用电器设备产生的热量，家庭用电来自安装在凉亭上的风力发电机和太阳能电池，屋檐收集的雨水储存在地下室，经沙床过滤后供家庭使用，人体代谢废物被导入堆肥坑，发酵后供花园施肥。

3.全面可持续的设计策略

从20世纪80年代至今，可持续设计的理论不断得到完善、细化，生态化室内设计理论也不断得到充实，生态化室内设计实践取得不少的成就。生态化室内设计的教育体系也逐渐形成，20世纪90年代，绿色室内环境设计被列入美国院校的教学计划。美国的绿色建筑协会制定了能源与环保设计导则，加拿大发起绿色建筑挑战行动，采用新技术、新材料、新工艺，实行综合优化设计，使建筑在满足功能的基础上消耗最少的资源和能源，对环境的影响减到最小；日本颁布了《住宅建设计划法》，强调住宅生态设计的重要性；德国开始推行适应生态环境的住区政策，切实贯彻可持续发展战略；法国进行了改善住区环境的大规模改造；瑞典实施了"百万套住宅计划"，在住区建设与生态环境协调方面取得了令人瞩目的成就。

第七章 生态视角下的水环境艺术设计

在21世纪这样一个特定的时代背景下，合理利用"水"这个元素来做环境艺术设计，体现以人为本的设计思想、让"水"作为可持续发展设计的重要元素发挥其自身的重要作用。

第一节 水环境艺术设计的概念与研究价值

一、水环境艺术设计概念的提出

水环境艺术设计是设计艺术学科中一门新兴的综合性边缘课题，它是人类在生态时代背景下以生态学、地理学、城市规划学、社会学、文化学、哲学、美学、艺术、宗教学、传播学、建筑学等人文学科和自然学科为支撑，对人类生存的地表水域及其相关要素的构成关系进行整体的艺术化观照，以形成符合人类可持续生存战略原则的水环境评价系统、生活方式、行为方式和精神场所的水环境艺术设计文化。

二、水环境艺术设计的认识论

（一）环境的文化认识

"环境"，是针对某一主体而言并围绕主体，对主体产生影响的外部客观存在，它是构成主体存在条件的所有物质实体和关系的总和。人类历史的变迁也带给"环境"不同的含义，从自然科学的角度去认识如空气、水、土壤、阳光和食物等各种基本环境因素构成的自然环境，乃是一切生命存在的必然条件；有由大气圈（Atmosphere）、水圈（Hydrosphere）、土壤圈（Pedosphere）、岩石圈（Lithosphere）组成的生物圈（Biosphere）所形成的地理环境，它包括人类生活的自然环境，还有地壳层和可延伸到地核内部的地质环境以及宇宙环境等几大层次，它们是人类生存发展的物质条件。就人类而言，"环境"既包括自然环境又包括社会环境，作为人文和社会学科研究对象的社会环境是指构成人的生活的社会经济制度及上层建筑，如构成社会经济基础及其相应的政治、法律、宗教、艺术、哲学的观点和机构等；又如人类社会发展各阶段的情况和城市建设等一切生产关系的总和。不同学科对环境的理解各有不同，如：物理学范畴的环境是指物质在运动时通过的物质空间；生态学中认为环境是所有有机体生存所必需的各种外部条件的总和；地理学认为环境是和地域概念紧密联系，是构成地域要素的自然环境和社会环境的总体。

按照结构主义的看法，环境是一系列人与自然构成因素间的关系，这种关系并非事物的随机集合体，而是一个有序的结构，是发展与变化过程中的一个结构体系，具有一定的模式；信息论则认为，在环境中信息是感知、认知和评价的中心，人与环境的交往可以看成是信息的编码和译码的过程。

社会学将环境划分为原生环境、次生环境、人工环境与社会环境等；心理学对环境的研究则从"物理环境"如地理环境、有效环境、感知环境、形体环境和"心理学环境"（亦称"行为环境"）两大方面入手。

而人类生活的主要场所聚落环境，是人类文化的承载体、发生地、生命安顿场所和精神润泽空间，它是由物质层面、心物结合层面和心理机制层面构成的有机整体。聚落环境由于功能、性质、规模等差异一般可分为村落环境和城市环境两大类；按照环境构成要素这两大类环境形式可再分为自然环境、人工环境与社会环境三个组成部分：自然环境亦可称为原生环境，是人们生存的必需物质条件，是周围的自然因素总和，它对人类有着巨大的经济价值、生态价值、历史价值、科学价值以及文化、科研和观赏旅游等价值，是人工环境和社会环境存在的前提和必需的一切自然现象构成的完整系统；人工环境是人类文化现象的物质显现，如构成城市的建筑物和与之相关联的道路、广场、交通等一切非原生意义上的环境系统，它是环境设计、环境艺术设计构成的主体，也是水环境艺术设计的构成主体；社会环境则是人类存在形式上的整体文化系统，具有"无形"的特征，包括了社会结构、价值观念、历史传统和生活方式等诸方面的有机联系。

（二）水环境的界定

"水环境"（Water Environment），就目前已经查询的资料，还没有找到一个较为权威的概念，按其构成原理和与环境概念相对应的原则，水环境可以界定为：针对某一主体，围绕它并对其产生影响的分布于地表空间所有水域组成的有机系统。这里研究的水环境是指构成人类聚落环境的地表水域各要素的总和，包括水体、水域建筑群落、道路、桥梁等一切自然与人文各要素及其关系。同样，水环境仍可以分为原生水环境与人工水环境两大类。

（三）水环境与艺术设计文化

1.关于艺术

从艺术发展史来看，对于艺术概念与艺术本质的认识均存在许多差异：有从"艺术"的词源演变角度去界定的，有建立在对艺术与技术之间关系的理解上去认识的；还有从艺术哲学去进行分析的，如黑格尔的自由艺术说指出："我们所要讨论的艺术无论是就目的还是就手段来说，都是自由的艺术。……只有靠它的这种自由性，美的艺术才成为真正的艺术，只有在它和宗教与哲学处在同一境界，成为认识和表现神圣性，人类的最深刻的旨趣以及心灵的最深广的真理的一种方式和手段时，艺术才算尽到了它的最高职责。"

从词源角度，"艺术"一词其本意有三个：即技艺、艺术、种植。在《周礼》中的六艺，也被理解为在人的精神内部埋下体验价值的种子并使其成长的技术，这六艺包括礼（礼仪）、乐（音乐）、射（射箭）、御（驾车）、书（识字）、数（计算）六科目在内。"艺术"一词在中国古代是特指为"任何技艺"。先秦思想家庄子在《养生主》中所讲"庖丁解牛"的故事，他把厨师解牛的高超技艺认为是艺术。孔子也要求人们掌握包括六艺在内的基本技能，即所谓的"游于艺"，这样才能成为一个修养全面的君子贤人。在古拉丁语中"艺术"一词，意指诸如木工、铁工、外科手术之类的技艺或专门形式的技能。在古希腊人和罗马人那里，没有我们现在称之为艺术概念的理解，技艺就是他们的艺术，如作诗的技艺等，艺术基本上就如木工或其他技艺一样，它们的区别就在于任何一种技艺不同于另一种技艺。艺术与技术的逐步分离是随着自然科学与技术结合以及美学学科的形成而开始的。按照科林伍德的说法，艺术是"一直到了17世纪，美学问题和美学概念才开始从关于技巧的概念或关于技艺的哲学中分离出来"。在18世纪才把优美艺术与"实用艺术"区别开来，优美的艺术并不是指精细的或高度技能的艺术，而是指美的艺术。从19世纪人们去掉了Art的形容词性，并以单数形式代替表示总体的复数形式，最终压缩概括成Art，之后就出现了在理论上完全从技艺中分离出来的"艺术"。艺术并不是一种技艺，而是情感的表现，是一种个性化的活动，艺术家的独特性也是在表现情感和意识到情感之间有某种关系；因此，如果充分意识到情感，意味着意识到它的全部独特性，那么充分表现情感就意味着表现出它的全部独特性。从艺术符号学的发展来看，克莱夫·贝尔提出的"艺术是有意味的形式"这一著名观点对艺术的理解产生新的影响，美学家克罗齐在研究艺术与直觉的关系时认为"艺术是诸印象的表现"。他讲道："我们已经坦白地把直觉的（即表现的）知识和审美的（即艺术的）事实看成统一，用艺术作品作直觉的知识的实例，把直觉的特性都赋予艺术作品，也把艺术作品的特性都赋予直觉。"

对于艺术概念的理解，无论中国还是西方都有一个从强调"术"到注重"艺"的漫长过程。我们时下讲的"艺术"是包含"术"在内的"艺"，因为最高、最完善的意念与想法，也是用最精到的包括技巧在内的多种表现手法来展现的。因此，艺术应理解为"精神文化的创造行为"，它具有精神社会性、载体形象性、主体情感性、形式美感性等系列本质特征。

2.关于设计

设计（Design），在《大不列颠百科全书》1974年第15版中有较为全面的解释："美术方面，设计常指拟订计划的过程，又特指记在心中或制成草图或模式的具体计划。产品的设计首先指准备制成成品的部件之间的相互关系，这种设计通常要受到四种因素的限制：材料的性能、加工方法所起的作用、整体上各部件的紧密结合、整体对于观赏者、使用者或受其影响者所产生的效果。而在建筑工程中，设计则是体现适当观念与经验的简明记录。在建筑工程和产品设计中，艺术性和工艺性有融合为一的趋势，这也就是说，建筑设计师、工艺工人、制图人员或工艺美术设计师既不能仅仅根据公式进行设计，又不能如同画家、诗人或音乐家那样自由设计。在各种艺术特别是艺术教学方面，设计一词含义广泛，指标图、网格和装潢而言。"实际上对Design的理解也是一个漫长的演变过程，也有从词源角度去研究的，中国《新华字典》是用"在做某种工作之前预先制订方案、图样等"来解释与"Design"相对应的"设计"的意思，英国《韦伯斯特大辞典》，对"Design"是按动词和名词两个角度进行界定的。如作为动词时，有头脑中之计划与想象、谋划、创造独特功能、规划、计算、对物体如景物的描绘、素描、设计计划零件的开头和配置等；又如作名词时，对未来工作根据特征制作的模型、文学戏剧构成要素所组成的概略轮廓、人物造型和音乐作品要素的有机组合、样式、修饰、未来计划方案。另外《牛津大辞典》也从动词和名词两个方面对"Design"有界定，作名词有思想计划之意，包括思维中形成意图并准备实现的计划以及绘画制作的准备草图等；作动词有指示、计划、构想与规划还有草图与效果图的制作等。李砚祖在《造物之美》中认为："设计是人类改变原有事物，使其变化、增益、更新、发展的创造性活动。设计是构想和解决问题的过程，它涉及人类一切有目的的价值创造活动。"随着学科的不断深入，"设计"一词已经涵盖众多领域，如从图形意义、工业产品、建筑艺术、广告媒体、纺织服饰、平面设计学方面都体现"设计"的优先性原则。"设计"的要领可以扩展到包括文学、艺术等以人文精神为主要内涵的学科和政治体制、社会制度、经济发展和科学技术等的制定、规划和决策方针。我们这里讨论的"设计"是包括动词和名词双重意义上的"设计"概念，它是指人们运用知识与智慧在寻求问题的解决途径中的"心理计划"（a mental plan），即在人们精神中形成胚胎并准备实现的计划乃至设计；还有艺术中的计划（a plan in Art）。其核心就是为实现一定目的而进行设想、计划的方案之意，它是人们把创造新事物的活动推向前所未有的新阶段的一种高级思维活动与创造性活动的有机统一，是人类一切文化精神的综合显现。

3.关于水环境艺术设计

水环境艺术设计是在广义的生态环境概念中分离出来的以水为特别指向，以人类生存聚落空间中的地表水域各要素所形成的自然水环境与人文水环境为研究对象，包括水体、依水景观、水在人类聚落的不同形态；从聚落最初单一形态到复合形态；从古村落水环境到城市雏形对于水环境依赖的必然选择；从城市化进程到都市品质与性格形成过程中，水环境设计的作用以及水环境设计作为公共艺术的精神性存在等不同层面，从而深入探讨水环境对于人类文化形成以及人居环境在生态功能、生存功能、景观艺术和精神润泽等方面的立体文化内涵。

4.关于文化

关于文化，人们谈论和未来将要谈论的都实在太多，对其下的定义也各不相同，通常的解释，文化包含广义和狭义两个层面。《辞海》中对"文化"的界定如下：

从广义来讲，指人类社会历史实践过程中所创造的物质财富和精神财富的总和。从狭义上讲，指社会意识形态，以及与之相适应的制度和组织机构。文化是一种历史现象，每个社会都有与之相适应的文化，并随着社会物质生产的发展而发展。

"泛指一般知识"。"文化"（Culture）一词的最初起源为拉丁文的动词Colere，意思是"耕作土地"，过去分词是Cultus，与耕作Cultivate有关。其本意是对田园和果园的耕作，而后才延伸出与精神和智力的培养相关的含义。通常表明人类获得的一切成就，包括文学艺术、技艺、科学和宗教等。考古学上对于"文化"的定义更接近《辞海》的解释，它称"文化"是指明特定社会的人类物质文化和精神文化的总和。

美国当今人类学领域最杰出的学者梅尔福特·E.斯皮罗的《文化与人性》一书中对于文化的阐释更具有当下意义。他讲道："文化"是一种认知系统，即一系列被纳入相互联结的有较高秩序的网络和结构中的关于自然、人和社会的"命题"，这些命题既是描述性的（例如，"地球驮在乌龟背上"），又是规范性的（例如，"杀人是错误的"）。他指出："第一，文化的命题是传统的，也就是说，这些命题是在社会群体的历史经历中形成的，而作为一种社会遗产，是社会行动者通过各种社会传导过程（适应社会上存在的文化类型）获得的；第二，文化的命题存在于社会群体的集体表征中。"英国人类学家泰勒在《文化之定义》中讲道："文化或文明，就其广泛的民族意义来说，乃是包括知识、信仰、艺术、道德、法律、习俗和任何人作为一名社会成员而获得的能力和习惯在内的复杂整体。"由于研究的出发点和角度各有不同，对文化的认识和理解自然各有千秋，但对文化整体的包容性基本上是公认和一致的看法。苏联学者卡冈在对文化的总结中，比较重视物质文化对于人类文化整体的形成和影响，他认为："文化是人类活动的各种方式和产品的总和，包括物质生产、精神生产和艺术生产的范围，即包括社会的人的能动性的全部丰富性。"人类在创造自身生存环境的过程中既创造了不同形式的文化，也受到既存文化的影响和启发。文化对于人类在物质创造中所起的决定性作用随历史的推进而不断加强，造物过程和造物目的的文化属性和文化表征越发强烈；文化还决定着社会关系，包括民族之间的相处，一般意义的经济状态，国家之间领土与和平、战争与和平，家庭组织形式，他人信任和集体利益，新闻自由等；文化在艺术、道德和文学等方面所得到的展示更显神圣、尊严和多姿。文化对于个人的行为支配成分也通过城市的形成、人群的组合、生活方式的选择、对外交往的程度而存在。

文化与文明，常常被不少学者在许多场合交替使用，它们之间有时没有明确的界限划分。19世纪以来，在西方人类学家、天文学家、历史学家以及考古学家们的著作中，除了使用"文化"一词外，还经常使用"文明"这一术语，从词源看"文明"源于拉丁语Civis，意思是"城市居民"，有的学者认为"文明"一词最本质的含义便是："人民和睦地生活于城市和社会集团中的能力。"这种能力是表现在社会生活及生产等各个领域中的。摩尔根在《古代社会》一书中，把"文明"作为与蒙昧、野蛮相对立的一个伟大而进步的时代，"当文化具有较高程度的复杂性和较多的特征时，此文化就是文明"。文明是人类社会的一种进步状态，是社会发展到一定阶段和文化发展到一定程度的表现。文明是在一定的社会生产方式的基础上产生的，并随着社会文化的进步而不断发展，因而，从历史的角度看，文化先于文明产生。但不少人类学家把文明当作文化的同义词看待。英国人类学家泰勒讲："文化或文明从较广的民族意义上看，就是一个复杂的整体，包括知识、信仰、艺术、道德、法律、风俗以及作为社会成员的一分子所获得的任何能力及习惯。"

环境是人类整个文明体系的载体，人适应自然，改造自然（按可持续发展原则）；人是环境化的人，环境是文化的环境，人、环境与文化成为统一体，环境的文化就成为人类文化的主体。

水环境艺术设计文化是以与水环境的自然和人文现象有机关系的研究为特

别指向，从艺术设计角度进入的文化形态研究。

三、水环境艺术设计的研究视角与方法

水环境艺术设计文化的研究目前尚处于框架建构的探索性阶段，综合国内外该领域的研究进展可以从如下几个方面进行：

（一）生态优先观念导入

从系统论的角度看，我们生存的地球是由若干个子系统构成的大系统，其中起决定作用的无疑是生态系统，它决定了其他非自然生态的社会、经济、文化、政治等所有领域的存在条件。作为研究生物与环境相互关系的科学，在1866年，德国动物学家赫克尔（Haeckel）首次提出了"生态学"（Ecology）这个概念，经过100多年的发展，生态学已被世人普遍认同，并对它在创造和保持人类文明的过程中所起的重要作用表现出越来越大的关注，随着其他学科的成果与研究方法如信息论、控制论和系统论方法与理论的引用，也使生态学科研究得到了重大发展。生态学一般分为理论生态学与应用生态学两大类，而生态优先原则则是当前综合性的环境生态学（Environmental ecology），体现了生态学涉及生物、环境、自然科学、社会经济以及人文学科等综合学科。

（二）确立环境伦理设计哲学观

环境伦理作为研究人与环境关系道德的学科，是环境道德的理论和实践，是环境道德的基本原则和行为规范的总和。因为自20世纪中叶以后，随着世界环境的恶化，人类及其他生命都不同程度地受到威胁，而灾难的源头是人类自身的行为。为解决这一问题，于1972年第一次世界人类环境会议提出了"只有一个地球，人类要对地球这个小小的行星表示关怀"，明天和今天同样重要，这个环境道德的基本命题。"环境道德的核心思想是关心他人，尊重自然与尊重生命"。

（三）历史追溯与论述

作为人类文明摇篮的大河流域环境，几乎是所有生命形式的载体。通过对历史源流的纵向考察，可以为今天的设计理论找到客观的发展逻辑和充分例证；与此同时，再从文化的角度对人类从自然文化时代向人文文化时代的渐变过程进行挖掘。1万多年前，随着农业的产生，人类告别了蛮荒时代，跨入了文明的大

门，人类因农业的不断发展造就了东西方不同的辉煌古代文化。如以黄河流域为代表的中华文明，尼罗河流域的古埃及文明，以幼发拉底河和底格里斯河为中心形成的巴比伦文明，印度河流域的哈巴拉文明，地中海的古希腊文明，还有美洲的玛雅文明等都与水域或流域紧密相连，也表现出当时强烈的自然文化特色，这种自然主义的文化既重人伦又重人事，"它是人类的第一个英雄时代"。在人类进入新千年之际，人居环境的未来理想仍要承袭历史文脉，走山水田园式道路。

（四）多学科综合构筑新学科框架

由于设计的多重因素性如功能因素、形式因素、技术因素和经济因素在经历由17世纪以前的直觉设计阶段，以后的经验设计阶段、试验辅助设计阶段到当前的现代设计法阶段的不断发展，加上科学的整体性、交叉性，数学化与抽象化以及相对论、控制论、系统论、原子能、空间技术、微电子与计算机、遗传工程技术等已渗透到社会生产、生活各领域，传统的以静态形式的手工式的经验方法已无法适应新经济条件下的人居环境设计。因此，设计对象的多元化，也要求用自然学科的方法来建立功能化系统；用人文学科来建构与之相适应并具有至高境界的创意理念和评价理论；以艺术的智慧和手段来实施设计创新和造成视觉的和谐与满足。另外，本书还将采用和借鉴其他研究方法，如用实证法、调查法等来丰富和完善，使其从史论、观念、技术和方法等方面整体出场。

四、水环境艺术设计的研究价值

人类理想生存模式的现实显现，即为水环境艺术设计研究的价值所在。

随着环境问题的国际化、全球化，作为一切生命支持系统的水及水环境，无论世界上任何一个国家，任何一个民族都视其为第二生命。国际水资源协会曾在召开水资源专题国际会议，其议题分别为：①水对环境的影响；②人类对水的需求；③人类生存与水；④人类对水的消耗；⑤农村水资源；⑥为世界发展的水。此外瑞典皇家科学院、国际湖泊学会、国际水质协会、国际水资源协会、国际供水协会以及世界银行和世界野生生物基金会等组织联合发起，从1991年起每年在斯德哥尔摩召开一次与水相关的国际会议。1988年7月1日《中华人民共和国水法》正式实施。里约热内卢联合国环境和发展大会通过的《21世纪议程》中指出："淡水是一种有限的资源，不仅为维持地球上一切生命所需要，且对一切社会经济部门都具有生死攸关的重要意义。"第47届联合国大会上通过的193号决议，将每年的3月22日确定为"世界水日"，号召各国以不同形式开展纪念活动，增强人们对水的理解，提高对水资源在国民经济、社会福利、生活品质以及精神活动中的重要性认识。对于水环境进行艺术化的观照并使之系统化，无疑是在原有资源意义上得到了提升，旨在建立一种全面的绿色意识，本质上反映生态主义的艺术化境界，形成一种类意识，"超越个体或局部利益至上的现代文化以达成对类与整体利益的尊重"。同样，水环境艺术设计体系的构架旨在再度唤醒对于为我们奉献风雨循环生存环境的大地之爱，因为对地球的尊重就是对我们人类自身的尊重，我们的命运永远与大地之母维系在一起，由于水环境艺术设计所具有的特殊地位，因而它所产生的社会功用远非其他艺术形式可以替代，其研究价值体现于以下几个方面。

（一）安顿生命

简单的施于人的居和住并不能使人达到精神的畅然，而只有将大自然之万物有机地呈现在人类面前并与人形成良性生物链，人才有可能感觉到生命的真正活性与愉悦。工业革命以后，现代人造环境的总体生存品质已日渐恶化，人类在意识到问题严重性的同时，也采取了各种手段来加以改善，以避免人类成为自己创造的栖息地——环境的囚犯。

（二）心灵润泽与提升

"我无法找到另一个比都市噩梦更恰当的词来形容我们的城市。"城市规划专家杜克赛迪斯的这番话代表了现代都市人的普遍心态。逃出城市钢筋混凝土的森林，远离宏大冷漠、高度抽象化的非人性化世界，转向对于人在自然中地位的生存价值的再度思考，使人类对于踏进文明门槛之前的混沌的自然世界有了更多的相思之愁。胡晓明在解释人类这种相思时写道："当人类自野蛮踏过了文明的门槛时，他从一个混沌的自然世界迈入了一个他自己的创造世界；于是那些原先与他生命相依存的山川草木，鸟兽鱼虫，渐渐地变得与他疏远、隔绝了。人类用许多人工器物把自己围绕起来，从有机自然中分离开来，人类凌驾于万物之上。于是就有了相思，有了回归大自然的永恒的乡愁冲动。"为了这份相思，人类几乎所有的文化形态都在作各自的努力。

水环境艺术设计寄希望于用理想生活模式的现实显现来开启人类的心智，将自然之山川云烟、鸟啼雨露、林木花草、潺潺流水，与人们的生活场景重叠，使人的心灵得到润泽并不断升华，走向一种自由的心灵之境。

第二节　水和人类整体环境观

人类对于水永恒的生存依赖、文化依赖都常被淹没在对水环境的熟视无睹过程之中。水域诞生生命、诞生文化、诞生艺术，诞生大量人类所需物质；人们需要她、依恋她、崇拜她，但人们同时又践踏她、无节制地消耗她。大多数人并没有真正发现水对于我们生存和生存环境的历史意义、现实意义、未来意义。因为缺水，水质恶化，水资源的世界性短缺而引起新的国际关系的紧张。要诗意地生存下去，实现人类的理想栖居，没水，就成为无本之源。

所以，必须调整我们的生存态度和价值观，给予水环境以伦理关怀，走可持续发展之路。

一、水与可持续发展理论

2000年6月底，美国太空总署（NASA）的一则消息将人们对于水的关注由地球引向了火星。消息称，科学家在NASA拍摄的火星照片上发现了与造成地球上泥石流与洪水泛滥相同的地貌，形状类似于河口的三角洲。科学家们认为最符合逻辑的解释就是因火星上的地下水喷发造成的。这则消息发布的意义并不完全在于火星上是否存在过水，更在于生命踪迹的追寻，因为水的存在意味着生命的存在。为此，NASA及火星协会的研究小组花了两周的时间在加拿大北极地区的德文岛进行了火星环境的模拟生活试验。科学家们将一个长8 m，宽6 m，形状如大金枪鱼罐头的模拟太空舱作为实验环境而生活其中，在13 cm厚防护罩的舱内配有食用的易存食品，其中拥有足够的循环水。这是我们对存在于地表空间现有水域要更多关注和珍惜的一个"星际例证"。历史上有众多灿烂的文化因为水资源的枯竭或者改变而湮灭。

（一）水：生命的概念

水为何物?水是一种促进其他资源形成和生长的重要资源，水所在的水圈，与大气圈、生物圈、岩石圈共同形成地球系统，水圈充斥在其他三个圈及整个地球系统之中。占地球表面70%以上数量的水域使我们的这个世界成为名副其实的大水球。存在于江河、海洋、湖泊的水因季节和气温的变化呈气体、液体、固体三相并存的奇特层面。地球庞大的水域承接和保护太阳布施的能量，促成地球各圈层之间的能量交换，从而保持地球表面一个相对恒定的温度，以保证一切生命形式的生存和发展。从地球千差万别的生物种类看，从生命的形式看，从进化的程度看，从生命外观的尺度大小看都存在着完全不同的差异，可这些变化迥异的生命体都拥有一个共同特点，即它们体内都有60%～80%的含水量。成人人体水分约占体重的65%～70%，血液中有80%左右的含水量，骨骼的含水量达到30%左右，而人体神经组织水分则高达95%左右；藻类含水量在90%以上，鱼类体内水分含量也在70%～80%。从生命的起源看，由于水的缘故，大气中的水汽在一定条件下与大气中物质发生化合，经过一系列的复杂的化学变化，形成氨基酸、核苷酸、核糖和卟啉等物质，它奠定了地球上生命诞生的物质基础。因为水，帮助生命物质阻挡了强烈的太阳辐射。据资料统计，地球表面所接收的1/3太阳辐射被水极大的热容量和汽化热抵消，尤其是海洋对于原始生命是天然庇护所，生命物质随水分循环过程来到海洋时，才找到了它理想的家。不难看出，地球上生命从孕育之日起，就与水资源息息相关。

（二）水：生存的概念

水是地球上的人类赖以生存的物质条件。随着人类技术的进步，人类对水资源开发利用的程度逐渐提高，抵抗干旱、防御洪涝的能力逐渐增加，因而，人类的历史在一定程度上是一部水史，它记录着水与人类社会伊始密切相关的联系。从地球本身的生命角度看，是凭着水圈的极大热容量和汽化热才能够保持适宜于生物生存的相对稳定温度和湿度。水拥有特定的稳定性，它不仅使自然界中的绝大部分物质得以溶解，而且还能使溶解于水中的物质各自保持原有的性质，水成为生物体内进行新陈代谢的最优良介质。

（三）水与可持续发展

兴水而裕国。以都江堰为例，2000多年风雨历程，它既滋润了数百万亩川西土地，又滋养了亿万计天府儿女，为当今人类寻求与自然和谐共处提供了典型例范。这古堰之所以至今风采依然，且效益大胜于前，是与历代政府的重视、发展和修治分不开的。根据《华阳国志》记载：从汉文帝末年（公元157年），蜀守文翁"穿前江口，灌溉繁田千七百顷"；秦时的"都水长""都水掾""都水丞"，主陂池灌溉；诸葛亮北征以"此堰农本，国之所资，以征丁千二百人主护之"。宋代《宋史·河渠志》对"岁修"的记载："岁暮水落，筑堤壅水上游。春正月则役工竣治，谓之穿淘"；元明清以及民国时期直到新中国成立，随着改水利同知为"水利委员""水利知事"，设立"都江堰工程处""都江堰流域堰务管理处"，并对其深入管理，"使水旱灾害频繁的川西成为水旱从人，不知饥馑"的天府之国。

由此可见，水对于民族昌盛来说是一个永恒的话题，是人类基本生存保障和精神润泽提升的必要物质条件。民以水为天，以水行天下，以水兴农业，以水昌工业，以水胜旅游，以水强民族，我们应以战略的眼光、用可持续发展的理念去对待水及水资源、水环境。

国际自然与自然保护联盟（IUCN）发表的《世界自然保护大纲》中首次提到"可持续发展"（Sustainable Development）的概念。世界环境与发展委员会（WCED）在《我们共同的未来》（Our Common Future）报告中首次系统地阐述了"可持续发展"的概念与内涵，它的提出，标志着世界范围内的具有整体价值观的新发展观的诞生。报告指出，可持续发展就是"既满足当代人的需要，又不对后代人满足其需要的能力构成危害的发展"，并指出：满足人类的需要和愿望是发展的主要目标，它包含经济和社会循序渐进的变革，定义中包含"需要"和"限制"两个概念，"需要"是指世界上贫困人口的基本需要，应放在特别优先的地位来考虑，"限制"是指技术状况和组织对环境满足当前和未来需要能力施加的限制。之后在《Caring for the Earth：A Strategy for Sustainable Living》和《21世纪议程》这两个重要的国际性文件中对可持续发展有了进一步的详细说明，并相继出现了近70种可持续发展概念的表达形式。

巴西里约热内卢召开的联合国环境与发展大会（UNCED）上通过的《里约

宣言》《21世纪议程》《森林问题原则》《生物多样性公约》以及《气候变化框架公约》，标志着可持续发展思想得到全球共识并在各国取得合法性，也表现为最高级别的政治承诺。中国学者认为，可持续发展就是："不断提高人群生活质量和环境承载力的，满足当代人需求又不损害子孙后代满足其需求能力的，满足一个地区或一个国家的人群需求又不损害别的地区或别的国家的人群满足其需求能力的发展。"

实际上，中国古代先哲孔子、老子等都有过朴素的可持续发展思想，"人天关系"贯穿于中国哲学史始终。孔子提倡"天命论"，老子主张"无为"，管子在《管子·地数》中也强调山川林泽及资源的保护。战国的荀子也把自然资源的保护作为治国安邦之策，特别注重遵从生态系统的季节规律，重视把自然资源的持续保存和永续利用有机联系在一起。在西方，经济学家马尔萨斯、里加图以及穆勒等人提出，人类经济活动范围存在着生态边界，他们认识到人类消费的物质限制。以D.L.Meadows等为代表人物的罗马俱乐部以悲观论调"零增长论"发表的关于人类困境的研究报告《增长的极限》认为，如果世界上的人口、工业、粮食生产以及资源利用等方面按照当时的增长率继续下去，那么未来100年内地球上的经济增长将达到极限，可预期的结果是人口和工业生产的增长率将突然不可抑制地下降。报告特别指出：除非到2000年人口和经济增长停止下来，否则社会就会超过限度地垮台，而"零增长"是限制这种局面出现的最好办法。而乐观派代表人物J.L.Simon则出版了《没有极限的增长》和《资源丰富的地球》，提出了"经济增长决定论"，他认为环境污染并非经济增长和技术进步不可避免的后果，技术进步本身为污染的消除提供了可能性，也为新的资源产生提供了可能性，而且由于人类能力发展的无限性，也将弥补人口、资源和与之相关的许多不足等。这两种观点的互相争论其实针对的问题都是一个，就是人类面临的生存与发展，它们为人类逐步加深对全球性环境问题的认识都起了积极的作用。可持续发展理论归纳起来有几大特点：以发展为核心，经济增长作为经济发展的基础与前提，以满足人类需要；以保持生态系统与环境的良性循环、资源的永续利用为前提；当代与未来需求同步考虑的发展模式；建立新的价值体系，提倡新的思维方式、行为方式、生产方式与消费方式；确立当今世界不同地区、不同民族之间的平等发展原则；对改造环境灾难的所有因素加以限制的原则。

而随着世界性水资源的日趋短缺，水环境的日趋恶化，要保障人类社会整体的发展进步，可持续发展的理论原则将是唯一可循的途径，同时可持续发展理论也为我们建立起一种新的哲学观——环境伦理提供了理论依据。

二、环境伦理设计哲学观

走向精神的自由作为水环境艺术设计的一种追求，也应当是可持续的。而人类步入工业社会以来的200多年所产生的对工业化方式与方法在精神上的过度依赖和迷恋，形成了物质价值主义、经济增长主义、技术进步主义等价值体系，出现物质存在被人格化，成为人的不可分割的部分，一个社会中主导性的价值坐标则是见物不见人和以物取人，从人性解放的现代社会变成了一个物贵人轻的社会。这种基于经济增长的无限欲望来不断改变人们的生存质量也就有了价值参照。可事实上，地球有限的资源和生态的脆弱所表现出的结果是"熵"质的大大增加，和人们对于理想环境的希望越来越远，很显然，西方传统的对于人与自然的哲学态度出了问题。人与自然对抗的必然结果是遭到自然的报复。重新调整人与自然的一切关系，尤其是伦理范畴的关系也就成为我们最为现实的设计哲学。

（一）种新的设计哲学观——环境伦理

传统的设计思维模式似乎极少将我们设计实施的对象当作与我们人类自身一样平等的地位对待，人类行为永远是以人为中心，环境问题的日益严重对人类生存所构成的威胁已成为国际化趋势。要维系人类新的发展，需要"努力使一种新的道德标准———一种进行持续生活的道德标准得到广泛传播和深刻支持，并将其原则转化为行动"。即发展一种新的环境伦理学来研究环境与人的关系，对人的环境行为做出规范和评价。这种环境伦理的产生是对传统环境认识观的批判：传统认识观使人们觉得自然资源具有无限性，人作为自然之主对自然资源无休止的索取和向环境的过度排放是不存在道德问题和无可争议的。有学者认为，现在提出的环境伦理将权利交予大自然，是否存在着像"大自然的权利"这一如此抽象的东西，是否是人类功利化的另一种表现，这个我们暂不评论，但从1867年约翰·缪尔（J. Muir）提出的尊重"所有其他创造物的权利"，1915年阿尔伯特·施韦泽"敬畏生命"的伦理观，到提出"大地伦理"的奥尔利·利奥波德和他的整体主义的生物中心道德观，还有"解放地球""大自然的解放""深生态主义"和"终极民主"中把动物、植物和人类放在同样拥有权利的平等地位一系列伦理思想，都站在了人类思想发展史的前沿地带。环境伦理不仅继承传统伦理中人的社会存在，人的责任、义务、规范，这一人生存的社会依赖性，同时更加强调人生二重性中的自然依赖性，因为人类根本无法摆脱的首先是自然的，然后才是社会的这一双重存在和双重依赖特性，所以，我们认为环境伦理是对传统伦理的补偿和新的实践精神的完全展开。正是如此，20世纪70年代前后在美国率先开始的对环境伦理的讨论，很快就波及全球。

（二）环境伦理的基本内涵

自然界的价值："我们终将认识到，自然环境是被剥削的无产阶级，是被每一个工业制度蹂躏的人。……大自然也必须拥有其自身的天赋权利。"西尔多·罗斯雷克在1978年这样提出了他对大自然权利的观点。中国历史上众多思想家对自然的价值都有过精辟的论述。荀子肯定自然价值"制天命而用之"的思想对后人影响极为深刻，他讲道："从天而思之，孰与物畜而别之，从天而颂之，孰与制天命而用之?思物而思之，孰与理物而勿失之也。愿于物之所生，孰有物之所以成，故错人而思天，则失万物之情。"儒家提倡"仁民爱物"也是自然价值的体现，它表明了儒家的生态从善性原则并从自然资源利用、政治制度和道德心理等方面加以具体化。儒家将生态从善的道德情怀施于自然界。"地势坤，君子以厚德载物。"厚德载物作为儒家化育万物的"德"化自然价值观在中国哲学史上已成为基本命题之一。对人类而言，自然所具有的生命支持系统价值、资源利用的经济价值、科学技术研究价值、精神陶冶和审美价值、文化和自然史价值、基因多样性价值、性格培养价值、医学价值、辩证的价值、自然界稳定和开放的价值、宗教价值等都是在满足人类的生存和发展需求，满足其他生命生存和发展的需求，并维持地球基本生态过程的健全发展。

（三）对于权利的讨论

自然界所具有的价值存在和对人类中心主义的现实批判，要求我们建立一个对权利的评价系统以获取道德、利益和义务的公正。余谋昌在《生态伦理学》一节中对自然权利是这样论述的，"自然界的权利，是指生命和自然界的生存权"。他还总结出自然界的权利是自然界的利益与自然界的权力的统一，权力进化以及生物权利与义务的一致性等。罗尔斯顿也指出："生存权，从生物学上讲，是为了生存适应性配合的权利，适应性配合，需经上千年的维持生存过程。这一思想至少使人们想到，在某一生态位的物种，它们有完善的权利，因此，人类允许物种的存在和进化，才是公正的。"自然因其自然物在长时期生态系统的物质循环、能量流动和信息交换中所形成的庞大的立体式网络，使每一种生物都成为这张网络中的有机环节，彼此关联，环环相扣，这是它们对人类的生存保障，同时也是它们自身权利的保障。罗尔斯顿在《动物权利与社会进步》一书中论及自然及动物的权利，认为："如果人类拥有生存权和自由权，那么动物也拥有。二者的权利都来自天赋权利。"他号召人们把"所有的生物都包括进民主的范围中来"。并且宣称："并非只有人的生命才是可爱和神圣的，其他天真美丽的生命也是同样神秘可爱的。未来的伟大共和国不会只把它的福恩施惠于人。"在他看来，作为动物，在拥有天赋权利方面，以及作为大自然的一部分方面，人类和其他"低等种属"都是完全平等的。塞尔特还希望"未来的宗教将是信奉一种万物一家的教义，一种关于人类与准人类之间的关系的宪章"。对于人类及自然界权利的思考将开创哲学发展史上的新潮流、新领域。1949年，奥尔多·利奥波德的"大地伦理"就提出"把人类的角色从大地共同体上的征服者改造成其中的普通成员和普通公民。"这种道德范围的不断扩展，亦使权利范围发生根本性变化，可以说与我们人类一样，自然界权利的自然性、社会性、平等性与差异性都将在人与其他物种及与自然和谐共生的公正的共同体内得以体现。

在儒家哲学的伦理当中，以"仁民爱物"为核心的生态从善原则在道德伦理、政治制度和自然资源等方面都得以体现。孔子认为仁是道德主体心理情感的自然流露，具有自然向善趋势。道家"道法自然"，以"慈"为价值最终来源和内在根据，亦是"道"的首要品德，并将"慈"引向了"道德自然"，从而建构了道家的生态道德从善原则。

泰勒《对自然的尊重》一书，超越了局限于尊重生命终极关怀道德态度的论证和概念的提出，并实质性地划分了这种道德伦理的具体规范：如对自然环境中那些有机体、种群和生命共同体"好"的存在不作恶的原则；对大自然的有机体追求自己的"好"的自由不干预的原则；对于自然状态下生存的动物采取忠诚的原则。如果道德代理人有意违背了前面二条中的一条，那他就是打破了人与其他生命之间的"正义的平衡"。这时道德代理人就应履行对被伤害的道德顾客进行补偿的原则等。而在《保护地球——可持续生存战略》一书中，联合国报告也指出"人类现在和将来都有义务关心他人和其他生命。这是一项道德原则"。这足以证明，环境伦理已是一项世界道德准则。

每一个人都有同样基本和平等的权利包括生活、自由、安全、信仰和宗教自由，参政与受教育以及在地球极限之内利用自然资源的权利。

人人尊重这些权利。每种生命形式以对人类的价值有理由分别得到尊重。人类发展不应威胁到自然的整体性和其他物种生存，善待并保护它免遭摧残，避免受折磨和不必要的屠杀。

任何个人都应对自己给自然界造成的影响负责。保护生态进程和自然界的多样性，有节制地利用自然资源并保证资源使用的可持续性。

不论何种困难，贫穷还是富足地区，现代和未来的世代之间都应有目的地公平分享资源利用效益及费用，不能透支下一代应享有的多彩世界的应有对自然界其他物种和人类权利的保护是超越地理界限、文化、宗教、政治体制的世界范围的责任，不论个体还是集体都是如此。

环境伦理作为一种全球新的道德观的出现，对于中世纪以后人文主义思想泛化，包括美国自由文化精神以及与工业社会所面临的众多社会问题都形成了强烈的道德冲击，同时还出现了如政治生态伦理、人口生态伦理、科学生态伦理、战争生态伦理、资源与消费生态伦理等一系列伦理学说，这种超越人际伦理所倡导的自然物种共同体伦理观的价值体系，亦成为环境艺术设计领域的哲学依托性，让我们在学会创造的同时逐步告别传统工业文明的价值模式，从而构筑一个可持续发展的绿色之都。

第三节 水环境艺术设计的资源与形态

一、水资源设计的资源观

水资源是水环境艺术设计文化研究的原始对象，它既是水环境的化学构成，也是水环境艺术设计文化产生的物质基础和必然前提。

（一）原生水环境的资源构成

世界性水资源分布的不平衡所带来的一系列问题实实在在地摆在人类面前，由于水环境艺术设计特殊的研究角度，我们将水环境划分为原生水环境与人文水环境两大类并讨论它们的资源构成，以确认研究对象的源头所在。关于"水资源"，在《中国大百科全书》的大气科学、海洋科学、水学科学等不同卷本中所下的定义均有细微差异，比较一致的看法为"地球表层可供人类利用的水，包括水量（水质）、水域和水能资源，一般指每年可以更新的水量资源"。陈志恺在1992年的水利卷中给水资源的定义是："自然界各种形态（气态、固态或液态）的天然水，并将可供人类利用的水资源作为供评价的水资源。"姜文来在《水资源价值论》一书中认为："水资源包含水量和水质两个方面，是人类生产生活及生命生存不可替代的自然资源和环境资源，是在一定的经济条件下能够为社会直接利用或待利用，参与自然界水分循环，影响国民经济的淡水。"他还进一步指出这一定义所包含的三个显著特征：①将经济、技术因素隐含在水资源中，强调水资源的经济属性和社会属性，因而水资源量具有相对的动态性。一些暂时无法利用的水，如南极的冰山，当经济技术发展到一定阶段可以开发利用时，它就是水资源，水资源量含有一定的经济技术水量。②将失去使用价值的污水划归到水资源行列中……污水也是待开发利用的资源……③明确强调水资源是环境资源，因而水资源的开发利用必须限制在环境可承受的范围之内……

国际上各种权威组织和机构对水资源的界定，也是根据时间的不断变化而有所发展的。1894年，美国地质调查局（USGS）最早采用水资源这一概念并正式成立机构，该局设立了水资源处（WRD），这里的水资源是和其他自然资源一道作为陆面地表水和地下水的总称，业务范围是对地表河川径流和地下水的观测，没有涉及海洋水。在《大不列颠百科全书》中对水资源的定义是"全部自然界任何形态的水，包括气态水、液态水和固态水"，这个概念因其百科全书的权威性而被广泛利用。

1963年英国通过的水资源法中将水资源界定为："具有足够数量的可用水源。"而联合国教科文组织（UNESCO）于1977年将这一概念总结为："水资源应指已经被利用或有可能被利用的水源，这个水源应具有足够的数量和可用的质量，并能在某地为水的需求满足而可被利用。"中国《水科学进展》杂志为了进一步对水资源的内涵进行探讨，并试图找到一个较为统一的概念，于1991年主办了一次由国内部分著名学者专家参加的笔会，尽管与会人士发表的观点不尽相同，各自的出发点和提出的概念也存在一定差异，但他们却一直赞同应在水资源这一不可替代的自然资源、环境资源和经济资源的基础上增加水资源作为一种精神资源和文化资源等的属性。

原生水环境的资源构成，指天然生成的以气态、固态和液态这三种基本形态存在于自然界中的水。广义的原生水环境中的水资源包括海水和淡水两大部分，其中有可被人类利用的天然水；狭义的原生水环境的水资源是指人类生活生产和生存无法替代的自然资源和环境资源。水环境艺术设计研究所涉及的原生水环境的水资源主要指自然生成的地表水圈以相对稳定的陆地为边界的天然液态水为主体，包括近海海域、河流、湖泊、沼泽等，并与人类聚落环境形成有关联系，影响人类聚落空间生存状况的水域各要素，同时也涉及部分固态和气态水资源。

原生水环境的水资源包括整个地球水圈的一切形态的水。

根据联合国水会议文件汇编所公布的数据和《中国大百科全书》水利卷对地球总水量的统计，总数约为13.86亿km³的全球总储水量看来是非常富足的。但其中96.54%的绝大部分水储存于海洋之中，由于海水中含大量盐类和其他杂质，既不能饮用，也不适于工业和农业之用。余下的3.5%中并不全是淡水，淡水仅占其中的73%（约占总水量的2.53%），且其中又有68.7%分布于冰川和永久积雪之中，另外30.1%是地下水和土壤水，存在于江河湖渠中的淡水不足0.36%。从理论上讲，人类可以开发利用的淡水资源只是全球水量中极少的部分。

地球上的水资源不但分布不均，而且还不是固定一处，静止不变的。在太阳辐射作用下，水会形成水循环，所形成的水循环分大循环和小循环两种形式。水成为地球上唯一可以更新的物质，但更新循环的周期各有不同，从大气水八天的更换期到多年冻土的底冰一万年更新期不等，但地球总的水量是保持基本平衡的。

（二）人文水环境的资源构成

人文水环境从水资源的数量概念就本身来讲与原生水环境的水资源构成没有根本差别，因为总的水量是没有变化的。人文水环境的资源构成意义在于水资源所处场所与环境发生位移或在水体体量、形态等方面出现新的形式，并伴生出一系列新的问题，而这种新形式和新问题的形成过程与未来形式的创建以及外延人文现象正是水环境艺术设计的研究重点，因为人类一切文明都在其中留下深深的烙印。

人文水环境的资源构成：一是包括原生水环境资源的全球总水量这个数字概念及内容；二是水资源所蕴含的价值概念及内容；三是水资源的环境化问题等外延。

水资源的价值论证是完全人文化的结果，是人文水环境的一个重要特征，这种价值的对象在一切生物中，主要是人类依据自身的评价系统和利益出发去进行研究和恒定的。

水资源价值是基于它所据有的众多特性而拥有的：第一是水的资源的不可替代性，它是一切生命存在的前提。在煤炭资源全部耗尽的时候，人类可能通过开发如石油资源、核能资源、风能资源、太阳能资源等去加以代替和弥补，但"如果地球上没有水资源的存在，那么，地球上所有的动、植物就只有寿终正寝了。因为人类无法找到水资源的替代品"。第二是水资源的可循环与可再生特性，这种可循环和可再生是以人类的合理开发利用为条件而存在的。第三是水资源的区域性和时间。第四是水资源所具有的经济性和社会性，水资源对于人类社会经济的发展影响是全面和深入的，它同时也是整个人类社会所共同拥有的财富，它与所有国家和种族的命运休戚相关。第五是水资源所拥有的文化属性，这是水资源的延伸意义，它以立体的形态呈现，也极富精神意义。

姜文来在对水资源价值进行研究时，从水资源的价值论、价值流、价值模型、价值突变、价值与伦理学等方面给予了全面的关注。在"水资源价值与伦理"一章中，提出了水资源财富均衡代际转移模型，这种代际财富转移，就是上一代人将它所拥有和代管的财富通过一定的方式转移给下一代。财富的转移方式有两种：实物量方式和价值量方式，前者是将实物本身转移给下一代，后者不仅仅是将实物量转化为价值量，而且还包括用资金、技术等方式对下一代的补偿转移。人文水环境资源构成的环境化问题是现代环境科学的主要内容之一。在农业用水、工业用水、生活用水三大部分水资源的开发利用中，已使原生水环境的资源在质上有了极大的变化，有的区域不但在水的体量、形态上出现巨大变化，而且水质已遭到毁灭性的污染，不可再生的危机此起彼伏，直接影响到人类整体生态系统的平衡，导致环境品质的退化以及社会秩序的紊乱等。因此，水体污染是人文水环境的资源构成中的特有状况，从现代环境科学的统计看，随着工业化进程的不断加剧，人类排入水中的污染物质种类也在持续增加，达150多种。在第一届联合国环境会议所公布的28类环境主要污染物中，就有19类属于水体污染物，如二氧化硫、氟化物、汞、铅、油、镉、固体废料、致病机体、石棉等。它们都是人类再造环境中通过地表水源污染、大气水分污染和地下水污染而影响到环境和人类的。这些污染分别以点污染、线污染和面污染的形态存在于人类工作区、生活区和公共区域等，虽然人类可以通过物理净化、化学净化和生物净化等手段来改善人文水环境的资源质量，但是污染程度一旦超过水的自净能力和人为控制范畴，这部分资源就成为灾害的源头了。在以太湖、滇池和巢湖为代表的我国内陆湖重点污染名单中，太湖作为中国的第三大淡水湖，流域面积36500 km²，水域面积2400 km²，从20世纪80年代初开始水质逐年下降，致使水环境污染严重，影响了太湖的旅游业、湖区生态环境和湖区人民的生存。据资料统计，不仅湖泊、河流、地表和地下水污染严重，而且30年来我国面积仅在1 km²以上的湖泊就减少了543个。更有甚者，在"千湖之省"的湖北省，1952年的1066个湖泊中现已仅存325个，这种水面缩小状况仍在继续发展，人文水环境的资源构成已经变得十分复杂，情形也让人颇为担忧。

（三）水环境艺术设计的现实面对

著名水文学家谢家泽对人与水的关系做过深入地研究之后，从历史的观点对其进行了分析："人适应水"的原始社会阶段简单的人水关系开始为第一时期；随着农牧业的发展和生产力的进步，人类从简单的"人适应水"发展到"人适应水为主，水适应人为辅"的古代社会人水关系为第二时期，如秦汉时期的宁夏引黄灌溉工程，表明人类对水资源有意识地利用；因工业革命和科技发展带来新的生产力，人对于自然的认识由适应自然逐渐发展为改造自然，这就是带来众多工业化问题的近代社会人水关系的第三典型时期；进入后工业社会为第四时期，人们面对日益严重的水资源与水环境问题，才发现"人和水的关系是社会和自然界关系的组成部分"。人类对于水资源的对策措施也由以工程措施为主转化到工程措施与非工程措施相结合。通过法律、政治、经济等多种手段来管理和开发水资源，谢家泽的历史分期既纵向地把握了水的历史演进，也横向地涉及与水相关的众多领域，可以说到了信息时代的今天，对水的需求已远远超过20世纪的石油在人类生产和生活中的重要地位了。

1.人类生存环境的水资源危机

2000年3月17日至22日，第二届世界水资源论坛大会期间，全球120多位部长，500多个代表团，400多位记者以及3500多位专家会聚荷兰海牙，讨论的中心议题就是"水"。据《环球时报》特派委内瑞拉记者管彦忠报道："估计全世界有30亿人缺乏基本的饮用水，12亿人喝不上自来水"，"到2025年，世界上的人口将增加到80亿，用水量将增加20%，到那时世界上60%的人将住在城市里，其中30亿人每年拥有的用水量将达不到联合国提出的最低居民用水标准，即1700 m³。缺水引起的后果令人震惊：因为饮用未经处理过的水，世界上每年有340万人死亡，每天有5000个儿童因饮用不符合卫生标准的水而得病死亡，每15 min就有100人因腹泻疾病丧生。这类情况多发生在发展中国家，在第三世界国家中，60%~80%的生活用水没有得到处理……在发达国家里，大部分河流和湖泊也已被污染"。占地球表面70%左右面积的水域中的97%淡水中有77.2%又存在于冰川或雪山之中，可供人类简单地直接加以利用的水不足1%，占世界全部水量的0.77%。全球范围的荒漠化进程更加剧了淡水的危机。在2000年第二届世界水资源论坛期间放映的一部非洲中部最大内陆淡水湖《乍得湖》的纪录片就是一个很好的佐证。《乍得湖》这部纪录片以湖水清澈，波光涟涟，满眼碧绿的迷人画面作为开篇，而湖边每天清晨来自四面八方的人们兴致勃勃地购买新鲜水产品的景象更是极富生活气息，可是这却是23年以前这2万 m²的内陆淡水湖的美景，如今乍得湖湖面已经缩减到只有2000 m²，而且水的污染已经致使原有的十多个水产品市场降为一个，集市也一周一次。据联合国21世纪水资源委员会向会议提交的报告统计，由于遭受破坏性的开发利用，全世界50%左右的湖泊与河流的命运与乍得湖一样在劫难逃，这其中包括中国的黄河、长江，俄罗斯的伏尔加河，非洲的尼罗河等。

据加拿大一家研究机构公布的数据，从1900年以来，北美的河流中至少有123种生物已经灭绝，现有生物也正以每年4%的速度走向死亡。水资源的匮乏，水质的污染，不仅威胁到水中生物、植物，也对人类的生存和精神构成巨大危害。中国早就被列入世界水贫穷国家之一，中国华北地区现在已形成世界上最大的"地下水漏斗"。北京市由于地表水的严重不足，只能依靠水库多年的"积蓄"来勉强维持，因过度地开采地下水，导致1999年全市地下水位下降2 m。由于地下水开采，河北沧州市中心地面整体沉降1.68m，其实整个华北地区早就成为中国最缺水的地区之一，人均水资源已排列全国倒数第三。《北京青年报》发表题为《华北地下水漏斗世界最大》的文章，文中提到："严重缺水使人们不得不把目光盯在地下。目前河北省机井已达9万余眼，占全国1/4以上，近年来共超采地下水几百亿立方米，其中属于不可再生的深层地下水达200多亿立方千米……在北京、天津地区，影响面积达5万平方公里左右。伴随地下水漏斗，这一地区地面也随之沉降，还引发了一系列环境问题：铁路路基、建筑物、地下管道等下沉、开裂，堤防和河道行洪出现危机，南运河部分堤段已经下沉了1 m左右，地矿部门测定，华北地区49个县市地面裂缝达到400多条，秦皇岛市海水倒灌面积已有55 km²。"由此还会带来更多新的问题。地下水的枯竭将使未来的可持续发展成为"无本之木"。从全球来看，水资源的短缺所带来的问题无疑是灾难性的，正如1977年8月联合国水资源会议上发出的在当时看来让人震惊而现在我们正面对的警告：继石油危机之后，水将成为一场世界性的潜在的社会危机。

2.21世纪水战

埃及前总统萨达特曾说过，如果有那么一件事情可能导致埃及再次走向战争，那就是水。

　　埃及97%的地表水资源源自尼罗河，发源于埃塞俄比亚境内的尼罗河水，有86%灌溉埃塞俄比亚3700万hm²的土地，一旦河水被截开发，下游每年将减少90亿m³的水资源，这将对埃及构成毁灭性的威胁，所以前任联合国秘书长也曾说过，中东地区的下一次战争会因尼罗河而并非政治问题所致。两河流域的河水量无法满足其需求，它们所能期望的是对咸海流域的水资源以及与之相关的环境开发利用，这其中将暗藏着一定的矛盾纷争。回过头再看中东，由于50%的可使用水超越国界，导致了该地区政治上、军事上的许多冲突，叙利亚与土耳其的矛盾致使土耳其施压扬言要切断幼发拉底之水。土耳其位于幼发拉底河和底格里斯河的上游，控制了50%以上的水资源，流入波斯湾的底格里斯河经伊拉克在境内与幼发拉底河汇合，这一水链将土伊紧紧扣在一起。此外，在约旦与以色列多年的冲突中，水也始终是一个重要诱因。约旦河为以约两国解决了一半以上的使用水，以色列由于控制了约旦河的上游，且在20世纪60年代的中东战争中曾多次对约旦境内的输水渠道进行过轰炸，同样，巴勒斯坦的用水问题也与以色列牢牢地联系在一起，因为以色列曾经严格控制约旦河两岸和加沙地带地表径流和地下水的所有权，并以巴人人均用水量不得高于以人人均用水量的1／3，付出水价不低于以人3倍为条件，承认巴人有权利用约旦河水。约旦水减少，巴勒斯坦必然遭殃。与世界其他著名的江河相比，只有300多km长，流域面积不过1.8万km²的约旦河算不了什么，可它却把约旦、叙利亚、黎巴嫩、以色列和巴勒斯坦的命运永远地联系在一起了。阿拉伯联盟曾企图使约旦河道远离以色列，并使其改道的举动对于以水为生命的以色列无疑是灭顶之灾，因而构成了导致1967年震惊世界的中东战争的原因之一。据记载，古代以色列人就是渡过这条约旦河进入了迦南这块"上帝应许之地"的，相传耶稣踏上满是荆棘的布道之路前曾在这里受过洗。在幼发拉底河，土耳其为了给建成的阿塔土尔克大坝蓄水，曾于1990年使幼发拉底河停水一个月，流经叙利亚和伊拉克的水量分别减少40%和80%。土耳其还有一个在幼发拉底河上游修筑庞大的水利系统计划，包括兴建20座大堤，以灌溉200万hm²土地。这无异于卡住了叙伊两国的咽喉，控制了它们的生和死。5000多年前因水而引发的冲突至今在南亚、中亚、中东地区依然存在，并潜伏着更大的战争危机。中东地区的不少国家首脑们有时甚至故意回避水资源这一十分敏感的话题，"虚拟水"的概念也随之出现，政府官员都拒绝公开谈论"虚拟水"，就连学者也不愿就此发表意见，因为"虚拟水"在中东地区的水文专家和决策者中间名声　不雅。

二、水环境艺术设计形态

自生命从海洋登陆那一刻起，就在为自己的另一个生存世界寻求以水为伴的栖息场所。从公元前3000年的埃及古王国到公元前16—11世纪埃及新王国这一古埃及最强大的历史时期，其国家的城市重心都建往水资源富足的尼罗河两岸，从当时首都阿玛纳的贵族府邸到吉萨金字塔群，都是在尼罗河水的灌注之下而光耀千秋。中国历史上的楼兰古城却由于水的枯竭而消亡。昔日桑蚕茂盛、管弦丝竹之声不辍，商贾云集的丝绸之路，以及人类的艺术宝库敦煌周边的绿洲和明镜似的湖泊，经过历史的变迁，都因水环境和水资源的恶化与匮乏，如今已变得满目苍凉，成为失落的天堂。此外，还有许许多多的古代人类的聚落都遭遇相同命运……由此可见，与水相伴的环境，才是人类理想家园的所在。

（一）中国东南古村落水环境

"宅前临渡头，村树连溪口"是武夷山下下梅村古村落的空间环境写照。其中"宅前临渡头"是东南村落选址的一种描绘，东南地区村落选址一般强调有河流在村前流淌；"村树连溪口"是村落环境意象的描绘，也反映了水口种树的普遍性要求，这里的"溪口"通常也是渡口，渡口通常建在村落的水口处，所以往往是村落、水口、大树与渡头、溪口紧紧相连。东南地区人居的选址都较为重视水环境的选择，因而临水择居也成为东南民居选址的普遍现象。

水是生命之源，无论哪种有生命的物体都有择水而生的本能。而人类作为智性动物，对水的选择不仅仅停留于动物性本能的追求，而是带有文化层面上的更高要求。《阳宅十书》篇首云："人之居处，宜以大地山河为主。"在中国传统文化系统中，对人居环境中地址选择的影响因素很多，其中之一就是"天人合一"的整体宇宙观。此宇宙观是一种人与自然的和谐建构状态，是中国古代先人思想智慧的结晶。具体而言，儒家所言的"天人合一"大体上是"人与义理之天""道德之天"的合一；道家所言的"天人合一"是"人与自然之天"的合一。总而言之，中国人的"天人合一"是在人、道德伦理和宇宙三个方面相互关系的解释中，追求一种和谐的状态。儒道思想是构建中国传统文化的核心，它们直接影响到中国社会的方方面面，其中包括社会生活、伦理道德、政治制度和各种意识形态，当然们的生活起居也不例外。东南地区，在北宋后文化中心南移以来，儒道思想对之影响可以说渗透到社会的各个领域，而东南地区气候条件大体是：春夏秋三季降雨量较大，各地的河流众多，湖泊广布。相对而言，这里洪水的暴发率较高，人们的头脑中水患意识较浓。所以，在与洪水的斗争中，人们对人与水的和谐共生状态的诉求更加强烈。在"天人合一"观念的影响下，对于如何处理水与人的关系，人又如何利用水资源等问题的思考，人们特别重视人与水的和谐，这恰恰为营造东南独特的水环境意象准备了条件。

"人生存中的任何活动要吻合于自然，要取得与天地自然的和谐相处。因此，要避免在不利于人类生存的气息与环境中生活，人的建筑活动就要利于自然的和谐。"

水不仅是人类生存的基本条件，更是人们生活和生产活动的重要因子。中国对水的考察历史久远，在远古时代就已经形成了一整套对水认识的文化系统。就思想层面而言，古人认为水是地之血气，地之精华。有利的水资源不仅提供了生活的饮用水和湿润优美的环境，也提供了便利的水运条件。东南古村落地址大多都是选在群山环抱、曲水小桥、环境优雅的山间小盆地，这样环境有利于形成良好的生态环境、宜人的小气候，也提供方便生活的交通。除水之外，山形走势的配合也很重要，后有大山，可以遮挡北部寒流，四周山水环绕，地势藏纳，避风聚气，是选址的好地方。如闽北地区，山势陡峭，群峰林立，既挡住了西北寒流的侵袭，又截留了海洋的温暖气流，致使闽北常年雨量充沛，气候温湿，形成了独特的小气候，中亚热带海洋性湿润季风气候明显。在实际的生活中，河流方便于生活汲水和灌溉用水，地势和缓，土层肥厚，良田美池，洪涝不侵，山上有良好植被，可以保持水土，调节小气候，满足柴薪之用，各种作物生长良好。这种村落环境形成了良好的生态循环，有利于耕读传家、自足自给的自然经济和和谐社会生活环境的建构。古代东南文化圈，交通多为水运，东南丘陵山地成树形的河流水系构成了发达的交通系统。如闽北广大地区，由闽江上游及其支流富屯溪、建溪、崇阳溪、松溪、金溪、沙溪等构成树枝状水系，流域面积在50平方公里以上，大小河流多达176条，构成了溪河众多、流量大、流域面积广的自然水系。又如温州地区由瓯江、飞云江、鳌江三条河流构成水系，均由西向东注入东海，大小河流有150余条，据水利部门估算，全市水资源总量为141.13亿平方米。这样丰富水资源的东南广大地区，在获得生产生活物质基础的同时，也孕育了多姿多彩的水文化，所以没有河流就没有东南古村落。

（二）水环境与园林景观设计

1.园林水景的营造原则

水景在设计前必须考虑水的补充和排放问题，最好能通过天然水源解决问题。对于小型水体，可用人工水源，做到循环利用。必须符合园林总体造景的需要。选择靠近水源的地方设计水景，利用多种设计手法尽量丰富水景层次。由于大面积的水体缺乏立面的层次变化，不符合中国传统园林的造园意境，通常可通过在水中设立岛、堤，架设园桥、栽植水草，在岸边种植树木等多种手法，达到分隔空间、丰富层次的目的。自然界中有江河、湖泊、瀑布、溪流和涌泉等自然水景。园林水景营造既要师法自然，又要不断创新。水景设计中的水有平静、流动、跌落和喷涌4种形式。在水景设计中，可以以一种形式为主，其他形式为辅，也可以几种形式相结合。

2.水景在城市园林景观设计中的应用特点

（1）亲和性和延伸性。

通过贴近水面的汀步、平曲桥，映入水中的亭、廊建筑，以及又低又平的水岸造景处理，把游人与水景的距离尽可能地缩短，水景与游人之间就体现出一种十分亲和的关系，使游人感到亲切、合意、有情调和风景宜人。

（2）暗示性和迷离性。

池岸岸口向水面悬挑、延伸，让人感到水面似乎延伸到了岸口下面，这是水景的暗示作用。将庭院水体引入建筑物室内，水声、光影的渲染使人仿佛置身于水底世界，这也是在水面空间处理中水景的暗示效果，利用水中的堤、岛、植物、建筑，各种形态的水面相互包含与穿插，形成湖中有岛、岛中有湖、景观层次丰富的复合性水面空间。

（3）隐约性和藏幽性。

配植着疏林的堤、岛和岸边景物相互组合、相互分隔，将水景时而遮掩、时而显露、时而透出，获得隐隐约约、朦朦胧胧的水景效果。水体在建筑群、林地或其他环境中，可以把源头和出水口隐藏起来，更能让人产生遐想。

3.园林景观设计中水景的营造方法

（1）动静结合的艺术营造。

静止的水面和流动的水可将周围景观映入水中形成倒影，形成景观的层次和朦胧美感。大面积的水面视域开阔、坦荡，有托浮岸畔和水中景观的基底作用。当水面不大，但在整个空间中仍具有面的感觉时，水面仍可作为岸畔或水中景物的基底，产生倒影，扩大和丰富空间。宁静的水面具有一定的倒影能力，水面会呈现出环境的色彩，倒影的能力与水深、水底和壁岸的颜色深浅有关。因此，对水景的设计，除了关注水的形态本身，还应密切关注水所流经界面的设计。

（2）与周围建筑风格及环境相结合。

利用天然地形的断岩峭壁、台地陡坡或人工构筑的假面山形成陡崖梯级，造成水流层次跌落，形成瀑布或叠水等景观。跌水最终的形状和模式都由所流经的物体决定，落水的速度和角度，也是影响瀑布形式和声音效果的决定因素。在园林设计中，跌水的形式极其丰富，也是最能体现设计者或园林主人想象力及艺术品位的设计元素之一。急速流动的、喷涌的水因混入空气而呈现白沫。落水具有形、色以外的声音效果，其飞落的变化体态感染力强，形式则千变万化，如丝带式瀑布、幕布式瀑布、阶梯式瀑布、滑落式瀑布等。叠水则通常指在欧式园林中常见的呈阶梯式跌落的瀑布。管流跌水的水柱，一般透明规整，多个连排具有阵列感、气势感，单个布置具有朴质感，适宜与雕塑配合，艺术效果强烈。

（3）景石的应用。

水石相结合创造的空间朴素、简洁，现代水景设计中用块石点缀或组石烘托的手法很常见。水池面设计装饰小品，诸如雕塑小品造型富有特色，增加生活情趣的石灯、石塔、小亭等，结合功能需要而加上的拟荷叶、仿树桩的汀步、跳石等，点缀园景、活跃气氛。

（4）水生植物的应用。

在园林中，按其生物习性可分为浮叶植物、挺水植物、沉水植物、滨水植物。水景设计离不开水生植物的设计，用不同的水草点缀在水环境中，也是别有一番风景。小型池塘在选择水生植物时，一般可利用瓦盆培育幼苗，长成后再植入较深水域中。较大的种植池在铺筑池底时，要先行考虑种植穴槽的位置，也可以选用盆栽或是砖砌水泥池槽。

总的来说，水的景观营造是其本身的形体和变化并依赖于外在的因素。平静的水在园林景观中能起到倒映景物的作用，流动的水则表现环境的活泼和充满生机感。综合运用水的这些特性，同时，深入研究生态发展、环境保护等多方面，才能充分发挥水元素的效用，创造更多的艺术财富，实现社会的可持续发展。

（三）都市性格定位与水场效应实现

城市的发展经一定的时期，逐步形成各自不同的历史和都市性格。都市性格是一个城市区别于其他城市的环境及人文要素的总和。其性格的形成受着来自地理环境和生活方式，历史和现实，自然和人文诸多因素的影响和制约。其所谓的"传统""风格""样式""地方式""历史"都融合在一个城市的整体存在之中。平原城市、山地城市、海滨城市与江河城市，都具有不同的视觉体验和城市印象，可以让公众参与到空间评价中去。在这些评价对象之中，自然水环境、人文水环境所形成的水场效应对一座城市构成所呈现的公众性格是不容忽视的。这里所谓的水场效应，是指水环境成为某聚落空间最典型的特征。

从美国海滨城市旧金山的城市设计计划所制定的十项"基础概念"中可分析水与其中基本概念的关系。其概念有：

1.舒适

城市设计中意指用街道小品、植物路面等来调整、改善人的步行空间。

2.视觉趣味

美学质量构成之一，通过城市的建筑特点和环境本身提供的视觉愉悦。

3.活动

指城市环境的"街道生活"内容。

4.清晰和便利

它可由强有力的步行权，狭窄的街道以及为城市实行体验提供设施和其他特征来获得。

5.独特性

强调可识别性，抑或城市结构的空间个性的重要性。

6.空间的确定性

它涉及建筑空间与开放空间的分界面，这些空间是获得"外部空间形状和形式，清晰的愉悦感"的城市结构要素。

7.视景标准

主要涉及悦人的景观价值以及人在城市环境的方位感。

8.多样化与对比

涉及城市环境、建筑风格和布局等建筑美学问题。

9.尺度与格局

其要点是为一个具有人的尺度的城市环境组织各种关系。在这十项设计原则中，美学质量，悦人的景观，城市的"可识性"等都在强调城市自身的品质与个性而存在。作为海滨之城，旧金山城市的整体性格都在以海水为大背景烘托之下形成，城市内部空间从功能和审美双重因素出发，水及水环境的设计与应用自不待言。虽然这只是作为一个案例，但滨水城市、江河城市常常成为人类栖居和向往的首选之地却是以共性存在的。

第八章　可持续发展与艺术设计

第一节　可持续发展与艺术设计概述

一、可持续发展战略与人类当前的生存状态

（一）可持续发展战略概述

众所周知，可持续发展是20世纪80年代提出的一个新的发展观。这一观念的形成和提出完全是为了顺应时代的变迁和社会经济发展的需要。1989年5月，基于对现代工业、商业活动所引发的一系列地球资源和生态环境危机的理性思考，经过与会者的反复磋商，第15届联合国环境署理事会通过了《关于可持续发展的声明》。

顾名思义，可持续发展，是指人类社会能够健康延续，既满足当前需要而又不削弱子孙后代满足其需要之能力的发展。可持续发展还意味着维护、合理使用并且巩固、提升自然资源基础，这种基础支撑着生态抗压力及经济的增长。可持续的发展还意味着在发展计划和政策中纳入对环境的关注与考虑，而不代表在援助或发展资助方面的一种新形式的附加条件。可持续发展的核心思想是健康的经济发展应建立在生态可持续能力、社会公正和人民积极参与自身发展决策的基础上；它所追求的目标是既要使人类的各种需要得到满足，个人得到充分发展，又要保护资源和生态环境，不对后代人的生存和发展构成威胁；它特别关注的是各种经济活动的生态合理性，强调对资源、环境有利的经济活动应给予鼓励，反之则应予摈弃。

所谓可持续发展战略，是指实现可持续发展的行动计划和纲领，是多个领域实现可持续发展的总称，它要使各方面的发展目标，尤其是社会、经济与生态、环境的目标相协调。1992年6月，联合国环境与发展大会在巴西里约热内卢召开，会议提出并通过了全球的可持续发展战略——《21世纪议程》，并且要求各国根据本国的情况，制定各自的可持续发展战略、计划和对策。1994年7月4日，国务院批准了中国的第一个国家级可持续发展战略——《中国21世纪人口、环境与发展白皮书》。

正如中国科学院可持续发展战略研究组撰写的专文指出的：可持续发展问题，是21世纪世界面对的最大的中心问题之一。它直接关系到人类文明的延续，并成为直接参与国家最高决策的不可或缺的基本要素。难怪"可持续发展"的概念一经提出，在短短的几年内，已风靡全球，从国家首脑到广大社会公众，毫无例外地接受其观念和模式，并迅速地引入计划制定、区域治理与全球合作等行动当中。美国国家科学院专门组织科学家探讨可持续发展战略思想的全球价值；美国国家科学基金会特设可持续发展资助专项，鼓励经济学家、生态学家、区域科学家和管理科学家，与政府官员一道，协力开展研究。联合国可持续发展委员会正在努力促进全球范围内对于可持续发展的全面行动。世界上人口最多的中国，更是把可持续发展作为国家基本战略。凡此种种，足证可持续发展的理论和思路，正作为一种划时代的思想，影响着世界发展的进程和人类文明的进程。

（二）地球资源与人类生存状态

早在21世纪初始，来自95个国家的1360名科学家就联合发布了报告，详细列举了令世人触目惊心的一系列数字，宣称世界资源的三分之二已被耗尽。

迄今60年来，为了人类所需的食物、淡水、木材、燃料，被开垦为农田的土地比18、19两个世纪的总和还要多。

地球陆地24%的面积已被开垦为耕地，导致森林的过度采伐。这可能导致疟疾、霍乱等传染病的肆虐，甚至引发更可怕的未知疾病。

人类现今消耗的地表水已占所有可利用淡水总量的40%~50%。

至少1/4的渔业储备已遭人类过度捕捞。一些地区的可捕鱼数量已经不足大规模工业化捕捞开始前的1%。

1980年以来，全世界35%的红树林、20%的珊瑚礁已经毁灭。许多滨海地带抵御海啸的自然屏障不复存在。

世界的局面不容乐观，具体到中国，资源和环境的状况又是如何呢？

在过去的50年中，中国的人口增加了一倍，生存空间却减少了一半。我们生产了世界最多的微波炉、电冰箱、电视机，消耗全世界最多的煤、铜、锡、锌、铂、钢材和第二多的石油。耕地的人均占有量是世界平均水平的1/2，淡水是世界平均水平的1/6，草地是世界平均水平的1/2。我国45种主要矿产的现有储量，再过5年将只剩下24种，15年后将只剩下6种。按世界人均占有淡水量测算，中国能养活3.2亿人；按世界人均可耕地数测算，中国能养活2.6亿人；按世界人均占有林地测算，中国能养活1.7亿人。1/3的国土被酸雨侵蚀，七大江河水系中劣五类水质占41%，沿海赤潮的年发生次数比20年前增加了3倍，1/4人口饮用不合格的水，1/3的城市人口呼吸着严重污染的空气，城市垃圾无害化处理不足20%，工业危险废物处置率仅为32%，全球污染最严重的10个城市中，中国占5个。

在人口远远超过土地承载力，资源极度短缺、环境容量极度狭小的情况下，中国经济竟然采取了一种高消耗、高污染的方式：单位产值的排污量是世界平均水平的十几倍，劳动效率仅为发达国家的几十分之一，经济不稳定的系数为世界平均值的4倍以上。与此同时，能源浪费消耗极大，产值1万美元消耗矿产资源是日本的7.1倍，美国的5.7倍，甚至是印度的2.8倍。

中国膨胀的人口和粗放型的经济增长方式，将使空气、水、土地、生物等环境要素遭到破坏，自然灾害频发，资源支撑能力下降，使民族生存空间收缩。如果不迅速转变生产与生活方式，人类历史上突发性环境危机对经济、社会体系的最大摧毁，将可能出现在中国。

中国环境遭受破坏的程度可以我们民族的母亲河长江为例。

早在2004年，"保护长江万里行"活动就在四川宜宾启动，考察活动由全国政协人口资源环境委员会和中国发展研究院共同举办，沿途马不停蹄共考察了长江沿岸8省21个市，包括湖北的武汉和宜昌，考察结果使专家、学者们发出惊呼：10年后长江生态可能崩溃！

工厂边的小河很多都变臭了，某些经济强市招商引资来的全是钢铁厂、化工厂、造纸厂、造船厂、拆船厂这样的重污染企业，沿几十公里长的江岸一字排开，排污几乎全是直排。

长江干流有60％水体受到不同程度污染，每年排入长江的污水达200多亿吨，占全国40％以上。

现在长江面临六大危机：森林覆盖率严重下降，泥沙含量增加，生态环境急剧恶化；枯水期不断提前，长江断流日渐逼近；水质严重恶化，危及沿江许多城市的饮用水，癌症肆虐沿江城乡；物种受到威胁，珍稀水生物日渐灭绝；固体废物污染严重，威胁水闸与电厂；湿地面积日渐缩减，水的天然自洁功能日渐丧失。

这样的环境现状确实令人惊惧。

中国是世界上人口最多的国家，从统筹资源的角度看，中国人均拥有的耕地、淡水、能源、矿产等在世界上无可夸耀，13亿人口的生存发展需求无比巨大，地大物不博已是不争的事实。在推动人类历史上最大规模的工业化与城市化进程的同时，环境也蒙受了空前的劫难。可能不需等到下一代，我们这一代人就会承受这些灾难。

二、艺术设计与人类社会的关系

（一）艺术设计的正面效应

如果从本原的意义上理解，"设计"与人类制造活动的关联可谓历史久远，最原始的工具、武器、炊具、居所……在其产生之前都有构想、设计的过程。与人的制造行为相伴生的审美思考应视为"艺术设计"的原初形态。从手工业时代到工业时代再到后工业时代，人类的设计意识和在设计上着力的强度一再增加，艺术设计已完全纳入社会的产业链和生态链，人类今日和明日的生活形态和生存质量基本取决于艺术设计的水准。

现代艺术设计几乎是无所不在，已经渗透到人类社会的一切领域。

艺术设计在所有与人相关的环境设计中，起着整合自然与人文审美要素的作用。与此同时，也在很大程度上决定着环境利用的质量和效率。当代环境艺术设计在此领域发挥着重大作用。

艺术设计决定着人类所享用的、可感知的物质和精神产品的形态样貌。换句话说，决定着绝大多数产品的审美品质。无须一一列举，与产品制造相关的各个设计专业在此领域当仁不让。

正是由于艺术设计所重点把握的造型、质感、色彩等设计要素，不可避免地要与实用的、功能的、制造工艺等设计要素有机结合起来，现代人类的制造活动中，艺术设计早已超越了"唯美"的、"化妆"的层面，它能够统合产品的实用与审美功能而关乎产品的综合品质。优秀的产品，无不融合了艺术与科学技术、蕴含着设计智慧，这种设计的"含金量"，决定了艺术设计所创造的价值往往大大超过了产品的原料及加工成本。艺术设计对于提升综合国力的作用有目共睹。

艺术设计在商品的流通领域更是不可须臾或缺的。从商品的品牌、形象、包装、广告到商品展陈购销的场所环境，艺术设计全面承担了展现、宣传、推介的职能，离开艺术设计的营销活动几乎难以想象。

艺术设计在现代信息传播中的作用更是有目共睹。信息与其载体以及各类传播媒介都需要形象设计，从传统的书报杂志到电视和多媒体，再到电子信息网络，艺术设计在信息流布的过程中先期达成的"信息设计"，是人类获取信息的效率和质量的重要保障。

（二）艺术设计的负面效应

与世间万事万物都有两面性一样，除了上述的正面作用，在迷失方向、缺失良知、丧失道德的情况下，艺术设计在社会生活中也能起反面作用，可以通过误导、欺骗等手段充当谋取不当利益者的工具；也可以打着丰富品种、刺激消费、更新换代或增添附加值等旗号，制造"设计泡沫"、美化伪劣产品以及超量产出"包装垃圾"，加剧地球资源的浪费和环境的污染。

以艺术设计中直接服务于商业的包装设计为例。也就是十多年前，中国出口商品质量上乘而包装低劣，在国际市场上缺少竞争力，许多中国产品被外商更换包装而大赚一笔，仅此造成的年损失达一亿美元。为急起直追，中国包装行业以15%的速度连年递增，在提升包装水准的过程中也结出包装过度的恶果。据统计，北京年产300万吨垃圾，包装物占83万吨，其中过度包装达60万吨。中国平均年产12亿件衬衣，包装纸盒重达24万吨，生产这些纸盒要砍伐碗口胸径的树木168万棵。倘若以塑料代替，更会造成巨大污染，在自然条件下，塑料要200年以上才会化解。

近年引起公众广泛关注的月饼包装问题很具代表性。据研究，包装业中秋节前后一两个月的业务量占全年的1/3。月饼本身成本只占15%，而包装成本占30%以上。统计结果表明，月饼行业中秋包装耗资近30亿元。节后不少居民区垃圾站，"华丽"的月饼盒几近堆积成小山。所谓高档月饼，大多是靠超级豪华的包装哄抬身价的。

对于欺骗性包装，20世纪80年代美国、日本、加拿大、荷兰、法国、德国、奥地利等国都曾颁布法规予以遏制。对包装的空间比率、层数、非技术必须等做出明确规定。如日本，规定包装容积内空位不得超过20%，包装成本不得超过售价的15%，包装须与产品的价值相应。

与发达国家的普遍重视程度形成巨大反差的是：中国至今对于非常过度的、欺骗性极大的包装没有约束法规。甚至有关部门或行业提出十分荒谬的规定：包装物的价值不超过被包装产品价值的1~2倍。这就意味着50元的月饼可以包上50元或100元的层层盒子、袋子，这些昂贵的"漂亮垃圾"表面看是由消费者付账，最终付出代价的是我们宝贵的资源与环境。

不只是包装设计"闹鬼"，中国存在着艺术设计的种种怪现状。

服务于所谓"高消费群体"的豪奢艺术设计，表面上看是市场行为：有需求就有供应，有收入水平差异就有消费档次区分。然而，剖析一下倡导"帝王""贵族"生活方式的艺术设计行为，从根本上说是与可持续发展理念背道而驰的。高品质的艺术设计与珍稀用料、耗费工时、虚荣浮华并没有必然的联系，许多设计者有认识的误区，认为过去平民百姓艳羡的统治者的享乐生活就是今天富裕阶层的必然追求。于是，豪宅越建越大，不妨厅堂能跑马；装修越来越奢，不吝黄金与象牙；服饰越配越奇，不管藏羚被猎杀；车子越坐越贵，不拘林肯或宝马……我们不反对正当致富者的合理享受，但反对不科学的艺术设计导向，反对财迷心窍的媚俗设计师。

艺术设计与人类社会不可分割的关系，它导致的正面和负面效应确实应该全面深入地进行探讨和研究了。

三、当代中国艺术设计的战略定位

中国在可持续发展道路上的脚步，无法绕开的是对艺术设计的战略定位。

（一）正视艺术设计的学科定位

早在1998年，国务院学位委员会已经决定将招收研究生专业目录中原"工艺美术学"改为"设计艺术学"。

按传统的看法，在自然经济体制下，手工制品的设计属于工艺美术范畴；为与"工艺美术"的手工艺（还曾被称为特种工艺）品性脱开，有必要将现代工业社会批量化、标准化生产的产品设计界定在艺术设计范畴。其实，工艺美术与设计艺术的概念无法彻底分开，一则在"艺术设计"用语广为应用之前的现代中国设计实践均是在"工艺美术"的旗号下进行的，培养艺术设计人才有近五十年历史的前中央工艺美术学院的校名即是例证；二则当代的工艺美术创作设计可以将手工艺的形态特征与现代观念和生产方式结合起来，其作品完全可以属于艺术设计的范畴。

艺术设计学是一门多学科交叉的、实用的艺术综合学科，其内涵是按照文化艺术与科学技术相结合的规律，为人类生活而创造物质产品和精神产品的一门科学。艺术设计涉及的范围宽广，内容丰富，是功能效用与审美意识的统一，是现代社会物质生活和精神生活必不可少的组成部分，直接与人们的衣、食、住、行、用等各方面密切相关，可以说是直接左右着人们的生活方式和生活质量。

理论上的学科定义并不复杂。但是对艺术设计专业的社会认知度却存在很大问题。举例来说，2005年教育部下达的《普通高等教育"十一五"国家级规划教材》目录指南中就找不到"环境艺术设计"的名目。由国家部委牵头、有专家参与开列的专业目录尚且如此，遑论其他！

对于艺术设计行业的产值、利润似乎也不缺少全国性的统计数字。例如，21世纪头五年与环境艺术设计相关产业的经济总量已达8000亿元人民币。尽管如此，中国社会对艺术设计的重视程度远远没有到位，在许多人心目中，设计师是操自由职业的个体劳动者，还没有真正认识到应该把艺术设计当成产业来打造，艺术设计产业就是未来的竞争力。

艺术设计涵盖的每个具体专业都对应着国民经济庞大的产业系统，艺术设计在现代产品制造过程中起着至关重要的作用，艺术设计在城乡规划建设中的地位也是无可替代的。艺术设计对于国家综合国力的提升意义重大。

（二）培养艺术设计人才和建设艺术设计师团队

在很多方面，我们与世界设计发达国家的差距甚大，不用说和欧美设计大国比，就是与亚洲的韩国比也令人心惊。例如，韩国专门设立了"文化产业振兴院"，它针对中国市场的开拓计划主要在游戏方面。韩国网络游戏目前已占据中国网络游戏市场60％以上份额，中国相关企业每款游戏的代理价格高达数千万元，每增加一个游戏用户，还要向韩国游戏开发商支付近30％的分成费。据权威机构统计，中国网游市场巨大，国内专业游戏设计人才仅约3000人，缺口达数十万人之多。网络游戏设计不仅靠复杂的计算机编程，其中艺术设计团队的作用举足轻重。联想到三星电器、现代汽车在中国的行销以及韩剧热播的文化现象，不难体味国家产业政策支持下的艺术设计团队的力量。

壮大艺术设计队伍，不能仅仅是单纯人员数量的增加。再多的设计师的单兵或小团体作战，作用仍然是有限的，组织起来力量大。在中国，如何挖掘艺术设计师的潜能，组织有战斗力的设计团队，不值得我们深省吗?

我们应该把设计艺术的兴衰成败与国家的命运前途紧紧联系在一起，应该从战略的意义上明确一条艺术设计产业化的道路，提出"打造设计大国"的响亮口号。

艺术设计人才的培养在中国有着悠久的历史，过去是以师徒传承的方式进行的，学校方式的艺术设计教育在20世纪初才开始。新中国成立后，这一学科在高等美术院校，得到比较正规的发展，50年代中期，艺术设计教育作为独立的学科得到系统发展，60年代起开始培养研究生，80年代进入硕士、博士学位的培养阶段，该学科得到全面的发展，为国家建设输送了不少人才。尽管有国家的艺术设计教育规划，面对社会现实不能否认，中国对于艺术设计专业人才的培养尚停留在市场调节的阶段。尽管在艺术设计人才短缺、就业前景看好的形势下，报考艺术设计院校的学子年年递增，很多大专院校纷纷增办艺术设计系或专业，然而限于学校及师资的条件，不仅在数量方面难以满足社会需求，在质量方面许多毕业生的专业水平也难以担当"设计强国"的重任。还有的专业受认知上或效益上的制约选修者寥寥，后继乏人，趋于萎缩，前景堪忧。

（三）办好艺术设计院校

从理想到现实是一个由点到面的传播过程，先进的理念亦是如此。作为理论与实践的集合体，学校承担了为社会和国家培育人才的重大责任，同时也对社会价值观和社会舆论产生重要导向，先进的思想和理念往往在这里形成和传播。学校还是通过理论研究和设计实践解决社会问题的学术集合体。因此，在艺术设计院校要加大可持续发展战略思想教育的力度。

作为以知识与道德为载体的教师，首先强化可持续发展战略意识和环境生态意识，提高自身的修养和素质，加强设计生态学与本专业关系的研究，把可持续发展战略的核心思想融会贯通在艺术设计专业教学过程中，使正确的价值观能够在学生中迅速传播，继而影响整个艺术设计行业乃至整个社会。

有了好的传播源，传播媒介就显得至关重要，学生作为先进思想的最直接受益者和扩散体系其作用不可忽视，而未来从事艺术设计专业的学生，他们将是可持续发展战略最直接的执行者，在对其进行思想教育和专业教育时，应始终贯穿可持续发展的设计理念，培养他们良好的职业道德水准，牢固树立可持续发展的绿色意识是艺术设计第一意识的观念。

可持续发展的设计理念不是口号，不能仅仅靠教师课堂即兴发挥讲解，还应开设固定的专门课程以及通过专题报告、讲座的形式大力宣传。除了学生在校时期的培养，还应该成为终生教育的内容。面对社会上很多从业人员这方面教育程度不足的现状，对已经从事相关行业的设计人才可以通过各个单位的培训或者重返学校进修的方式进行再教育。随着时间的推移及人才的新老交替，可持续发展战略教育的作用将会最大化地在设计产业中体现出来。

由于艺术设计师可以创新风格、打造时髦、推动流行，充当一般民众的消费引导者，通过他们精心设计的体现可持续发展理念的产品，能够直接让广大群众在使用的过程中接受教益。这是一种社会教育的方式，是提高全民环境意识、推行可持续发展战略的高效手段。

对应上述总体目标，承担着构建生存环境、转换生产观念、改变生活方式、提升生活质量重任的艺术设计各个专业，理应从战略上制定明确的纲领和目标，以求真正与可持续发展战略同步、同轨，成为其不可或缺的有机组成部分。

首先，参与国民经济发展规划的制定。这种参与，并非一般意义上提出各种数字指标，而是真正从战略上进行深层次的科学研究。

目前中国已有的设计行业协会、设计专业学会应该整合力量，发挥更大的作用。除了开年会研讨学术与设计评奖以及国际交流和刊物宣传外，艺术设计的群众团体在收集行业发展信息，集中专家智慧进行设计产业的政策建言方面，有不可推卸的责任。在制定行业规范、设计师资格准入标准和职业道德准则方面，都应该由协会或者学会牵头，依照可持续发展的理念有实质性的建树。

设计产业政策的制定是重大系统工程，要由国家主管职能部门组织有关专业团体和大专院校的专家学者开展科研攻关。在艺术设计学的开拓与深化研究方面、设计人才教育规划方面、制造业的设计生产法规方面、与设计相关的技术标准方面、产品设计回收再生率提高的奖励和污染浪费的惩罚方面，以上种种，理应由国家加大经费投入以保证研究成果的质量。

有条件的省市或地区，应该酝酿建立艺术设计研究院所一类的机构。还应该在艺术设计专家和业界精英中选拔最优秀者组成国家级的设计研究机构，开展"设计立国"的方向性、宏观控制研究。在条件具备时，中国科学院和中国社会科学院应有设计科学家加入，中国工程院应增加艺术设计院士。各级人大、政协应广泛征集艺术设计方面的提案，开展制度、法规的研究，以期最终形成《艺术设计法》和《设计师法》，从立法的角度规定艺术设计的法律规则和设计师的权益和义务，保障艺术设计产业在国民经济和文化建设中的有成效的运作。

概言之，与全面小康社会"幸福、公正、和谐、节约、活力"等条件对照起来讨论，艺术设计能在一定程度上制定幸福的标准，是人类实现幸福的重要手段；艺术设计能够参与合理分配资源，用全面平等的设计关怀体现社会公正；艺术设计能调节人与自然，人与社会以及人与人之间的关系，达到和谐；艺术设计能在实践中节约能源、节约资源、节省工料、加大回收利用系数，达到全方位节约；艺术设计本身具备持续创造的品性，能促进良性生产和消费，保障社会活力。

第二节　基于设计艺术的环境生态学的战略选择

一、生态文明建设提出的背景

进入21世纪，"'环境危机'并非只是一种威胁土地或非人类生命形式的事情，而是一种全面的文明世界的现象"。人类文明在跨过了原始蛮荒，经历了农耕文化和工业革命的漫长发展过程之后，已经获取了主宰整个世界的能力。"地球上生命的历史一直是生物及其周围环境相互作用的历史。可以说在很大程度上，地球上植物和动物的自然形态和习性都是由环境塑造的。就地球时间的整个阶段而言，生命改造环境的反作用实际上一直是相对微小的，仅仅在出现了生命新种——人类之后，生命才具有了改造其周围大自然的异常能力。"1962年美国学者R.卡逊在其著作《寂静的春天》中为这种异常能力的后果，描绘出一幅可怕的图景："在人对环境的所有袭击中最令人震惊的是空气、土地、河流以及大海受到了危险的甚至致命物质的污染。这种污染在很大程度上是难以恢复的，它不仅进入了生命赖以生存的世界，而且也进入了生物组织内，这一罪恶的环链在很大程度上是无法改变的。"并非杞人忧天，也许等不到地球自然生命的终点，人类就可能亲手毁掉自身唯一的家园。身处后工业文明时期十字路口的我们，正面临何去何从的抉择。

如何在环境与发展间取得平衡，重新回归与自然环境的共处，人类开始寻求新的发展道路。

"尽管直到19世纪90年代生态学才被认为赢得了一门学科的地位。"然而，只有生态学的原则才能引领人类走出困境。"在我们的价值观、世界观和经济组织方面，真正需要一场革命。因为我们面临的环境危机的根源在于追求经济与技术发展时忽视了生态知识。而另一场革命——正在变质的工业革命——需要用有关经济增长、商品、空间和生物的新观念的革命来取代。"我们需要在思想意识的层面实现彻底的变革，从而使社会的经济、政治、技术、教育向着生态文明的道路转进。因为，工业文明已经走入了死路，"现代工业文明的基本准则是……与生态匮乏不相容的，从启蒙运动中发展起来的整个现代思想，尤其是像个人主义之类的核心原则，可能不再是有效的"。整个文化的发展已到尽头，自然的经济体系已被推向崩溃的极限，而"生态学"将形成万众一心的呐喊，呼喊一场文化的革命。1987年联合国世界环境与发展委员会在《我们共同的未来》的报告中振聋发聩地发出了警告："我们不是在预测未来，我们是在发布警告——一个立足于最新和最好科学证据的紧急警告：现在是采取保证使今世和后代得以持续生存的决策的时候了。"同时，报告中提出了符合生态文明概念的"可持续发展"之路。

"21世纪最紧迫的问题很可能就是地球环境的承受力问题——而解决这一问题或者说是一系列问题的责任，将越来越被视作一切人文学科的责任，而不局限在像生态学、法学或公共政策等专业化的学科中。"现代的艺术设计作为社会生产关系与生产力实现的技术环节，当属于工业化社会环境的产物，不可避免地带有时代的烙印。但是在人类即将以生态的理念构建起新的文明殿堂时，艺术设计同样需要面对生态文明的挑战。

毫无疑问迄今为止通过工业文明所推进的人工环境的发展是以对自然环境的损耗作为代价的。于是从科技进步的基本理念出发，可持续发展思想成为制定各行业发展的理论基础。"可持续发展思想的核心，在于正确规范两大基本关系：一是'人与自然'之间的关系；二是'人与人'之间的关系。要求人类以最高的智力水准与道义上的责任感，去规范自己的行为，创造一个和谐的世界。"可持续发展思想的本质，就是要以生态环境良性循环的原则，去创建人类社会未来发展的生态文明。

艺术设计的运行只有建立在环境生态学的理论基础上，如何使用更少的能源和资源，去获得更多的社会财富；如何实现材料应用的循环，产品产出回收的循环；如何变工业文明的实物型经济为生态文明的知识型经济……总之就是要运用人类的智慧通过科学的设计最大限度地合理配置资源和能源。

建立生态文明的社会形态，是人类能够继续生存繁衍的唯一选择。生存还是毁灭：这不是危言耸听，而是严峻的现实。"人类历史到公元1900年为止，全世界的经济财富总规模折算约为6000亿美元，在经过整整100年后的今天，全世界每年仅新增产值就可达到当时世界总财富的一半。依照中国经济规模，1997全年的GDP，即相当或略高于1900年时全球经济的总规模。财富大量积聚的代价是资源和能源的无节制消耗和向地球的无情掠夺，人类现在1年所消耗的矿物燃料，相当于在自然历史中要花费100万年所积累的数量。在此种经济模式、经济规模（并且仍在急剧扩大）和巨量消耗物质形式资源和能量形式资源的现实中，如不能够有效地遏止这种汹涌增长的势头，人类无异于是在为自己挖掘坟墓。"

建立生态文明的关键在于改变传统的社会发展模式，即以损害环境为代价来取得经济增长。这是不可持续的。1987年，联合国环境与发展委员会在《我们共同的未来》这份重要的报告中提出了"从一个地球走向一个世界"的总观点，并在这样的一个总观点下，从人口、资源、环境、食品安全、生态系统、物种、能源、工业、城市化、机制、法律、和平、安全与发展等方面比较系统地分析和研究了可持续发展问题的各个方面。该报告第一次明确给出了可持续发展的定义。

"1991年世界自然保护同盟及联合国环境规划和世界野生生物基金会在《保护地球——可持续生存战略》中把可持续发展定义为：'在不超出支持它的生态系统的承载能力的情况下改善人类的生活质量。'它的基本要求却是实现相互联系和不可分割的三个可持续性：生态可持续性、经济可持续性、社会可持续性。总之，是人类生存和发展的可持续性。"

建立生态文明，如果仅用工业文明的思维定式，单靠科学技术手段去修补环境，不可能从根本上解决问题。"必须在各个层次上去调控人类的社会行为和改变支配人类社会行为的思想"，使人与自然的关系由工业文明的对立走向生态文明的和谐。解决这样的问题显然需要回到人文科学的层面，在与科学技术的通力合作中找到一条出路。从艺术与科学的角度出发，立足于环境的艺术设计正是可持续发展战略诸多战术层面的一条可供选择的道路。

二、可持续发展战略是艺术设计发展战略的必然选择

"可持续发展问题，是21世纪世界面对的最大的中心问题之一。它直接关系到人类文明的延续，并成为直接参与国家最高决策的不可或缺的基本要素。"

发展是当代中国的第一要务，在经过20多年的改革开放之后，中国社会以高速的发展态势冲过了21世纪的门槛。然而"21世纪，中国将不可避免地遭遇到环境与发展的巨大挑战：人口的压力、自然资源的超常利用、生态环境的日益恶化、工业化及现代化的急速推进、区域的不平衡加剧等。根据世界发展进程，当国家和地区的人均GNP处于500美元至3000美元的发展阶段时，往往对应着人口、资源、环境等"瓶颈"约束最为严重的时期，也往往是经济容易失调、社会容易失衡、社会伦理需要调整重建的关键时期。在这一背景下成功实施可持续发展战略，不但对我国，而且对于整个世界都将是一个十分重大的问题。"

艺术设计专业是横跨于艺术与科学之间的综合性边缘性学科。艺术设计产生于工业文明高度发展的20世纪。具有独立知识产权的各类设计产品，成为艺术设计成果的象征。艺术设计的每个专业方向在国民经济中都对应着一个庞大的产业，如建筑室内装饰行业、服装行业、广告与包装行业等。每个专业方向在自己的发展过程中无不形成极强的个性，并通过这种个性的创造以产品的形式实现其自身的社会价值。"环境是以人类为主体的整个外部世界的总和，是人类赖以生存和发展的物质能量基础、生存空间基础和社会经济活动基础的综合体。"从环境生态学的认识角度出发，任何艺术设计专业方向的发展都需要相应的时空，需要相对丰厚的资源配置和适宜的社会政治、经济、技术条件。面对信息时代和经济全球化，世界呈现越来越小的趋势，人工环境无限制扩张，导致自然环境日益恶化。在这样的情况下个体的专业发展如不以环境生态意识为先导，走集约型协调综合发展的道路，势必走入自己选择的死胡同。

随着20世纪后期由工业文明向生态文明转化的可持续发展思想在世界范围内得到共识。可持续发展思想逐渐成为各国发展决策的理论基础。以环境为主导的艺术设计概念正是在这样的历史背景下产生的，其基本理念在于设计从单纯的商业产品意识向环境生态意识的转换，在可持续发展战略总体布局中，处于协调人工环境与自然环境关系的重要位置。界定于环境的艺术设计最终要实现的目标是人类生存状态的绿色设计，其核心概念就是创造符合生态环境良性循环规律的设计系统。

设计艺术学科所遵循的绿色设计理念，成为艺术设计相关行业依靠科技进步实施可持续发展战略的核心环节。

因此，21世纪中国艺术设计可持续发展战略的制定，对于国家实施总体的可持续发展战略具有实际的意义。设计艺术的环境生态学，试图建立起符合中国国情的符合环境与发展需求的艺术设计理论框架系统，建立起可供操作的科学的艺术设计相关行业设计立项决策程序。显然，艺术设计可持续发展战略的架构基于理论建设和实践指导两个层面。

第三节　艺术设计可持续发展的控制系统与决策机制

艺术设计的孕育过程和物化结果都是通过人脑思维来实现的。艺术设计只有依托于相关的产业才具有存在的价值。尽管艺术设计是工业文明的产物，但只有在工业文明的后期，当信息化、数字化、全球化和全球知识共享成为现实的知识经济时代，才具有作为一门独立的学科和产业服务于21世纪中国可持续发展战略的社会意义。

一、艺术设计可持续发展的控制系统

基于"可持续发展"系统下的控制子项——艺术设计控制系统，除了包含系统的一般概念，尤其注重于"整体协调""内在关联""交叉综合"三个基本的主要特征。

"整体协调"是指艺术设计系统内部与外部运行相对和谐的机制，即在系统各种因果关联的具体分析之中，不仅要考虑艺术设计各专业生存与发展所面对的各种外部因素，而且还要考虑系统内不同专业的不协调。当系统整体面对不同的地区与产业，不同的社会机构与个人，艺术设计发展的本质就在于如何以整体观念去协调。这种整体协调要面对各种不同的利益集团，使其能够在不同规模、层次、结构、功能的实体发展中受控于艺术设计系统。"发展的总进程应如实地被看作是实现'妥协'的结果。"

"内在关联"是指艺术设计系统基于环境概念下的专业整合的内生力，这

种内生力在于数学概念上"系统内在关系和状态的方程组中的各个依变量集合，以及这些变量的调控将影响行为的总体结果"。在实际的设计过程中，这种内生力在相互关联的运行中体现于系统的内部动力、潜力和创造力，并影响和受制于资源的储量与承载力、环境的容量与缓冲力、科技的水平与转化力等。

"交叉综合"强调在综合中交叉的作用，而不是简单的叠加，是涉及艺术设计系统发展的各要素之间相互作用的组合。"这种互相作用组合包含了各种关系（线性的与非线性的、确定的与随机的等）的层次思考、时序思考、空间思考与时空耦合思考。既要考虑内聚力，也要考虑排斥力；既要考虑增量，也要考虑减量，最终要把发展视作影响它的各种要素的关系'总矢量'。"

系统是由同类事物结合成的有组织的整体。系统论着重从整体与部分之间、整体与外部环境之间相互联系、相互作用、相互制约中综合地、精确地考察对象，并定量地处理它们之间的关系，以达到最优化处理。"整体协调""内在关联""交叉综合"作为艺术设计系统的控制内容，在可持续发展理论的生成中具有重要的意义。因此在艺术设计领域实施可持续发展战略，必须依靠对艺术设计系统的有效控制。

艺术设计对于国家总体可持续发展的意义主要体现于管理的调节能力。决定艺术设计可持续发展的能力和水平，可以通过以下五个支持系统及其间的复杂关系去衡量。

（一）生存支持系统

"生存支持系统"是可持续发展的支撑能力，以供养人口并保证其生理延续为标志。然而作为艺术设计的可持续发展支撑能力，则具有其自身发展特殊的内在社会含义。

艺术设计通过人脑思维以知识积累与传递的方式创造财富，因此具有典型的知识经济时代特征。由于当代经济和社会的发展越来越依赖于知识创新和知识创造性应用，越来越呈现全球化的态势。实际上，21世纪的人类已然迈进了全球化知识经济的时代门槛。知识经济时代是以信息化作为基础的，信息化以知识为内涵，又成为知识创新、知识传播和知识的创造性多样化应用的基础。随着数字网络化技术的广泛应用，设计者的任何创意都可以通过计算机强大的表现功能完美展现，于是创意的知识信息含金量成为决定最终成果优劣的基础。原创的知识信息具有极高的社会价值，复制的知识信息则不具备市场认可的社会价值，这就是艺术设计界的知识产权问题，这个问题在知识经济的时代被放大到足以危害业界生存的严重地步。

国家的政治经济运行正处于转型期，社会主义的市场经济尚处于试运行的状态，消费市场同样处于初级阶段，由于知识产权概念的淡漠，和长期以来在人们思想中对脑力劳动价值的漠视，对于设计价值的认同还较为肤浅，依然用物质的标准来衡量非物质的事物。这种思维方式在具体问题上表现为过分强调投入和产出在物质数量上直接的关联，因此也就导致国内艺术设计者创作群体极为恶劣的生存环境。我们不可能超越时代，但是外部世界留给我们的时间却极为有限，良性循环的设计市场建立因此成为艺术设计可持续发展必备的生存支持系统。如果不能提供这个基础的支持系统，也就根本谈不上去满足社会对于设计更高的需求。在逻辑关系上，当"生存支持系统"被基本满足后，就具备了启动和加速"发展支持系统"的前提。

（二）发展支持系统

"发展支持系统"的基本特征表现为：人类社会不满足直接利用自然状态下的"第一生产力"（即直接利用太阳能所提供的光合作用生产力），而是进一步通过消耗不可再生资源，应用多要素组合能力，生产更多的中间产品，形成庞大的社会分工体系，以满足人们除了基本生存必需之外的更高更多的需求。对于艺术设计的发展支持系统而言，则是专业分工在可持续发展观念指导下，以环境概念进行整合而产生的新型设计体系。

"人类社会的发展需求，促使社会生产力的不断提高，生产力的发展又促使社会分工的加剧。人类历史上的第一次社会大分工，是畜牧业和农业的分工；第二次社会大分工，是手工业和农业的分离；第三次社会大分工，是商业的形成。在社会分工日益精细的大背景下，艺术逐渐与技术分家，成为独立的满足于人们精神审美需求的社会特殊门类。工业化后的社会分工进一步发展到近乎饱和的结晶状态，过细分工的结果又引发出一大批相近的边缘学科。时代的要求呼唤着艺术与技术的全面联姻。从而诞生了现代艺术设计，一种艺术与科学、精神与物质、审美与实用相融合的社会分工形态。以印刷品艺术创作为代表的平面视觉设计；以日用器物艺术创作为代表的造型设计；以建筑和室内艺术创作为代表的空间设计等。从20世纪初到70年代末，现代艺术设计在发达国家蓬勃发展。没有设计的产品就没有竞争力，没有竞争力就意味着失去市场。艺术设计的观念在这些国家成为共识。

　　然而艺术设计在它的发展道路上依然延续了社会分工演进的基本模式，即从整到分越来越细。从最初的实用美术专业，扩展到平面视觉设计、工业设计、室内设计、染织设计、服装设计、陶瓷设计等一系列门类。每个门类又繁衍出自己的子项。以染织设计为例：扎染、蜡染、浆印、拓印、丝网印、机印、编织、编结、绣花、补花、绗缝，几乎每一项都可发展成独立的专业。每个专业在自己的发展过程中无不形成本身极强的个性。从艺术的角度来看，个性强无疑值得称颂，但从环境的角度出发却未必如此。由于任何一门艺术设计专业的发展都需要相应的时空，需要相对丰厚的资源配置和适宜的社会政治、经济、技术条件，而面对地球村越来越小的趋势，自然环境日益恶化，人工环境无限制膨胀，导致商品市场竞争日趋白热化。个体的专业发展如不以环境意识为先导，走集约型综合发展的道路，势必走入自己选择的死胡同。社会分工从整到分，再由分到整是历史发展螺旋性上升的必然。这种由分到整的变化并不是专业个性的淡化，而是在统一的环境整体意识指导下的专业全面发展，这种发展必将使专业的个性在相融的环境中得到崭新的体现。单线的纵向发展，还是复线的横向联合，同样是这个多元的时代摆在每一个设计工作者面前的课题。"显然，从可持续发展的需要出发，复线的横向联合模式符合"发展支持系统"在新形势下的要求。

　　在整个艺术设计可持续发展战略的结构体系中，生存支持系统与发展支持系统之间的关系是相互关联和有序排列的，一般而言，先有生存，后有发展；如果没有生存，也就没有发展。先生存后发展的系统模式代表了两者之间相互衔接的关系。

（三）环境支持系统

　　"环境支持系统"是艺术设计可持续发展在"人与自然"关系层面的基础支撑系统。艺术设计作为知识经济的创新系统，其最终的目的还在于商品的层面，即通过商品的设计来满足人的物质与精神需求，但是这种通过设计的满足必有"度"的控制，如果设计者最大限度地满足人们在这两方面的欲望，如同普希金"渔夫和金鱼"故事中的老太婆那样，达到永无止境的不尽追求时，就必然会在艺术设计能够达到的领域过分地掠夺了资源、能源和广泛意义下的生态系统，"所产生的必然结果是破坏了生态环境，既破坏了人类自身生存和发展所必须依赖的基础，于是人们在满足自身的同时又为自己埋下了葬送自己的因素，而且这个负面因素又会随着人类干预自然的强度增大而呈'非线性'地增大，最终完全破坏了人类生存和发展的基础。这个负面因素的集合可以被许可的上限即'环境支持系统'。环境支持系统以其缓冲能力、抗逆能力和自净能力的总和，去维护人类的生存支持系统和发展支持系统。"

艺术设计只是人类生存系统文化层面的一个子项，其对整体的生态环境系统的影响在工业文明尚未进入信息时代的前期不是十分明显。但是随着20世纪后期人类开始进入信息化的时代，知识创新和知识创造性应用在社会发展中的作用日益明显，全球经济一体化的态势使得21世纪成为知识经济的时代。正是在这样的背景下，艺术设计以其学科的文理综合优势走向了前台，开始扮演起重要的角色。因此需要未雨绸缪，将艺术设计的生存支持系统和发展支持系统控制在环境支持系统允许的范围内，只有这样才能优化设计的整体架构，使其得以充分表达。否则超出环境支持系统的许可阈值，将引发原有生存支持系统和发展支持系统的崩溃，如果出现这种情况，不但达到艺术设计可持续发展的战略目标，就连自身的生存也将变得无法保证。在组成艺术设计可持续发展的结构体系中，"'环境支持系统'是生存支持系统和发展支持系统二者的限制变量，它可以定量地监测、预警前两个支持系统的健康程度、合理程度和优化程度。"

（四）智力支持系统

"智力支持系统"作为艺术设计可持续发展战略结构体系中的最后一个支持系统，相对于其他系统而言是最为重要且具有目标实现意义的终极支持系统，这与艺术设计的内涵特征有着直接的关系，因为艺术设计的成果本身就是人的智力外化体现。"智力支持系统"在整体的可持续发展战略结构中，主要涉及国家、区域的教育水平、科技竞争力、管理能力和决策能力。所以说智力支持系统是全部支持系统总和能力的最终限制因子。从一个国家可持续发展战略结构的目标设计来讲，智力支持系统的强弱将直接关系其战略规划目标实现的成败。如果一个地区或一个行业的教育水平和科技创新能力不高，"必然意味着可持续发展没有后劲，不具有'持续性'的基础，不能够随着社会文明的进程，不断地以知识和智力去改善、去引导、去创造更加科学、更为合理、更协调有序的新世界。尤其是全社会的管理水平与决策水平的高低，更是一个关键性的因子去体现智力支持系统的作用。例如，20世纪50年代中国的'大跃进'，一项决策可以销蚀、破坏、毁掉全部生存支持系统、发展支持系统、环境支持系统乃至社会支持系统所具有的能力。由此，足见智力支持系统在整个可持续发展体系中的位置和作用"。

艺术设计可持续发展战略结构体系中的智力支持系统建构，具备自身的特点。这个支持系统应该由科学的教育、创作、管理、决策四个层面构成。教育是支持系统的基础层，创作是支持系统的操作层，管理是支持系统的协调层，决策是支持系统的目标层。四个层面中目标层处于整个支持系统建构的顶层，成为艺术设计智力支持系统的终极限定层。

（五）社会支持系统

"社会支持系统"是艺术设计可持续发展在"人与人"关系层面的基础支撑系统。在可持续发展战略的整体系统中，"社会支持系统"包含社会安全、社会稳定、社会保障、社会公平等制约要素，是以提高人类社会的文明进步为前提。社会支持系统内部矛盾的平衡，是生存、发展、

环境支持系统实施的基础，这个基础一旦被破坏将直接影响前三项系统的支持能力。"从这个意义上去作内部逻辑分析，该支持系统是前三项支持系统总和能力的更高层限制因子。"

艺术设计的本质在于创造，而创造的过程使受控于社会的现存运行机制，涉及社会的意识形态、道德伦理、经济结构和政治制度。在农耕文明的时代，绝大多数国家的政治运行处于封建制社会政体的控制之下。尽管也有着相应的法律，但是以个人意志为决策依据的"人治"是其政治的核心内容。在那个时代具有与艺术设计运行相关概念的事物，无不以体现当时价值观的社会政治来实施运行，青铜器的形制、服饰佩玉的造型、故宫的建筑空间序列都是其典型的代表。在工业文明的时代，资本利益的最大化成为社会经济发展追求的目标。产品输出的大众化功能需求，成为市场制定统一标准和运行规范的动力，相应的国家政治体制通过制定门类齐全的法律，依据"法治"程序实施社会运行的全面管理。艺术设计的知识产权在相关法律的保护下通过产品实现了社会价值，艺术设计的产

品因此成为艺术平民化享受的最佳载体。

二、艺术设计可持续发展的决策机制

艺术设计的运行是一个人脑原创性思维不断深化，同时通过传播媒介外化展现，然后受到更多人脑的判断，又反馈于个体人脑继续发展的循环过程。一般来讲总是要经过若干次循环，才能得到理想的设计成果。于是在社会需求的层面，也总是期望于下一轮循环的结果能够得到更好的结果。于是这种循环就可能继续地循环下去，一直到设计的项目在时间无情的限定下而不得不决策时。设计概念构思循环的次数越多，是否成果就一定更好，是一个需要打问号的问题。在数学的概念中这种循环似乎可以永远地持续下去，按照这样的理论，一个设计的命题针对个体人脑也许穷其一生也不会有一个满足于其他人脑的结果。因为艺术设计的感性思维特征决定其结果不具备真理性。实际上作为个体人脑，在生理上是不具备在单一概念和特定时间持续循环思维的。

换一个人脑来思维同样是这种过程。于是在现实的社会中，就要通过项目的时间限定、招标投标、信任委托等决策方式，来限定人脑欲望对设计结果的无限憧憬。在这里项目的功能需要是绝对的，而审美需求则是相对的。一个项目如果在功能问题基本解决的情况下，反复纠缠于物像美感的外在追求，就会导致物质与人力资源的极大浪费，成为艺术设计面向相关行业发展不可持续的痼疾。因此，在艺术设计的创作领域，当行业项目的任务目标基本确定后，能否可持续发展就在于建立科学的正确决策机制。

导致艺术设计目标实现的决策是一个复杂的过程。这是一个综合多元的决策体系，任何一个环节的缺失都有可能影响整个系统。就其影响的主要方面而言，决策系统的运行取决于社会需求、设计机构和设计人才三个层面相互影响和相互制约的结果。而社会需求则是影响决策的主导。

艺术设计是一门服务于人的物质与精神需求，并通过商品最终实现其目标的创造性专业。其创造的原动力来自人们生活欲望的追求，生活中的衣、食、住、行……无一不是人的行为使然，商品造就的舒适、美观、方便、快捷……无一不在适应人的感官。因此，人的社会存在所导致的生活欲求是艺术设计赖以存在的基础。在这里使用"欲求"而不用"需求"是想说明人的生活欲望和人的基本需求是不同的，如果只是满足人的基本需求，也就是基本的温饱，那么，也许艺术设计工作者全都要失业。商品所谓的高格调与高品位往往与时尚和奢侈挂钩。以地球有限的资源，永远也无法满足人类毫无节制的贪欲，也不可能让全部的人类都去过类似英国女王那样的生活。

有学者说：人类文明就是讲道德的人类欲望相加的总和，人类文明史就是人的欲望同道德相互冲突和协调的复杂历史。孔子曰：己所不欲，勿施于人。这是人世间一条有关欲望的黄金公理。18世纪英国著名经济学家亚当·斯密的思想体系：道德——经济学——道德。他与同时代的一些学者的核心思想是：努力在利己主义和利他主义之间建立起一种完美的平衡。"私人利益可以被用来导向社会普遍的利益；或者说，它可以被用来满足其他千百万人的正当欲望——'文明的自私'。这个术语或思想即便在今天也是个闪光的关键词。其实'文明的自私'在18世纪整个英国资产阶级经济思想界占有主导地位。资本主义社会秩序正是依靠它才确立起来的。"所谓符合道德规范的人欲，即中国古人所说"君子爱财，取之有道"。

从可持续发展的概念出发，社会需求层面的决策机制应建立在道德的层面，也就是价值观的导向方面。艺术设计项目策划的目的性，在这里具有至关重要的意义。构建和谐的资源节约型社会，应该成为社会需求层面决策机制定位的核心指导内容。

艺术设计的各专业方向在全世界迅速发展，使其成为20世纪最具活力的行业。就艺术设计的社会项目运行规律来看，纵向对应的是社会产业——生产者，横向对应的是政府、企事业单位、社会团体以及个人——使用者。以艺术设计相关的平面视觉传达、产品造型、空间环境设计等专业的发展为例进行比较分析。

国外发展的现状是以发达的工业化国家作为背景，由此体现出以下特征：

（1）完善的知识产权保护机制与科学运行的设计与创作市场。

（2）探索未来生态环境条件下的绿色设计方式，建立与生态文明时代相符的设计与创作系统。

（3）完备的品牌体系以及相关的产业系统，以人居环境基本需求为标准的材料与构造体系。

（4）设计风格的多样性和对应于特定环境设计语言统一性的共存，表现出成熟的设计理念与设计市场。

国内发展的现状脱离不了现代化进程中过渡期的制约，由此体现出以下特征：

（1）设计的价值概念尚未在社会确立，知识产权得不到保护，设计市场尚未建立。

（2）尚未在设计理念上实现艺术与科学的融合。未能建立与生态文明时代相符的设计与创作系统。

（3）源的行为。

（4）设计风格的单一性和对应于设计市场多元性需求的缺失。表现出不够成熟的设计理念与设计市场。

通过分析不难看出存在的差距，而差距正是建立社会需求层面艺术设计可持续发展决策机制的规范，这个规范应包含以下内容：

（1）确立设计的社会价值观，尊重和保护知识产权，以此建立完善的设计市场，并以相应的法律法规实施保护；

（2）确立大中型设计项目立项实施的科学论证制度，未经论证的项目不得进入设计程序，论证要基于可持续发展的环境评价标准；

（3）确立严格的行业设计等级准入制度，建立艺术设计各专业方向设计者职业资格认证的系统；

（4）确立完备的行业绿色设计招标与投标制度，未经绿色设计招投标的大中型项目不得实施。

第四节　中国艺术设计行业可持续发展的战略与对策

随着国民经济的蓬勃发展，中国艺术设计行业也进入了一个快速发展的阶段，规模、质量、从业人员数量都发生了巨大的变化。而伴随着人民生活水平不断提高的需求，新的消费市场领域也在不断诞生，于是更多的设计类型也不断应运而生。艺术设计行业向人们展示出一片光明的前景。另外，由于艺术设计行业的全面发展，对中国的市场繁荣也产生了巨大的影响。艺术设计同时解决产品的功能和形式问题，从而提高了产品质量也刺激了消费，为市场提供了旺盛的需求力。同时由于产品的质量和形象的提升也极大地增强了民族产业的国际竞争力，使中国企业、中国的产品全面地步入了国际舞台，为国家出口创汇、发展经济、增强民族自信心起到了推动作用。

回顾改革开放以来我们生活的变化，衣、食、住、行的改善无不体现着艺术设计行业的巨大作用。中国人民的生活尤其是城市居民的生活已步入了一个新的阶段。人们不再仅仅满足于基本生活资料的获取上，开始追求"多余"的消费，而这种多余型的消费对设计也提出新的要求。面对这种既迫切又模糊的需要，我们的设计群体将以什么样的方式去应对呢?是不断地以消耗资源为代价去满足人的欲望，还是应用非物质的手段唤醒一种精神，即我们的设计究竟扮演一种主动还是被动的角色，去如何创造生活，如何引导消费，这关系着艺术设计的生命力的问题。积极的、有前瞻性的、科学发展观的设计观是需要建立的，如若不然设计面对大众的消费热望就有迷失方向的危险。

另一方面在发展的历程中，中国的艺术设计行业已初步形成自己的市场体系，即拥有了一个庞大的设计群体和一个数量可观的消费群体，但由于市场建立的时间较短和发展过快，尚存在着许多亟待解决的问题。这其中既有无序竞争的问题，也有政府职能部门监管不力的问题。与此同时，同快速发展的行业相适应的人力资源的培育模式也尚未建立，存在着人才培养模式单一，精英式人才培养和应用型人才培养没有科学的规划等问题，使得思想向产品的转化过程中产生了脱节，这也给行业的进一步发展埋下了隐患。

总之中国艺术设计的相关行业既充满了活力，又具有远大的发展前景，同时也存在着诸多的问题。我们必须对二者有一个清醒的认识，应尽快结合中国的实际情况制订一个科学的发展战略计划。由于艺术设计各专业方向极具综合性，包容科学技术、人文艺术等多种学科，同时又涉及公共管理、人才培养、市场维护等多个方面内容，因而在制定战略和形成对策时不可简单笼统地处理，而应该针对其特点分系统、分环节、有目标地制定出一整套发展战略规划。

一、中国艺术设计市场体系的建立

2003年，我国人均国内生产总值首次突破1000美元，这不仅标志着我国经济发展迈上了一个新的台阶，而且也标志着我国从解决温饱的发展阶段步入了全面建设小康社会的新的发展阶段。在这个阶段，工业化、城镇化加速发展，传统农业社会向现代工业社会加速转型；同时，在这个阶段还将深化改革，完善社会主义市场经济体制。我国的发展和改革进程，赋予了这个阶段许多新的特征。

市场化取向改革进入完善社会主义市场经济体制和全面体制创新的新阶段；改革在不同领域发展不平衡，有些深层次问题还没有取得突破性进展。经济体制改革直接推动了我国经济的快速发展。

进入新的发展阶段，市场化取向改革将向全面的体制创新阶段发展，改革由体制外培育非国有市场主体向体制内建立新型产权制度推进；由商品市场向要素市场推进；由竞争性领域向垄断性领域推进；由微观管理体制向政府管理体制改革推进。深化改革的重要环节之一是政府管理体制改革和政府职能转变，核心是正确处理政府与市场、政府与社会、政府与公民之间的关系，即由偏重于国有经济改革转到为各种所有制经济发展创造公平竞争环境上来。

（一）社会需求的增长

近年来，经济的迅速增长，使我国城乡居民收入明显提高，居民消费结构发生明显变化。电子信息通信产品、住房、汽车、教育、旅游等逐渐成为新的消费热点，居民消费需求升级并且越来越多样化，社会消费结构向着"发展型"转型升级。在新的发展阶段，人们各方面的需求比过去提高了，人民生活必然有新的阶段性特征。首先，在温饱问题迅速解决以后，城乡居民对教育、卫生、文化、娱乐等需求迅速上升，特别是教育、培训的支出大幅度上升；其次，随着生活水平的不断提高，对生产、生活环境的质量和健康、安全的要求日益提高；最后，随着市场化程度的提高和不确定因素的增加，人口、就业、老龄化、收入分配、公共服务等方面的矛盾和问题越来越突出，城乡居民对社会保障和公共产品的需求也日益扩大。社会的需求在商品社会中可以看作消费市场，是促进艺术设计产业快速发展的直接动因。社会发展的不同阶段都会出现各种各样的矛盾，当前这种矛盾还将在一定时期内存在。此类矛盾的具体反映就是城市的公共设施，它需要艺术设计行业中的环境艺术范畴的各专业去解决。事实上也是如此，我国环境艺术设计行业二十年来的飞速发展也印证了这一点。

除了整个社会出现了一些公共的需要以外，个人的需求也在不断变化，这种需求的直接起因就是创造"更好的生活"。"好生活"和合理需要一样，是一种价值判断，和需要联系在一起的好生活理念，它关系到人的生存价值问题。有关人的需要的价值问题广泛涉及人类生产的意义，生产所造成的后果，和以何种价值理由来确定生产和消费的合理性。一个正派社会不能缺少对需要的讨论，这种讨论可以帮助我们以更大的、人类之"好"的视野去看待与我们群体直接有关的好生活和社会正义。

（二）个人消费的需求市场的形成

在中国，"需要"是一个问题。新的需要观念在20世纪80年代以后，逐渐否定了需要的国家主义。消费受控者因此逐渐转变为消费主权者。中国在很长一段时期中，不仅是人的物质需要，而且是人的其他需要，如感情、娱乐、审美、求知等都是被严格规定的。仅就物质需要而说，衣物和食品都是定量供应的。国家不仅规定人有多少种基本需求和每种需要满足到什么程度，而且规定以什么物品去满足这些需要，并且以此认为它满足了所有人的同样需要。这种模式可以遍及人的一切需要，包括生理需要。一切不在限定范围之内的需要，都是不容公开道出的。票证分配制度比任何其他制度都清楚表明，需要不可能是自然的。当人们在生活中彻底失去自由意志决定时，他们不可能知道自己"自然"需要什么。在这样的环境中，由于"需要"不可能成为一个公共话题，需要只能成为满足低程度生理本能的代名词。在任何现代社会中，需要必然会是公共生活最有争议的问题之一。需要是相对的、在历史中形成的、受特定社会中特定的"资格"概念的限制。而且，人的需要包含自我欺骗的成分。正如我们常常欲求自己并不需要的东西一样，我们也常常会需要自己并不有意识欲求的东西。再者，需要者和"我们"的远近关系，也影响我们看待他们的需要。我们不只对自己的需要满足有特殊期待，而且对我们的家人、子女、亲朋的需要，也同样设置比"外人"或"陌生人"优越的标准。

启蒙运动以后，个体的人的价值开始得到社会的认可，个人的源于生理和心理两方面需求的增长正是这种价值认同的具体表现，艺术设计在技术层面满足了这种不断增长的需求，而变化中的需求又刺激艺术设计行业的专业领域在不断扩展。二者形成了市场体系中动态平衡的体系，社会的个人需要形成消费市场的深度，而个人多样的需求又形成消费市场的广度，剧场、住宅、汽车、服装、首饰、电器这些丰富多样的被设计的物品的出现使生活的确开始变得多姿多彩。生产和消费是构成市场体系的两大因素，一方面生产要满足消费，另一方面又要引导和刺激消费，如此反复循环，才能形成具有活力的市场体系。一方面生产在该市场领域包括艺术设计行业的各个研发机构、高等教育机构、专业设计公司等以及加工业。改革开放以来我国通过自主创新和开放引进，已初步建立起自己的设计和加工产业，已越来越多地介入本土市场，仅就环境艺术设计行业系统的不完全统计，已拥有设计师近百万人，产值上万亿。关于人的需要的理论是一种特殊的语言，我们用它来讨论什么是对所有人来说都是必要的"好"。我们以它来陈述什么是值得人去过的"好生活"。对需要的认识包含着对人性的认识。用需要来界定人性，也就是用我们的"缺乏"来界定我们是谁，也就是把空白和不完备作为人类的特征，作为自然界的动物，人类代表的是可能性。人类之所以是自然界中的特殊存在，那是因为唯有人类才会改变他们的需要，唯有人类的需要才形成一部历史，人类为自己造就了需要，造就了把需要表述为人的资格的语言，这才使人类可能要求尊重和保护每一个有需要的个体。人类在历史的过程中逐渐增加对具有普遍性的"好生活"和"好社会"的理解，这个过程还在不断进行之中。

二、艺术设计市场的管理体制

对于中国来说，无论如何，中国的整个工业化进程是近现代人类历史上一个十分罕见的现象，而中国的这种持续高速增长也成为改变世界现有政治和经济格局的一种最为活跃、最具不确定性的因素。

近年来，不仅仅是规模上的变化，生产和设计水平也有了极大的提高，中国现在大概有上百种产品的产量已经成为世界第一，包括手机、彩色电视机、有线通信等，这其中许多已是我国该领域的完全自主设计，现在维持很多国家中产阶级生活的主要消费品来自中国。中国建筑业更是如此，中国的建造规模在全世界遥遥领先，而在建设的过程中本土的设计师发挥了重要的作用。数以万计的设计机构以及数十万甚至上百万的设计师群体已经形成了庞大的卖方市场。

（一）管理体制的转型

同二十年前大相径庭的是全民所有的体制已不再是设计机构的主要模式，集体的、个人的机构越来越多的出现，而且开始成为设计市场的主角。因此传统的管理模式产生了重大的变化，政府的角色在其中也开始转变。另外大量私有制企业的出现也给社会带来许多问题，如恶性的竞争；如功利主义泛滥所造成的市场后劲不足，甚至是对赖以持续发展的资源的破坏等。摆在社会面前最为紧迫的问题是尽快建立新的适应社会发展的管理体制。

从结构方面看，中国的结构无论是城市之间、区域之间、城乡之间都呈现出极大的差异，我们预测到2020年中国的城市化将由现在不到40%达到60%，如果这个目标实现的话它同时意味着到2020年当我们的总人口达14亿以上时，仍然会有相当多的人口以土地为生，以土地作为获取财富的主要来源，这些人口比美国全国总人口还要多，几倍于日本，同时大于欧洲。同时，还因为中国的整个体制改革采取了一种渐进式的方式，中国的工业化阶段也正在由过去的一种终极工业化阶段走向以重化工为主要特点的中后期工业化阶段。经验告诉我们，这样的发展模式是难以长期维持的，所以对于中国来说，它需要寻找一条新的道路，而且必须走出这样一条道路。

除了以上这些特征、速度、规模、结构、阶段性的演进以外，更重要的特点，也就是中国的经济增长和发展已真正地深深植入整个全球化的进程当中，这种进程不仅仅体现我们现在已经成为第三大贸易国，体现在中国大量的原材料来自于国外，也体现我们国家的经济和发展在与建立互惠的发贸易关系的同时，中国作为这样一个大国应当对整个世界的经济和社会的可持续发展承担起应有的责任。因此本文认为中国现在的科技政策选择，要遵循一个非常重要的理念，就是要在这样一个大的背景下提出负责任的科技发展战略，提出促进社会和谐的公共政策。

（二）树立正确的行业发展观念

关于树立科学发展观的问题。现在树立科学发展观已经得到了中国各界普遍的认同，但是它不是一种政治口号，也不是一种政策的宣传，重要的是我们确确实实要面对中国的现实、面对中国的经济增长、面对中国的外部环境、面对中国的特殊结构，需要在一个更为和谐和可持续的理念基础上来谋求一种更长远的发展。因为大家都知道，不管我们的理想是什么，一个和谐、有效、稳定的社会治理结构很难建立在一个不平衡的社会结构基础上。艺术设计行业的管理也必须牢固地树立科学发展观念，追求生产、消费、资源、科技含量和人文关怀之间的和谐，力求达到共同的进步，共同生存的境界。树立这种观点在实际管理的过程中就应该体现一种全局观念，体现管理者与被管理者之间的一种平等互助的关系。同时应充分尊重行业的特点，制定出一整套细致的管理措施。

新形势下的政府管理机制的转型，要在中国科学技术发展公共政策基本理念上牢固树立以人为本的思想，以人为本不仅意味着它要依靠受教育的民众，还是要使科学的技术成果惠及每一个百姓，更重要的是应该通过这样一种科技的公共政策，使得新知识的获取、应用和传播，真正成为人们改变自己生活理想、改变自己职业的最重要的一个手段。同时，以人为本这样一个重要理念还体现在，科学技术发展不仅是科学家和工程师的职业行为，更重要的是普通百姓和全社会的广泛行动。

建立与社会主义市场经济相适应的、能够促成社会经济协调发展的公共服务体制，构建公共服务型政府，更好地提供公共服务，是中国改革与发展进程在当前阶段的迫切要求。在中国，这是创造性的新事业，也是中国所面对的重大挑战，从而也就存在着许多未知的和不确定的东西。因此，很有必要明确弄清关于公共服务的含义。

公共服务的第一种含义：国家是公共服务型国家，所以其所作所为都是提供公共服务。关于国家，有很多定义。在每一个社会中，都存在着社会整体的权力，它是垄断的和最有权威的，并以强制力量为依托。在现代社会中，这种社会整体的权力，是由决策或立法、审判或司法以及行政执行机构构成的权力体系。当国家是由全体社会成员共同所有的时候，国家具有公共性质，国家存在的目的和职能，就是为全体公民的利益和需求服务。在这个意义上，由国家的公共性质所决定，国家体系中的所有机构，如立法机构、行政机构和司法机构等都是提供公共服务的机构，在这些机构中任职的人们的工作都是在提供公共服务。在中国，这意味着在人大、法院、国务院以及各地方政府等国家机构中的工作人员都是在从事公共服务，上述机构也都是或者应是公共服务机构。

公共服务的第二种含义：政府是公共服务型政府，所以其所作所为都是提供公共服务。本文中所谓的政府，是指国家的执行机构。虽然有人将国家称作广义的政府，但从逻辑关系和实际运用的角度看，将国家的行政机构或者国家意志的执行机构视为政府将更明确和易于理解。国家是一种社会权力体系，而政府则是一种组织机构；国家确定权力运作的方向和重大决策，政府则负责实施贯彻。政府是国家体系中的一个组成部分，国家的性质决定着政府的性质。当国家权力体系具有公共性质的时候，作为国家主要执行机构的政府应该成为公共服务型政府，通过贯彻国家意志，执行公共职能，提供公共服务。在这个意义上，各种形式的政府部门和机构都是公共服务机构，政府的各项职能都具有公共服务的性质，政府的工作人员也都是在从事公共服务。

公共服务的第三种含义：公共服务是政府的主要职能之一，有其具体的内容和形式，并且可与政府的其他职能相区分。在这个意义上，即使在公共服务型国家和公共服务型政府的条件下，国家公职人员和政府工作人员所从事的并不都是公共服务，他们中只有部分人才从事公共服务活动。近年来，在政府职能转变的改革中，通常提到"中国政府的职能应转变到经济调控、市场监管、社会管理和公共服务"。在这里，公共服务是同其他三项政府职能相并列以示区别的。

公共服务是使用了公共权力或公共资源的社会生产过程。公民及其组织的各种直接需求，需要通过各种形式的社会生产过程予以满足。在这些社会生产过程中，通过资源的配置和组合而达到产出。这些社会生产过程就是提供服务的过程（这里所指的服务同产出是否实物形式无关）。在一个社会中，由公民及其组织产生对服务的总需求。这个社会的总服务供给是由民间服务和公共服务两部分构成的。公共服务只是社会服务中与民间服务相对的一个部分。如果一个社会生产过程没有使用公共权力或公共资源，那么就是纯粹民间行为，属于民间服务而不是公共服务。政府体现和行使的是公共权力，公共资源则是由国家所有的各种资源和资金。如果一个社会生产过程中有政府以某种方式的介入，如财政资金、产权或特许等，并在某种程度上贯彻着国家意志，那么就属于公共服务。譬如，不仅政府和公立机构提供的教育是公共服务，民间教育机构如果有政府特许或者使用了公共资源，那么也是在提供公共服务。

提供公共服务是政府的责任，必须有政府介入，但却不一定须由政府直接提供。公共服务的实现形式与手段是多样性的，其所依托的组织机构也是多种形式的。譬如，提供公共服务的机构可以是公共行政机构，即正式的政府机构，如主管国家建设的建设部，可以是专门的公共服务机构，如主管轻工业设计部分的轻工总会，也可以是具有公共性的民间服务组织。所谓公共性的民间组织，是指私人企业和各种形式的社会组织，如各行业的设计师协会以及设计师学会等。如果有了政府行为的某种介入，如政府通过特许经营、合同承包、无偿资助或者优惠贷款、共同投资等方式介入了民间组织的活动，那么这些私人和社会组织在保持其民间性质的同时还具有了一定的公共性，成为贯彻国家意志、提供公共服务的组织工具。

三、艺术设计市场的人力资源培育

艺术设计市场从人的构成来看即设计者和消费者，开发建设艺术设计市场就必须开发这双方共同构成的人力资源。一方面要让设计群体保持旺盛的创造力；另一方面要让消费群体具备持续增长的吸收、消化能力。设计群体的创造力包括设计解决问题的能力、设计研究的前瞻性、设计团队的阶梯性、人员知识构成的合理性等，这就要求社会建立系统的人力资源培训机构和相应的机制。而消费群体持续增长的消化能力包括消费中的理性增长、消费中的物质和精神的均衡性等，它的健康培育将有力地反作用于设计群体，促进设计的进步。

（一）培育设计和消费群体的科学素养

艺术设计是一门技术加艺术的学科，而无论在艺术还是技术中，科学的思考都是必不可少的，所以科学素养无论对于设计一方还是消费一方都是极其重要的。科学素养是一个历史的概念，从20世纪50年代以来，其内涵不断扩展和变化。它最初强调科学的统一性、自主性，旨在通过提高学生的科学素养培养未来的科学家和工程师；到70年代，对科学素养的理解进一步扩展，包括科学和社会、科学的道德规范、科学的性质、科学概念的知识、科学与技术、科学和人类等方面；80年代中期以来又扩展到科学世界观的性质、科学事业的性质、头脑中的科学习惯以及科学和人类事务等；进入21世纪，科学的态度又推广至艺术、人文领域，而处于交叉和边缘状况的艺术设计领域更是如此。

在艺术设计行业中属于生产方的设计和制造者的科学素质存在着巨大的问题。一方面，艺术设计专业人才总量相对不足，结构不合理，高层次人才严重紧缺，专业技术人才和熟练技术工人不能满足需求，成为制约中国艺术设计产业发展（设计和制造）以及中国社会全面建设小康社会和实现现代化强国目标的最大"瓶颈"。另一方面，设计人员的自身科学素养受其知识结构的影响，对艺术设计的认识偏重感性而忽视理性，重视造型而忽视功能，导致现代化的技术成就对艺术设计产业的影响大大降低；同时在设计作品中存在大量浪费和不健康的因素。这类作品成批量的生产最终导致社会文化的衰败。因此，要全面建设小康社会，就应把提高全民科学素质放在最重要、最优先的地位。

（二）完善现有的艺术设计高等教育机制

直到目前为止艺术设计专业的高等教育同其他大多数学科一样仍然对学科的培育和发展起着重要的意义。中国的艺术设计的高等教育机构是培育设计师最主要和最重要的摇篮，同时中国的高等教育机构在艺术设计行业形成的早期还承担着研究、实践的工作。随着行业的发展以及对外交流的深入，艺术设计领域的高等教育的规模、性质也产生了巨大的变化。在科研和实践方面它的先锋作用已受到完全市场化的专业机构的挑战，高等教育开始回归到一个以培养人才为主的状态中来。高等教育的发展动因并不产生于教育系统本身的需要，更不会是因这种需要而产生对社会的所谓压力。相反，高等教育的不断发展是社会推动的，是社会经济的不断发展对高等教育形成的新需求所致。

四、特定行业的生态环境战略

消费决定市场，市场化的社会最大的误区就是被消费主义的操纵。艺术设计也面临着同样的问题，当设计的目的中过多地掺杂了消费的成分之后，设计的形态和设计的作用就开始异化，这会产生文化上的倒退。另外，由于设计对消费有刺激作用，也会导致一种不够理性的消费观。在这种消费观的支持下，人们的消费远远超出基本的需求，而传统的观念之中自然资源是支撑这种畸形消费取之不尽用之不竭的源泉。因此设计过程在人们的观念之中没有给予自然一个应有的位置，取而代之的是掠夺、破坏、占有。所以在承认技术进步及私人生活极大满足的同时我们突然发现人类共有的资源、公共的利益遭到人为的史无前例的破坏。

（一）建立生态文化观

在当今人类面对生态危机而寻求可持续发展之路的时候，也使文化的转型成为必然。一种以互惠性价值观为支撑的生态文化悄然兴起，并已形成良好的发展态势。这种文化主张在人类的价值实现过程中惠及和保护生态环境的价值，在两者的互益活动中保持人与自然和谐，实现社会可持续发展。

生态文化作为一种社会文化现象，不仅有其特定的含义和价值观基础，而且有其合乎规律的、有序的、稳定的关系结构。正确认识生态文化的基本含义及其价值观基础，分析和把握生态文化的结构要素及其相互关系，是研究有关生态文化建设的一切问题的必要前提。生态文化有广义和狭义之区别。广义的生态文化是一种生态价值观，或者说是一种生态文明观，它反映了人类新的生存方式，即人与自然和谐的生存方式。这种定义下的生态文化，大致包括三个层次，即物质层次、精神层次和制度层次。狭义的生态文化是一种文化现象，即以生态价值观为指导的社会意识形态。

生态文化作为一种社会文化现象，具有广泛的适用空间，是一种世界性或全人类性的文化。自20世纪以来，人类在重视自身生存的生态环境保护的过程中，逐渐产生了一系列的环境观念、生态意识，以及在此基础上发展起来的有关生态环境的文化科学成果，诸如生态教育、生态科技、生态理论、生态文学、生态艺术以及生态神学等。这些"生态文化"成果的创建，既表明了生态学思维方式对人类社会的渗透，也显示出一种生态文化现象正在全球蔓延。生态文化是属于全人类的，这是因为：生态文化建立在科学的基础之上，而科学是无国界的，它为所有的人提供正确认识的理论基础；生态本身的物质性作为一种客观存在，它对所有的人都同样起作用；人类的生存发展需要适宜的生态环境，而生态文化既是这种状态的产物，又对维护这种状态起着巨大的能动作用。生态文化是人类向生态文明过渡的文化铺垫，也是自然科学与哲学社会科学在当代相互融合的文化发展趋势。

（二）生态科技文化之下的艺术设计

海德格尔说："技术不仅仅是手段，还是一种展现的方式。如果我们注意到这一点，那么，技术本质的一个完全不同的领域就会向我们打开。这是展现的领域，即真理的领域。"现代科技的发展给人类带来了巨大的物质财富。但同时又造成了严重的环境污染。因此，科技发展不得不重新认识和考虑人类对自然的依赖问题，不得不自觉承担维护人类生存环境的义务和责任。确定科学技术发展的生态意识，使科学技术发展带有鲜明的生态保护方向。也就是说，在艺术设计方法中运用科学的生态学思维，对艺术设计提出生态保护和生态建设的目标。这是艺术设计之中技术进步的新形式。生态科技文化把生态价值概念引入艺术设计学科研究和实践，强调设计创作和制造既有利于大多数人的利益，又有利于保护自然的科学技术。它要求我们对设计成果的评价，既要有社会和经济目标，又要有环境和生态目标，使之向着有利于"人——社会——自然"这一复合生态系统的健全方向发展，为人类社会可持续发展提供指导思想、运用技术和具体途径。

（三）生态美学文化之下的艺术设计

生态美学是在当代生态观念的启迪下新兴的一门跨学科性的美学应用学科，它以"生态美"范畴的确立为核心，以人的生活方式和生存环境的生态审美创造为目标，弘扬我国"天人合一"的自然本体意识，把我国传统美学以人的生命体验为核心的审美观与近代西方以人的对象化和审美形象观照为核心的审美观有机地结合起来，形成"生态美"的范畴，由此克服美学体系中的"主客二分"的思维模式，肯定主体与环境客体不可分割的联系，追求"主客同一"的理想境界，从而使审美价值既成为人的生命过程和状态的表征，又成为人的活动对象和精神境界的体现。生态美学的产生和发展，不仅赋予美学理论以新的思路和内涵，而且对于解决生态问题、改善生态环境和促进生态文化发展具有很强的实践性功能。同时生态美学打开了人类对现代艺术和设计中审美的新视界，对设计成果的评价不仅仅局限于传统观念之中的功能和形式两方面，而是增加了新的衡量维度。也许未来建立于生态美学基础上的设计产品其视觉形象将超越我们以旧有经验所形成的审美标准，这也是未来艺术设计需要解决的新的问题。

艺术设计行业的生态战略的顺利实施还必须在中国普及生态教育文化。生态教育文化的主要任务是对全民实施生态意识、生态知识、生态法制教育。生态教育文化建设应当努力使每一个有行为能力的人都有较强的生态意识。同时，使受教育者获得关于人与自然关系，人在自然界的位置和人对生态环境的作用，生态环境对人和社会的作用，如何保护和改善生态环境以及如何防治环境污染和生态破坏等知识。重视生态保护和社会教育，通过各种形式，利用各种传播媒介，从幼儿园、小学、中学到大学，培养人们的生态价值观，提高人们的生态意识和生态道德修养，从而提高人们保护生态和优化环境的素质。这种文化基础对艺术设计者、对消费者自身都会起到一定的规范和制约作用。

第九章　生态环境艺术设计典型案例分析

基于生态性的环境艺术规划设计研究与以往的开发项目相比，更加重视对区域及周边环境完整生态体系的构建和保护。运用生态性环境艺术设计原理建立生态功能良好的区域格局，给城市带来新的生机和活力。如何在现代生态农业园的建设中，结合当地的自然环境和历史文化，分季节地对环境进行设计，从而营造出具有地域文化特色的现代生态，是一个值得思考和实践的问题。

第一节　长江三角洲地区生态农业园环境艺术设计

一、生态农业园及其理论基础

（一）生态农业园的含义

生态农业园是指利用田园景观、自然生态及环境资源，结合农林渔牧生产、农业经营活动、农村文化及家庭生活，提供国民休闲，增进国民对以农业及农村的体验为目的的农业经营；是集旅游功能、农业增效功能、绿化、美化和改善环境功能于一体的新型产业园。它实现了生态效益、经济效益与社会效益的统一。

（二）生态农业园的相关理论

1.现代生态农业与传统农业

现代生态农业是指在保护、改善农业生态环境的前提下，遵循生态学、生态经济学规律，运用系统工程方法和现代科学技术，集约化经营的农业发展模式。生态农业是一个农业生态经济复合系统，它是将农业生态系统同农业经济系统综合统一起来，以取得最大的生态经济整体效益。它也是农、林、牧、副、渔各业综合起来的大农业，又是将农业生产、加工、销售综合起来，适应市场经济发展的现代农业。生态农业是一个高效的人工生态系统，它具有以下基本特征：①生物产量高；②光合作用产物利用合理；③经济效益高；④动态平衡最佳。

2.生态农业园在国内外的发展

在国外，早在19世纪30年代，欧洲就已经开始推广农业旅游。在19世纪初德国就出现了供市民自给自足的"小菜园"，被称为市民农园，目前德国市民农园承租者超过80万人，农业产品总产值占到全国农业总产值的1/3。法国的休闲农业主要包括教育农场、自然保护区和家庭农园。意大利在1865年就成立了"农业与旅游全国协会"，专门介绍及组织城市居民到农村去体味野趣，直至目前，休闲农业旅游已经成为意大利旅游业的重要组成部分。在美国，休闲农业主要包括观光农场和市民农园。观光农场除了提供蔬菜水果采摘等项目外，还推出绿色食品展、垂钓比赛、乡村音乐会等活动。目前，仅美国东部地区就有观光农场1500多家。澳大利亚的休闲农业十分具有当地特色，园区内经常开展牧羊示范、挤牛奶、制奶油等活动，丰富的牧场生活吸引了来自全世界人们的眼球。

与欧美国家相比，日本的休闲农业仅有30多年的时间，但其发展的速度很快，成效也很显著。马来西亚约在20世纪80年代创办了世界上第一座国家级的农业休闲园。该园区设施齐全、规划合理再加上丰富多样的农产品和各种农业生产方式的展示，使得该农业公园成为世界上著名的休闲农业基地。

我国的生态农业园开发最早是在台湾地区。20世纪70年代台湾出现了观光果园，80年代末出现了休闲农业区、自助农园、森林游乐区和休闲农场。在我国大陆，1994年北京建立了以展示以色列农业节水技术为主的示范农场，同年，上海建立了孙桥现代农业科技园。之后，全国各地的现代农业园如雨后春笋般纷纷建立起来。据不完全统计，截至2004年年底，经过十年的发展，全国已经建成不同层次、类型的农业科技园区4000多个。

（三）现代生态农业园的类型

现代生态农业园按照不同的分类方法有很多类型，即使是同一类型的农业园，名称也不尽相同，现在还没有统一的规范和标准。根据相关资料，现代生态农业园按主要功能可分为农业科技园、农业旅游园、农业产业化园和农产品物流园四大类。根据本文的需要重点介绍前两类。

1.农业科技园

目前对于农业科技园的定义众说纷纭，尚未统一，比较有代表性的陈述有以下几种：

农业科技园区是围绕新的农业科技革命，以农业技术与机制创新为重点，以推进农业现代化为目标，融现代工程设施体系、高新技术体系和经营管理体系于一体，代表现代农业发展方向的综合示范基地。

农业科技园实质上是一个以现代科技为依托，立足于本地资源开发和主导产业发展的需要，按照现代农业产业化生产和经营体系配置要素和科学管理，在特定地域范围内建立起来的科技先导性现代农业示范基地。

农业科技园区是指为了进一步探索现代农业组织方式和运行管理机制，集中实验示范农场高新技术，探索农业生产、农村经济和农村建设发展方向，以及展示现代化农业形象而产生的新型农业运营基地。

虽然农业科技园的定义尚未统一，但是目前建成使用的这类园区都具有一些相同的特点：它的主要功能是示范和教育，把新技术、新成果、新的运行机制和新的管理体制应用到园区，为农业、养殖业带来优质、安全、高产等效果，向人们示范和推广；它主要包括的类型有农业高新技术园、农业示范园、农业科技示范园、高效农业示范园等。

2.农业旅游园

2002年国家旅游局颁发的《全国工农业旅游示范点检查标准》中对农业旅游的定义为：农业旅游是指以农业生产过程、农村风貌、农民劳动生产场景为主要吸引物的旅游活动。

农业旅游园是指在一定的范围或是特定区域内以农业旅游为主要开发内容和目的的现代农业园区。

该类园区的主要功能是以农业资源、农村特色、农村自然景观和天然风光为内容，以城市居民为目标市场，开展观赏、体验农作、品尝、购物、休闲、娱乐、度假、健身等各种旅游活动，从而提高农业经济效益，丰富市民的物质和文化生活。它主要包括观光农业园、休闲农业园、水果采摘园、蔬菜采摘园、生态旅游园、教育农业园、保健农业园、民俗观光园等。它们都有一定的地域范围，都以农业旅游开发为目的，只是资源客体和产品旅游的侧重点不同，有的侧重于观光，有的侧重于民俗资源的开发利用，而有的则侧重于休闲娱乐。

3.农业产业化园

农业产业化园的功能是以一类农产品为核心，进行生产、加工、销售等一体化的活动，以提高经济效益为中心，形成一个产业体系。

4.农产品物流园

现代农产品物流园是农产品流通的枢纽，它把农产品以最快的速度从田间及时送到消费者的手中，并在农产品的数量、质量、安全、新鲜、花色和品种上，满足消费者的要求；同时保证农产品的畅通销售渠道，减少农户生产的盲目性，降低农户的经营风险，保证农民的收入。

二、长江三角洲地区自然环境和历史文化背景分析

（一）长江三角洲地区的自然环境概况

地理上意义的长江三角洲是我国最大的河口三角洲，泛指镇江、扬州以东长江泥沙积成的冲积平原，地势低平，海拔在10米以下。该平原上共有湖泊200多个，是我国河网密度最高的地区，平均每平方公里河网长度达4.8~6.7公里。长江三角洲顶点在仪征市真州镇附近，以扬州、江都、泰州、姜堰、海安、栟茶一线为北界，镇江、宁镇山脉、茅山东麓、天目山北麓至杭州湾北岸一线为西界和南界，东止黄海和东海。从行政区域上看，它包括江苏省、浙江省和上海市。

1.长三角土壤环境资料收集及分析

长江三角洲地区土地条件非常优越，类型多样，通透性好，养分充足，平原和丘陵之间在水热条件上具有多层次的特点。该地区主要土地类型有6大类：分别是耕地（包括水田和旱地）、林地（包括有林地、灌木林地、疏林地、其他林地）、草地（包括高覆盖度草地、中覆盖度草地和低覆盖度草地）、水域（包括河流、湖泊、水库、坑塘、海涂和滩地）、建设用地（包括城镇用地、农村居民点用地和公交建设用地）和未利用土地（包括裸土地和裸岩石用地）。这些优越的条件使得长三角地区农业具有多样性、多宜性和多熟制的特点，为建立生态

农业和发展多种经营提供了很好的条件。

2.长三角气候资料收集及分析

该地区属北亚热带季风气候,温和湿润,日照充足,四季分明,具有明显的季节性特征。根据2008年《浙江省气候影响评价》显示当年年平均气温17.7℃(多年平均值为16.9℃),其中1月月平均气温为5.1℃,8月月平均气温为29.5℃。长江三角洲地区降水丰沛,多年的平均值为1469mm,每年6月中下旬至7月上半月为"梅雨季节",降水量达到最大,月降水量平均达到290mm。

3.长三角地区植物生态机能调查研究

植物在人们日常生活中发挥着重要的作用,它可以改变光、热、气、风、噪声等因素,从而改善环境。同样,植物在园林设计中也发挥着重要功能,主要表现在三个方面:观赏功能、环境功能和营造空间的功能。观赏功能是指利用植物的大小、色彩、形态和质感等属性充当景观中的焦点。环境功能是指植物能利用自身生长机能改善空气质量、保持水土、涵养水源等。营造空间的功能主要是指植物可以运用于空间中的任何一个位置,从而分割不同的空间,如形成开敞、半开敞空间、围合空间和垂直空间等。

长江三角洲地区气候温润,植物品种多样。春季适宜种植的红色花系有樱花、山茶、牡丹、碧桃、海棠;黄色系列如金钟花、迎春、连翘;白色花系如含笑、木绣球、白玉兰、珍珠海等。夏季则可以种植石榴、广玉兰、紫薇、合欢、荷花等。而到了秋季,除了可摘果树种如西瓜、樱桃、草莓以外,还可以种植观叶树种如枫香、漆树、石楠、榉树等。冬季可以种植常绿树如雪松、红豆杉,观花类如蜡梅、梅花,落叶类如白毛杨、楸树、刺槐、龙爪槐、龙枣等。丰富的树种可以满足园林设计中植物多样性的要求。

(二)长江三角洲地区的经济状况

该地区农业以水稻为主,是我国主要粮食产地之一。渔业资源也非常丰富,素有"鱼米之乡"之称。此外长三角地区还是我国最早的手工业发源地之一,陶瓷、铜器、造船等手工业随着社会经济的发展都取得了长足的进步。苏州地区还是蚕桑业中心,被誉为"丝绸之府"。

在这片中国最富饶的土地上,充满活力的大型城市群呈"T"字形态,成为中国最大的城市群,也是世界第六大城市群,它由沿江城市带和杭州湾城市群构成，成员包括："超级巨人"上海，"重量级巨人"南京，杭州，苏州，无锡，宁波，"小巨人"嘉兴，常州，绍兴，南通，台州。目前，长江三角洲地区成为我国对外开放的最大地区，雄厚的工业基础，发达的商品经济，方便的水陆交通，使其成为全国最大的外贸出口基地。

（三）长江三角洲地区的历史文化

长江三角洲形成初期，人类就在这里从事渔猎和农耕，充沛的水流使这块土地鲜灵水嫩，充满灵动，孕育了独特的长三角区域文明。

距今7000—6000年前后，长江三角洲分布着河姆渡文化、马家浜文化，那个时期的居民以农业生产为生活基础，渔猎经济也占有一定的地位。公元前5000—3000年，河姆渡文化发展为良渚文化而马家浜文化发展为崧泽文化。崧泽文化后期与良渚文化早期相互渗透融通，边界模糊。这段漫长的文明历程无疑是长三角文化的孕育期，历史学家以古吴越时期统称之。此后，随着经济的发展和时政的变迁，长三角地区经历了吴越文化、江南文化、海派文化的演变。

1.农耕文化

长江三角洲地区的农耕文化有着悠久的历史，早在四五千年前的新石器时代，这里已经开始种植水稻，是早期稻作文化的发祥地。将农耕文化作为旅游资源，它可以分为有形农耕文化旅游资源和无形农耕文化旅游资源。

2.民俗文化

长三角地区的戏曲文化也源远流长，昆曲是流行的最早剧种之一，曲调婉转悠扬，内容多为才子佳人、谈忠说孝等。因为对水的敬畏，早在春秋、吴越就有"春祭三江，秋祭五湖"的传统。在常州府，每年五月二十八日郡城隍生日，都要演戏设祭。在南京每年正月都要举行灯会，这些都是长江三角洲地区人们生活习惯和地域文化的集中体现。

3.江南园林

江南园林是我国三大园林派系之一，已经拥有1500多年的历史，它主要是指苏南、浙北地区古代城镇私家园林，园林面积多在667—6667㎡之间，最大的也不过几公顷。

秦汉时期，私家园林开始在扬州、苏州等地萌生开来，此时具有代表性的有西汉时的"物审园"、东汉"笮家园"。魏晋南北朝时在全国战乱的形势下，江南相对稳定，经济得到较快发展，私家园林继续发展并出现了新的园林形式——寺观园林，如报恩寺、保圣寺、永定寺等。隋唐五代期间，北方园林开始旺盛，江南园林稍有逊色，但也出现了造园新高潮，与前朝相比有了长足的发展，此时的代表园林有孙园、金谷园、南园和孙承祐池馆等。江南私家园林到了宋元时期发展迅速，数量增多，并且此时的园林开始向乡镇农村发展，由写实园林向写意园林过渡，此时的代表有沧浪亭、石湖别墅、同乐园、狮子林、耕鱼轩、清闷阁等。到了明朝资本主义开始萌芽，经济政治文化出现一派繁荣的景象，江南私家园林也有了空前大发展，出现了两个高潮，为今天江南园林在全世界的地位奠定了坚实的基础，这一时期不仅涌现出了如拙政园、归园田居、留园、无锡寄畅园、上海豫园等体现精湛高超技艺的园林还出现一大批造园家和匠师和造园著作。造园家计成所著的《园冶》总结了造园的诸多理论；同朝的园林大家文震亨所著的《长物志》把山水画的原理运用于造园艺术，对园林的建造做了全面的描述。到了清朝封建社会走向衰落，苏州成为江南地区的经济中心，书画、戏曲艺术发展成熟。这时，江南私家园林的兴建以苏州、扬州、杭州为中心，此时兴建的园林有怡园、网师园、扬州个园、何园。

江南的造园艺术以追求自然景物与精神境界的和谐统一为最终目的，它会集了诗词、绘画、建筑艺术等元素，讲究立意，注重意境，追求一种诗情画意和"虽有人作、宛自天开"的审美旨趣。在布局上讲究完整、自由、朴素的建筑、亭榭的随意安排，结构上不拘定式，以清新洒脱见称。色彩上讲究明丽与幽深，使得江南园林有着"亭台楼阁、小桥流水"的艺术趣味。可以说江南园林是"立体的画，形象的诗"。

江南园林的特点可以总结为以下几点：（1）叠山理水，以水景擅长，水石相映，构成主景。（2）造园平面多呈现自由形态，以模仿自然为主旨，"虽由人作，宛自天开"。（3）色彩朴素淡雅，建筑多为深灰色的小青瓦屋顶，构件一律木作并呈现栗皮色或深棕色，白粉墙面。（4）不单是物质空间的营造，更加注重由景观所引发的情思神韵，山水、花木以及建筑并不是造园的最终目的，而由他们所传达或引发的清韵和意趣才是根本目标。在江南园林中，比较有代表性的是苏州的留园、拙政园、网师园，无锡的寄畅园，上海的豫园，扬州个园等。其中，由于扬州个园的季相设计与本论文研究内容有关，在这里做以详细介绍。扬州个园建成于清朝嘉庆年，现位于江苏省扬州市东关街北段，是中国园林中以叠石见长的著名园林景观，亦是全国的四大名园之一。扬州个园最大的特色就是"四季假山"的设计与构建。在面积不足五十亩的园里，开辟了四个形态逼真的假山区，分别以春、夏、秋、冬命名，为了烘托四季假山，植物的配置以竹子为主而花木的配置则兼顾了四季景观的效果，可谓"园之中，珍卉丛生，随候异色"。

三、长江三角洲地区现代生态农业园环境艺术设计现状及思考

（一）现状调查

当前，在我国经济发展水平较高的长江三角洲地区，现代农业和乡村旅游的起步较早，发展较快，形成了一大批现代农业园，并取得了一定的社会、经济和环境效益。

1998年，国家旅游局把旅游主题定位"华夏城乡游"，使"吃农家饭、品农家菜、住农家屋、干农家活、做农家人、娱农家乐、购农家物"成为农村一景，使田园农家乐、花乡农家乐、果乡农家乐、竹乡农家乐、渔乡农家乐、湖乡农家乐等成为城市新宠；2004年我国的旅游宣传主题被确定为"中国百姓生活游"；2006年，全国旅游宣传主题定为"2006中国乡村游"，宣传口号为"新农村、新旅游、新体验、新风尚"，这一系列的政策进一步把当地的现代农业与乡村旅游推向高潮。

长江三角洲地区生态农业园的蓬勃发展，除了与国家大力发展农村缩小城乡差距的政策有关以外，还与当地的旅游资源、经济基础和城市化水平有着直接的关系。首先这里拥有大量的自然生态资源，江、河、湖、海、山、林、洞、窟等，类型丰富。例如，仅浙江省就拥有国家级风景名胜区16处，省级风景名胜区37处；国家级森林公园26处，省级森林公园52处；国家级自然保护区8处，省级自然保护区8处等。"诗画江南、山水浙江"，风景区的发展为现代生态农业园的生存开辟了广阔的空间。其次长三角区域经济繁荣，城市化水平较高，人民富裕，殷实的收入使城乡居民的出游能力不断增强，已形成年出游人数达2亿人次的客源市场，而现代生态农业园恰恰迎合了久居城市的人们在繁忙工作之余对清新自然、纯朴悠闲的田园生活的向往。

1.长江三角洲地区现代生态农业园的类型

根据调查，目前长江三角洲地区已建成的生态农业园按其主要功能分为两大类型，即科技示范型和休闲观光型。

（1）科技示范型。

这类园区的主要目的是把新的技术、新的成果、新的管理模式和运行体制应用到园区，从而向前来学习参观的人们示范、推广。它包括农业示范园、高效农业示范园、农业科技示范园等。它所面对的游客大多是相关单位的工作人员、学生等。

（2）休闲观光型。

这类园区以展现农村农业资源、自然景观为主要功能，向城市人提供体验农活、欣赏民俗、休闲度假等活动。它主要包括农业采摘园（例如，水果采摘、蔬菜采摘、水产品捕捞等）、观光农业园、休闲农业园、民俗观光园、生态旅游园等。

现代生态农业园按其所在的地理位置又可以分为两大类型：城市依托型和农业基础依托型。

（1）城市依托型。

该类农业园在地理位置上离城市较近，主要是向游客展示城市区的自然资源和田园风光，给城市人提供初步认识农村自然生态和人文环境的场所，园区内大多为人工景观。

（2）农业基础依托型。

这类生态农业园大多位于农村，农业基础良好，并拥有自然的乡村风光，游客在参与农活、感受农村生活气息、了解农村风俗习惯的同时，达到愉悦身心、体验真正的绿色自然和人文环境的目的，园区内的景观多为自然景观。

2.长江三角洲地区现代生态农业园的功能构成

由于生态农业园的主要功能和所处地理位置的不同，它们所提供的项目活动也不尽相同，主要包括以下功能：（1）科技观光；（2）水果蔬菜采摘；（3）垂钓；（4）运动竞技；（5）野外拓展；（6）民俗文化表演；（7）茶道表演；（8）温泉洗浴；（9）节庆活动；（10）农家餐饮。

目前长江三角洲地区的生态农业园大多具备了科技观光、水果蔬菜采摘和农家餐饮等基本功能，但是较具特色的民俗文化表演、茶道表演、节庆活动则只在部分园区内可以观赏体验。

3.长江三角洲地区现代生态农业园的游客市场

如前所述，现代生态农业园根据地理位置不同可以分为城市依托型和农业基础依托型。城市依托型的农业生态园的游客大多为久居城市的白领阶层，他们平时面临较大的生活压力、工作压力，大多利用周末或假期前来休闲观光，用以放松身心。

农业基础依托型的农业生态园则以接受前来学习参观的学生和农民为主。例如，上海孙桥现代农业开发区就是全国科普教育基地、全国青少年科技教育基地、全国农业科普示范基地，每年有260万人次前来学习考察、旅游观光。

4.长江三角洲地区现代生态农业园设计师参与状况

目前在长江三角洲地区以农民投资为主的小型农业园仍然停留在小打小闹的自主经营状态，没有科学长远的规划设计和准确的市场定位，难以实现园区的可持续发展。

生态农业园的设计属于边缘学科，这就要求设计者既要熟悉国家的相关政策，又要具备环境艺术设计、建筑设计等方面的专业知识，还要对当地的农耕文化、民俗文化、人文历史等有所了解。目前在一些较具规模的农业园区略见设计师参与的"痕迹"，但由于设计者知识和经验的不足，导致所设计的园区不符合国家或地方相关政策、园区布局不合理、定位不明确等问题。

5.长江三角洲地区现代生态农业园的景观风貌

生态农业园的景观风貌应以自然为主，力求体现简洁、质朴的田园生活。但是在目前的长江三角洲地区农业生态园的景点设计中，经常出现与总体风格不符的异调。例如，一座体量较大的欧式风格、装饰意味浓重的休憩亭被安置在自然山水之中，破坏了园区的整体风貌。

（二）存在的问题

由于受地方政府重视程度的不同，各地的生态农业园建设发展很不平衡，如湖州市的生态农业园不仅规范而且形成了规模效应，这与当地政府重视生态农业园的发展并出台有关政策加以支持和保障有很大关系。同样，那些周围具备较好旅游资源的生态农业园，积极整合资源利用优势互补，自身发展也较好。长江三角洲地区现代生态农业园在环境艺术设计方面，以下三个问题比较突出。

1.园区功能雷同，缺乏特色项目

长江三角洲地区的生态农业园功能设计上基本都包含了农业采摘、垂钓、品尝农家菜的活动，而具有地方特色的民俗文化演绎、节庆活动则只在较少的园区内可以观赏到。对农业旅游资源深度和广度上的开发不够，功能上的雷同、千篇一律，势必给游客单调乏味的感觉，难以激起游客重游的兴趣，园区也随之缺乏生命力，这不利于生态农业园创造经济效益、实现可持续发展。

2.文化内涵不足，有待深度发掘

长江三角洲地区现有的生态农业园内，有的建设体量巨大的现代建筑，不仅破坏了自然景观，还与周围的环境很不协调，"农味"不足，甚至失去了原有的乡土气息；有的"嫁接"其他地域的特色，抛弃当地传统风格、民俗文化于不顾。

3.季节差异性严重，淡旺季明显

由于农业产业的时令性，使得生态农业园也具有一定的季节差异性，在温暖的春季和累累硕果的冬季是农业生态园的旺季，园区车水马龙，而到了炎热的夏季和寒冷的冬季则成了农业园的淡季，"门可罗雀"，游客数量不及旺季的1/3。

而目前长三角地区的生态农业园环境艺术设计方面，并未注重季节差异性的设计，造成淡季不仅没有果实可以采摘也没有景致可以观赏的局面，严重阻碍了现代生态农业园的可持续发展，因此，如何使四季均有景可观、四季各有千秋是农业园急需解决的问题。

四、长江三角洲地区生态农业园环境艺术设计典型案例分析

针对长江三角洲地区现代农业园区环境艺术设计方面的问题，本文选择了在该地区内比较有代表性的两个生态农业园设计案例予以对比分析，其一是成立于20世纪90年代的上海孙桥现代农业园；其二是建成于2006年的南京万成农业生态园。

（一）上海孙桥现代农业园环境艺术设计概况

上海孙桥现代农业园区成立于1994年，是全国第一个综合性的现代农业开

发区，规划面积9平方千米，现已开发近4平方千米。园区地处上海市外环线内侧东南角位置，是浦东新区中心地带，距离浦东国际机场12公里。园区与外界的交通联系通过城市主干道和城市快速干道与上海市道路网络衔接，可谓地理位置优越，交通发达。

园区定位为：中国农业与世界农业接轨、传统农业与现代农业转变的桥梁。经过十多年的发展，上海孙桥现代农业园初步形成了种子种苗产业、温室工程安装与制造产业、设施农业产业、农产品加工产业、生物技术产业、旅游观光农业。先后被批准为国家农业科技园区、国家引进国外智力成果示范推广基地、农业产业化国家重点龙头企业、国家级农业标准化示范区、全国科普教育基地、全国工农业旅游示范点。

在各地都大力发展现代农业园的形势下，孙桥现代农业园在内涵上凸显了自身的特色：园内各产业、各功能区交融渗透发展，景点景区的布置融入全部区域，为游客营造了观光乐园的氛围。

（二）南京万成农业生态园

南京万成农业生态园位于南京市浦口区石桥镇五四村，2005年破土动工，生态园占地960亩（远期规划面积2000亩），其中水面面积100多m^2，绿化覆盖率达85.3%。园区是以农业旅游为主线，集生态种植、生态养殖、垂钓餐饮、休闲娱乐、会议度假、农业观光、运动竞技、科普教育于一体的生态农业旅游区。2006年被评为南京市八家市级示范生态园之一。

走进园区，成片的绿色映入眼帘，宽阔的水泥路引导人们通向各个功能区。苗木区种植了大面积的多种苗木，如香樟、桂花、红枫、樱花、石楠、竹子等构成了一片片风格各异的生态林，成为园区一道亮丽的风景线。园区还建有别致的葡萄长廊和西瓜等多种水果乐园，游客在观赏园区美景的同时也可以亲手采摘品尝，享受参与其中的快乐。

园中的小四合院是仿明清时期的徽派建筑，占地800多m^2。"青砖小瓦马头墙，回廊挂落花阁窗。"置身其中可以让游客在繁忙的都市生活之余，找寻些许往日的回忆。现代化的灯光网球场、羽毛球场、乒乓球室还可以让人们一展身手，徜徉在古代与现代的完美结合之中。

园区内拥有一个大型水库，四个池塘，为园区的生态餐厅提供新鲜鱼品的同时，游客可在此观赏成群的鸭子在水面上游弋，草鸡在花草间觅食，感受浓浓的田园野趣。在垂钓区，池塘四周遍植垂柳，垂钓之余，还可以坐在古色古香的长廊里品茗聊天，清风徐来，令人忘记烦恼。

万成生态园通过白玉兰、广玉兰、桂花、红枫、香樟、樱花、紫薇等树种的选择和搭配，勾勒出"春花烂漫，夏荫浓郁，秋色绚丽，冬景苍翠"的景观效果。

（三）环境艺术设计案例评析

上海孙桥现代农业园是在我国刚刚兴起生态农业园之时应运而生的，是我国最早建设的一批生态农业园项目之一，是长江三角洲地区乃至全国农业科技园的典范。从环境艺术设计的角度来看，它代表了20世纪90年代我国生态农业园环境的建设状况。

园区分区合理，可学习、参观、休闲、娱乐，功能齐全。以展现现代农业新技术、新设施、新成果为主要景观，游客在这里既可以参观学习以色列智能化温室的高新技术，又可以体验采摘水果、蔬菜的乐趣。总之，孙桥农业开发区无论是从建筑设计还是设施服务方面，均体现了上海大都市的形象和中外合璧、海纳百川的海派文化特色。

南京万成生态园是2005年开始规划设计的一个以休闲为主的生态农业园，其环境设计已经开始注重体现当地传统文化，即将传统的造园手法运用在现代的农业园设计之中。园中建筑多为仿明清时期的徽派建筑，粉墙黛瓦，素雅大方，配以周围的山水绿化，给人以清新幽雅的感觉。在空间布局上，曲径幽深，引人入胜，欲显而隐或欲露而藏的手法把精彩的景观或藏于偏僻幽深之处，或隐于山石、树梢之间，避免开门见山，一览无余。小品的设计，体量精巧，较好地体现了江南园林的艺术特色。

从以上两个典型案例可以看出，长江三角洲地区现代生态农业园的环境艺术设计已经从开始的只满足功能需要发展到注重与当地文化的结合，但是文化内涵挖掘的还不够深入，在季节差异性设计上还没有受到足够的重视，只运用到了植物静态造景的手法。在经济快速发展的长三角地区，人们对民族文化这个"根"的内涵要求逐步提高，结合本土的人文历史，并满足现代人的审美要求的具有的原创性、地域性、文化性的生态农业园是我们的设计方向和目标。

第二节　衡山萱州古镇环境艺术设计

一、衡山县萱洲古镇环境艺术构成要素

（一）自然资源分析

1.地理位置

萱洲古镇坐落在衡山南大门与衡阳、衡东、衡南、南岳区交界处，距县城20km，全镇总面积57.4km²，位于衡山至衡阳市湘江中心位置，紧靠大源渡电站，和京广铁路隔河相望，并与萱店公路、107国道相通。新修建的武广快速铁路和衡岳高速公路贯穿其中，水路、陆路交通便捷，具有明显的地理和区位优势。

2.水文地质

萱洲古镇南北长，东西窄，呈带状，地貌呈丘岗状，连绵起伏，植被覆盖率达到75%。最高处海拔151m，最低处海拔71m。古镇属亚热带季风性湿润气候，四季分明，季风显著。年平均气温在15℃以上，最热7月，平均气温28.7℃；多年平均无霜期286天；多年平均降雨量1400mm。全年冬暖夏凉，无霜期长，有利于全年开展旅游。

本镇土壤为酸性红壤，土地肥力较差。植被以经济林为主，植被覆盖率达到75%。全镇16个村中湘江沿线有13个村，洪涝灾害频发，全镇水面2150m²，中小型水库六座，灌溉渠150条，电排18处，水坝50处，全镇大部分农田由九观桥水库供水，境内左右两大干渠供水线路长，抗旱任务重。

3.物产资源

萱洲古镇境内森林植被保护较好，境内拥有较丰富的水产品资源、动物资源和植物资源。鱼塘年产水产品20万斤，以鲢、鳙、青、草"四大家鱼"为主，畜禽有牛、羊、猪、鸡、鹅、鸭等。除粮油等作物外，特色农产品以辣椒、

西瓜、奈李、板栗、柑橘等为主，特别是传统特产——大红玻璃牛角辣椒，肉厚色红、辣中带甜，深受人们喜爱，曾一度远销东南亚。衡山县因萱洲小水果齐全，品味齐佳，而成为湖南省第一批"家庭小水果县"，享誉全国。本镇还是湖南省瘦肉型猪、衡山黄鸡出口的养殖基地。古镇矿产资源丰富，主要有铀、钨、金、锡、石灰石、花岗岩等，具有较高的开发价值。

（二）经济发展分析

1.农业耕作

萱洲古镇土壤肥沃，属传统的内陆农耕区域，同时因湘江穿越其间，水系发达，是重要的水路和陆路中心，在湖南传统经济格局上起着非常重要的作用。

（1）粮食作物。

萱洲古镇的粮食作物有水稻和旱粮两种类型，其中旱粮包括、大豆、小麦、马铃薯、蚕豆、豌豆、玉米、高粱等。

（2）经济作物。

萱洲古镇的经济作物有油菜、棉花、烟叶、茶叶、桐茶、柑橘、枣、梨、李、桃、席草、花生、苎麻、西瓜、辣椒、蔬菜、药材等。古镇也是席草的产区，80%的农户种植席草、加工席草，为带动当地经济，增加居民收入起到了重要作用。

2.加工工业

（1）农产品加工。

茶，是萱洲古镇重要的经济作物，种植历史悠久，种植面积较广。古镇是品质上乘、久享盛名的南岳云雾茶的加工产地，因此本镇建有乡镇茶厂多个，为南岳云雾茶提供了得天独厚的加工条件。本镇还是采用传统工艺设备和方法提炼精制纯天然高级原汁茶籽油的产地，油茶果在 10 月底采摘后，即盛开，油茶从开花到果实成熟需承12个月雨露，历经秋、冬、春、夏、秋五季，因此，享有"东方橄榄油"的美称。萱洲沿江传统茶籽榨油作坊集种植、生产、供销等为一体，主要从事优质食用油制品的加工与开发，片区优质油茶籽生产基地近50万m^2。

（2）新兴加工业。

萱洲蕴含着丰富的农产品、矿产原料和劳动力资源，具有发展工业的先天基础条件。古镇通过制定一系列优惠政策和优质服务来吸引外资落户萱洲，2005年石瓦厂、石塘瓦厂、三鑫页岩砖厂相继建成，2006年又引进了萱洲页岩砖厂，新增碎石场2个，天水村蔬菜加工厂、堰江腐乳加工厂建成。

3.交通条件

萱洲镇地处衡阳市石鼓区、南岳区与衡阳县、衡东县、衡南县交界处，距衡山县城20公里，位于衡山至衡阳市湘江中心位置，紧靠大源渡水电站，和京广铁路隔河相望，并与萱店公路、107国道相通，新修建的武广高速铁路和衡岳高速公路贯穿其中，水路、陆路交通便捷。萱洲区位优越，交通便利。去往萱洲古镇的交通路线主要有：①衡阳方向：沿京珠高速衡东出口下→沿新塘按萱洲路标行驶→下高速后开车约十五分钟可到达萱洲古镇（总车程约一个半小时）。②高铁方向：衡西站下107国道往衡阳方向——衡阳九渡铺入口进入萱洲，全程约25分钟。

4.旅游资源

古镇风貌独特，是湖南省著名的历史文化名镇，传统文化沉积丰厚，文物古迹分布广泛，景观环境优美，自然生态上佳，千年古镇、千年古河街、千年古码头、河流、林木、宗教文化等相互渗透，历史建筑群体与自然生态景观有机地融为一体。古镇风光秀丽，旅游景点众多，目前有刘瑾公祠、萱洲老码头、观潭寺、衡山古窑、古河街道、萱洲花海等景点。萱洲镇政府现已投入500多万元，开发了水库、山地、休闲鱼池等共计1300余亩，建设休闲场所3400m²，拥有游艇、摩托艇等较齐全的娱乐设施。萱洲古镇以感受自然风光、品味乡土文化、体验农家生活为主要内容的旅游项目使古镇每年接待游客3万以上人次。

（三）社会文化分析

1.历史沿革

萱洲是衡山的一个古镇，明朝洪武五年建立集镇，距今已有六百多年历史。相传在今萱洲集镇下游半华里的湘江河畔，有一沙洲，洲上盛产萱草，故称"萱洲河"。萱洲自古以来商贾云集，遂成集镇。1950年成立萱洲、里石乡，属11区。1956年并为萱洲乡，1958年建立东风人民公社，1959年改为萱洲人民公社。1961年萱洲公社分为萱洲、贺家、新场市、沙头四个公社。1993年经省民政厅湘民行发（1993）第83号文批准撤乡建镇。1995年5月9日（1995）第61号文批准，将糖铺乡并入，以镇机关驻地萱洲河而得名萱洲镇。

2.民俗文化

民俗文化涉及生产生活、社会活动、游艺民俗、民族节庆、文学仪礼等内容，他的产生、发展、成形是在一定地域空间下进行的，受地理环境、生活方式与历史传统的影响和与制约，具有一定的地方性、实用性、神秘性、稳定性与变异性等特征，因此民俗文化展示出浓烈的地方风情。萱洲民俗文化体现了多元特性的和谐共存，至今保留着古朴的风俗民情和传统的民间艺术。

服饰：古镇普遍种植棉、麻，居民以棉麻为原料织成土布，手工缝制衣服，式样较简单，颜色唯青、白、蓝三种。古镇年迈的老人还保留着这种质朴的服装。旧时男女用布缝制袜子，居民大多穿着家庭妇女手制布鞋。

刺绣：富家女鞋鞋面还有精致的绣花。

饮食：在饮食上萱洲具名以大米为主食，有的也搭配面食作为辅食。菜肴以食用蔬菜，冬春季以白菜、芥菜、红白萝卜为主，次为菠菜、芹菜、冬苋、莴苣、芋头、白薯、竹笋等。夏秋季主要为南瓜、冬瓜、丝瓜、苦瓜、黄瓜、豆角、茄子、蕹菜、藕等。配有韭菜、葱、蒜、藠头等佐料菜，其中辣椒为必须佐料。番茄、包心白、苤蓝、马铃薯也普遍食用。豆制品四季供应，地方风味菜肴有冬腊肉、风肉、腌鱼、盐蛋等。一般人家制作坛子腌菜，豆腐乳。春插时的糯米粉蒸肉、梅子菜汤、莲羹汤皆具地方特色。镇内部分地方居民饮茶成习，饭后常饮清茶一杯，也有的饮泉水代替茶。白酿米酒价廉、性纯、味正，也是镇民普遍喜欢的酒类。大年三十守岁，有用红砂糖桂圆红枣煮蛋的，有用甜酒糟调茨粉的，有用云雾茶加莲子放白糖的。很多家庭都要煎粑子，那高粱粑子如同北方的老面馒头，糯米粑子便是捞面条。

3.宗教信仰

宗族、宗教等精神观念对人们的日常生活起了凝聚作用，古镇的宗教祭祀建筑以及各种民居中的祭祀空间，都为人们提供了精神空间，表达了他们的精神寄托和向往。普通民居住宅中的堂屋中心位置通常具有祭祖祖先和神灵的神位牌空间，位置较高，营造神圣的空间感。萱洲古镇有佛教寺庙观潭寺，寺庙建筑风格各异，构造精致，神像造型栩栩如生，体现了历代劳动人民精湛的建筑和塑造技艺。寺庙大多占据镇中风水要害之地，藏风聚气，环境优美。庙宇临江而建，守居水口要害。

4.人口情况

（1）姓氏方言。

本镇以汉族为主，全镇少数民族占总人口的0.3‰，大部分是改革开放后因婚姻关系而迁入本镇。本镇姓氏庞杂，全镇有近200个姓。全镇姓氏中，刘、王、赵、张、尹、邓、陈、彭、黄、胡、李、成、谭、周、唐、聂较多。

衡山县的方言主要有前山话和后山话两种，都属湘语长益片。大致可以南岳衡山为界，山的东北、东、南讲前山话，山的西北、西讲后山话。而萱州大部分讲前山话。

（2）人口数量。

人口自1982年人口普查后，户籍管理进入规范化管理，每户均持有户口簿，1988年开始颁发身份证，2006年开始换发二代身份证。十几年来，该镇人口由高出生、低死亡、高增长向低出生、低死亡、低增长过渡，计生管理工作由过去粗放补救型管理逐步过渡到规范服务型管理。

（四）街巷空间分析

1.街巷结构

萱洲古镇街巷的构成要素依据性质可划分为街道、支巷、河流、门楼、桥及埠口等，这些要素有机结合共同搭建了一个完整的古镇公共交通、商业、生活开敞空间系统。

（1）街道。

为了解决古镇规模扩大、住户密集以及村民间交通联系的问题，沿着一条交通路线的两侧盖房子便成了解决问题的关键，随之也就自然而然地形成了"街"。萱洲古镇的街道由上街（坳上）、下街（千年古河街）和两条爬坡而上的石级阶梯（千年古码头）组成。由于受到地形的影响，萱洲古镇的街道呈蜿蜒曲折的空间形态，同时萱洲处于炎热多雨的湘南地区，受到气候的影响，人们为了遮阳避雨，将街道的宽度压缩到最小限度，使街道空间经常处于阴影之中，加之建筑出檐较深，街道上空只剩下"一线天"，在炎热和多雨的季节让人们得到很好的庇护。古镇的下街是由全长1580米的青石板路组成，两侧铺面多吊脚楼，从河底至山顶共有一百四十八步，长154米，依山势由坚硬的紫砂岩石条垒成，随吊脚楼往山顶延伸。

（2）巷道。

巷与街共同组成交通网络。在中小规模的古镇中，这种网络形同树状结构，以街为主干，贯穿于整个村镇，而巷则如同树枝，由主干延伸到四面八方，并通过它连接到千家万户。巷一般呈封闭、带状布局，"高墙窄巷"也是人们在这种空间中最强烈的感受。萱洲古镇的巷道与等高线垂直，不可避免地要跨越高低起伏的地形，因此，增加了空间的起伏变化，不仅两侧的建筑因地形起伏而高低错落，而且巷道的地面也随之做成台阶的形式，其景观变化更为丰富。

（3）河道。

萱洲是古时的一个驿站，属于水上交通要道，在公路交通不发达的古时是有名的水运集散地，鼎盛时期，商贾云集。河道是古镇对外联系的重要通道，沿河而建的萱洲古镇，既方便居民汲取生活用水，又缩短了把货物运往船只的路径。

2.街巷功能

萱洲古镇的街巷功能可以归纳为：交通联系功能、商业经济功能、生活辅助功能和休闲交往功能。

（1）交通联系功能。

交通联系是古镇街巷空间的基本功能。萱洲古镇在现代交通工具出现以前，街道上的交通形态以步行为主，少量物资通过扁担肩挑运输完成，大量物资则是通过简易交通运输完成。但是随着经济的发展和居民生活水平的提高，古镇街道上的运输工具已经由传统的人力逐步转换成现代的交通工具。古镇街巷也逐渐丧失了昔日作为外部交通枢纽的功能。

（2）商业经济功能。

商业经济是古镇居民生活的重要功能。萱洲古镇商业活动有店铺和摊点两种类型。在古镇仍然可以看到由两层建筑组成的店铺，昔日的古街上作坊和店铺林立，如"天元斋""镇兴斋""祥隆纸栈"、理发店、豆腐店、石灰坊、染铺、布铺、罐子酒铺、铁匠铺、豆厂、米厂、饭铺、扎棉花、织布等门类齐全，商贾云集，本地的棉、豆、米、楠竹、杉树和外地的布匹、锅子、陶瓷日用品等交易频繁，今人口密集，商贸发达。这些店铺的分布一般沿古镇主街呈线形排列，也因此形成集中的店铺街区。而在从前，逢古历五、十赶集的日子，不足两米宽的石级街道，两边摆满了货物，中间两行人流穿行，不见货物只见人头攒动。尤其是年三十那一集，其盛况简直就要把整个古镇挤向湘江河。古镇目前仍保留这种摊点类型的赶集商业活动，这种类型在时间上有很强的间歇性，通常在赶集日才从周边地区赶到集镇街道上。但随着公路、铁路以及即将启动的航空运输的发展，依赖水路的程度逐渐失去其商业上的地域优势。

（3）生活辅助功能。

①通风功能。

街巷格局对村落小气候会产生一定的影响，如阳光辐射、温湿度、空气流动等。由于萱洲古镇沿河而建，顺应地势和风向进行建筑布局，因此，街巷既起到交通系统的作用，也是古镇通风的重要廊道。首先，由于萱洲古镇背山面水，沿河而建，白天太阳的照射加快了宽阔水体上空气的对流速度，傍晚易形成江风，垂直岸线的巷道此时可将凉爽的江风引入古镇的主街，而靠山的良好植被在白天时降低了山体的温度，傍晚时冷空气则顺坡而下沿巷道进入古镇，起到了很好的通风效果。其次，古镇内部墙高巷窄，阳光的照射受到一定的限制且伴有阴影，因此形成冷巷，而巷道尽端开阔的街面和广场则是受阳光照射较多的热场，冷巷里相对温度降低的空气与街面热场进行冷热交换，形成了天然对流的"巷道风"。

②遮阳避雨功能。

街道的转折弯曲和建筑的屋檐（或棚布）以及狭窄的街巷形态是古镇居民实现遮阳避雨的主要手段。

③给排水功能。

萱洲古镇濒临湘江，水资源丰富，适合农业生产，但由于降雨充沛，山洪暴发，湘江河流域也常有水患，因此，古镇也非常重视给排水系统。古镇依山傍水、负阴抱阳的选址充分考虑了气候、地理、建筑环境等因素，这种生态的选址在一定程度满足了居民的精神需求和物质需求。居民的引用水源以井水和河水为主。在排水方面，古镇排水通过两坡屋顶直接排到室外，朝向天井院落的屋面排水是通过坡屋顶的不同组合方式，落入天井中的雨水通过埋于地下的管道（明沟或暗沟）排到街道上，街道再通过排水管道设施，将水引入湘江河。室外排水一般是沿民居四周设一道排水沟，沟宽约600mm、深约300mm，与现在的明沟尺寸基本相似，再通过排水沟把集水或雨水排走。

④休闲交往功能。

休闲交往是社会生活场景展开的最重要的空间。木排门是建筑室内和室外空间分隔与流通的主要元素，木排门的开启增加了与室内外人群的交流，身着蓝布上衣系着黑布围裙的老婆婆坐在门边晒着太阳，有时与邻居隔条石板路聊着天，而伸向街道的屋檐下方，也是居民喜欢的休闲空间。

3.街巷空间

（1）街巷空间布局与环境的关系。

①街巷布局与山体。

由于萱洲古镇地貌呈丘岗状，连绵起伏，最高处海拔151m，最低处海拔71m，古镇街巷空间垂直于等高线。

②街巷布局与水体。

萱洲古镇毗邻湘江，沿河而建，原本沿河的三层街道，因为下游建起水电站造成水位上涨，最下面的一层为蓄水而永远沉在了水下。现在的街巷空间沿水体一侧单排构成。

（2）街巷空间尺度。

萱洲古镇街巷的宽度、沿街建筑的高度以及建筑立面构件的细部尺寸等营造了一种怡人的空间尺度，也使古镇焕发出独特的魅力。

（3）街巷空间重要节点。

①街巷入口。

萱洲古镇建筑纵横交错，街巷或宽作为街市，或窄仅供行人走马。村里的路、巷、街、石、水、桥，都是顺应自然或人们的生活而日渐形成，空间变化舒缓有序，主街、宽巷、窄巷形成多级网络。街巷入口是古镇空间的起点，入口多以形象突出的建筑物或构筑物对空间进行限定式处理，如门楼、广场、重要建筑等。既起到交通引导的作用，也提升了古镇作为旅游景点的形象。

②街巷岔口。

萱洲古镇街巷交叉口节点主要是起舒缓交通、引导人流的作用。古镇属于"Y"形岔口，这种交叉口的空间视觉有通透感，视觉效果变化丰富。

③码头、渡口。

萱洲古镇坐落于湘江河畔，系湖南水运重镇，历史悠久。古镇依山傍水、人口密集，建筑高低错落有致、水陆发达，从湘江水面直登山岭的两个老码头，商贾云集、农副产品大集散地，无数的船只穿梭往来，呈现出乌篷船摆满河岸集贸繁华的热闹景象。

4.街巷界面

（1）侧界面。

街巷侧界面是指建筑界面，是人们使用和感受街巷空间最为直观的界面实体，建筑界面的前后转折直接塑造街道的空间特性。人无论以何种状态在街道中活动，都要面对垂直的建筑界面，因此，建筑界面是空间的背景和轮廓，也是街道景观的重要构成。

（2）底界面。

街巷底界面指路面及其附属场地，是人们户外活动的物质要素。萱洲古镇的主要道路一般采用的是坚固耐磨，便于清洁，排水方便的硬质青石板，连续的石板路表现了街道空间的连续与统一。古镇主路巷道的材质有石板，也有石板与砂土路面相结合。古镇外围少有石板铺设，多是土路。这些材质体现了地域传统特色，增加了街巷空间的乡土气息。

（五）传统建筑分析

古镇建筑具有一定的地域色彩，其传统建造方式是当地社会人文的体现。

1.建筑类型

依功能而分，萱洲古镇建筑类型有公共建筑、街屋建筑（店铺和工坊）、住宅建筑、其他生活设施建筑等。店铺街屋是集合商业功能的综合性住宅，位于街道两侧。工坊街屋是集合手工业、加工业功能的综合性住宅，位于街道两侧。公共建筑有宗祠和寺庙。住宅建筑是纯居住建筑，包括普通住宅和大型宅院。其他生活设施建筑如戏台等。

2.建筑空间

古镇民居表现的是一个变幻无穷的、极为丰富的空间组合。空间构成上主要由堂屋、厢房、过厅、楼层、天井、廊等元素构成。空间形态的外部特征是封闭，绕宅而行，除了必须设置的大门、侧门、后门，宅舍周围均为高墙所封，开窗面积不大，这种设计具有一定的防御作用，而内部空间则敞闭相兼。

3.建筑技术

（1）材料。

乡土特色是民居建筑的一个非常鲜明的特点，这种特点的形成离不开地方材料的作用，材料决定着结构的方法，而结构方法也直接地表现为建筑的形式。萱洲古镇的民居建筑其形式和风格都受到建筑材料以及与之相适应的结构方法的制约。由于受到人力、财力、物力的限制，就地和就近取材便成为萱洲民居建筑最佳的选择，因此，古镇的建筑材料以土、石、木、竹、草等未加工的天然材料为主，人工材料有砖、瓦、灰等。民居中用于木构架、楼地板以及门窗和板墙的木材的取用、运输、加工比较容易且施工工期较短，因此是传统建筑中最常用的材料。使用夯土或土坯作为墙体材料也是古镇大部分居民使用的材料和方法，生土不需要烧结，只需夯实、晾干即可，使用简便，而古镇富裕人家或者宗祠等建筑墙体多用砖砌，砖砌用清水做法，表面青砖并露出砖缝。石材在民居中的使用也是非常多的，如卵石墙用石材保护转角，民居或者巷道建议用块石、卵石等材料铺地。在民居的构筑中一般没有专门的建筑施工队伍，建筑工程由经验丰富、技术熟练的工人担任施工，采用传统的手工操作工艺。

（2）结构。

古镇民居的结构类型有两种，一是木构架结构体系，二是砖墙和柱共同承重的两种结构体系。其承重结构采用的有抬梁式木构架和穿斗式木结构。

（3）构造。

①台基。

从建筑单体来讲，民居从下向上依次由台基、屋身、屋顶三个部分组成。台基从其自身来看，可以分为基身、台阶、栏杆等。基身的功能主要是防潮隔湿以及承重作用。古镇民居这种独特的构造特征受到了当地的自然条件、材料结构方式、民族的历史传统、生活习俗和审美观念等影响。

②地面。

萱洲民居多采用素土地面，三合土仅用于人流较多的堂屋地面。由于当地石材较多，有些民居地面铺青石板，石板铺地相对来讲防潮较好，有些民居还在堂屋正中的石板铺地上刻一些石雕，形式与天花相同或相近，多为八卦图形，这跟当地的民俗信仰有关，而且还呼应了天花，装饰了地面，一些家境富裕的人家为防潮、隔湿，采用了铺木地板的做法，即在夯实的地基上用楼栿架空，再往上铺木地板，地板离地面40~60cm高，起到架空防潮的作用。

③柱与柱础。

在雨水丰富的萱洲，人们防止落地屋柱不会潮湿腐烂，在柱脚上添上一块石墩，于是便形成了柱脚与地坪隔离，绝对防潮的柱础。柱础又称磉盘，或柱础石，它是承受屋柱压力的奠基石，凡是木架结构的房屋，柱柱皆有。因此，传统建筑对础石的使用均十分重视。柱础形式的发展可以归纳为两大类，一类是单层式柱础，有鼓式、覆盆式、铺地莲花式、兽式等；另一类是多层式柱础，由二种以上不同形式的单层式柱础重叠而成。萱洲民居中多用形式简洁且便于加工的圆柱，既符合力学要求，对结构上的受力有利。

④勒脚。

外墙墙身下部靠近室外地坪的部分叫勒脚。勒脚的作用是防止地面水、屋檐滴下的雨水的侵蚀，从而保护墙面，保证室内干燥，提高建筑物的耐久性。砖墙建筑多用砖勒脚，经济较差的砖房也采用鹅卵石做勒脚。萱洲古镇的鹅卵石由湘江河所产，具有捡运方便，费用较低，防水防潮的特点，因此卵石勒脚有逾百年而未发生任何不稳现象，而且里面色彩风格因此变化。在墙角勒脚处石砌护角面，以加强墙面的保护。

⑤墙体。

萱洲传统民居中的墙体有土坯墙、砖墙、木板墙等。土坯墙经过选料、制坯、砌筑等工艺建造而成，作业灵活，施工方便，造价低廉，而且土坯墙敦实淳厚、粗犷质朴，与大地融为一体，在质感和肌理上充分体现了民居的艺术魅力。砖是最早的人工建筑材料。经人工烧制的砖，与土坯有着本质的区别，它在强度、耐磨性、耐久性等方面都比土坯大大地提高了，但砖价昂贵，普通百姓很少用砖。建筑山墙常称马头墙，又称封火墙，是防止一家起火累及邻居，把山墙砌出屋面以上，沿屋面斜坡砌成山花形，一般高出屋面30~60厘米。马头墙是广泛应用于皖南、浙、闽、赣湘、黔等地区的民居建筑元素，也是萱洲古镇民居建筑中的一大特色。由于萱洲建筑密集，因此民居皆为毗邻而建，对于防火十分不利，因此居民建起了山墙，最初是为了防火，但是发展到后来山墙的设计也具有了艺术魅力。这种高出于屋面，形象十分突出的建筑元素，无论对于单体建筑的外观还是古镇的整体景观都具有独特的魅力。湖南传统民居墙面上的门、窗洞口及墙头等处也多设批水，一般用砖石叠涩出挑，上盖小青瓦，造型生动，批水下多作雕刻或彩绘，装饰细致。

⑥屋面。

萱洲民居的屋面形式主要是前后两坡的封火山墙悬山顶。在山墙内除土坯墙、土筑墙以外，一般不设木构架，而是把砖墙一直砌到檐口，在檐口上再铺瓦。如果为土坯墙或土筑墙时，除在前后分别设檐柱以外，还设构架和山柱，构架置于前后檐柱上，山柱下端立于两山墙的基础上，上端托着脊檩。砖墙一直砌到檐口，并做砖封檐，或者作成雕砖檐口。屋面坡度一般为 30 度左右，以排水通畅、不渗不漏为原则。在中国古代，水是财富和吉祥的象征，大屋民居中天井一方面起到了采光和通风的作用，另一方面也将四周的屋面雨水收集进来，俗称"四水归堂""财不外流"。

（4）防潮。

传统民居建筑屋基防潮的主要方法是采用高出周围地面0.5m左右的碎砖石、三合土等夯筑。墙体防潮采用当地开采加工的麻石、红石或青砖砌筑达到防潮的目的，而土砖墙体则采用灰浆抹面防潮。为了防止接触地面的木柱潮湿腐烂，底端接触地面部分采用石柱础也是防潮的重要手段。

4.建筑色彩

萱洲古民居，其建筑色彩和地方材料有着密切的联系，因此可以用"自然本色"四个字给予概括。外观的灰调土培为自然本色，内院的梁柱、门窗、家具和木雕，均为自然木质本色，总体呈现出崇尚自然淡雅的"水墨画"式格调，不热衷于庙宇式的彩绘油饰。

（1）黑、白、灰色彩。

萱洲民居建筑为砖木结构，考虑到放火的需要，设计者将木材隐藏于砖瓦之下，因此，在建筑外面却很少能看到裸露的木材。萱洲民居建筑色彩以白色和集中在建筑的屋面、墙面、门口、门楼、墙角以及地面等部位的浅灰色为主。马头墙墙头和露出屋顶、高墙上的小窗户就是画龙点睛的黑色。地面也用石材铺设，长方形的条石、大大小小的圆形卵石等取之不尽的天然材料组成各式纹理，形成不同深浅的灰色效果。因此，萱洲民居黑、白、灰的建筑色彩面貌就表现出来了。

（2）天然砖、木质色彩。

萱洲古镇建筑的色彩大部分来源于建材的原始本色，工匠们充分应用本土材料和传统工艺来建造民居建筑，因此，民居建筑本身的色彩大多就是建筑材料本身的色彩。建造民居由于受到财力、物力、人力等方面的限制，保留原材料的色彩和质感而没有采取任何奢华的装饰是萱洲民居的特色。由于材料本身具有很强的地域性，那么随之而来的色彩关系也必然有浓郁的乡土特色，尤其是在材料比较单一的情况下这种特色尤为突出而鲜明。建筑外部和内部部分元素尽显木材本色，装饰上绝大多数木材只做雕镂，而不施漆，有的髹以桐油，以作保护。大户人家会在局部稍作彩绘，多集中在精彩点睛之处。随着时间的流逝，木色越发成熟，与建筑内外的粉墙、青瓦极为协调，显得格外古朴典雅，反映出萱洲人良好的文化素养和审美倾向。

二、萱洲古镇生态性环境艺术设计规划

（一）古镇生态性环境艺术设计理念

保护整治规划指导思想首先应立足于古镇空间结构保护，改善整体环境质量，考虑单幢建筑与街区保护相结合的做法，继承古镇街坊形态，在对特色街巷的结构与形态肌理进行分析与研究的基础上，坚持以古镇风貌为特色，以传统人居文化为内涵，对各时期保存下来的古建筑进行精心的保护和修缮，或进行恰如其分的适应性再利用，充分保留古建筑的代表性。其次保护整治规划应把古镇置于21世纪时代的大背景下，关注古镇的现代化发展。人是古镇居住、旅游的主体，因此，在整治过程中必须考虑到人的居住，强化居住使用功能，提出适宜人居的改造设计方案。对当地原有的传统习俗、宗教信仰、节日庆典、生活习惯、特色作坊的发展予以鼓励与支持，这也是本次保护规划中的重要内容。在保护与更新过程中，采取循序渐进的保护与发展方式，即进行有机更新，逐步整治的方法，坚持稳定持续的开发方向，注重过程设计思想的体现。

（二）古镇生态性环境艺术设计原则

1.生态优先、和谐发展的原则

在古镇规划与开发的过程中，如果只从短期和局部的经济效益出发，就会牺牲根本的、长远的生态效益。生态优先原则是基于生态环境与资源环境是人类生存的支持系统提出的，认为经济发展必须与生态环境相协调，强调生态环境规划与资源合理利用在经济、社会发展中的优先地位。生态优先是生态经济生产力系统运行的基本规律，也是处理人与自然关系的基本原则。生态优先原则的作用主要表现在：生态效益是协调社会各项发展的前提基础。强化生态与环境保护的意识，将人类的发展和自然生态环境的发展统一起来。指导决策和规划管理部门制定长期的发展战略。在古镇生态性规划中生态优先主要表现在古镇保护、合理开发、社会进步和原生态文化开发利用等方面。

2.保护、控制相结合的原则

保护一方面要对现有古镇布局、空间结构、整体风貌、重要古建、公共空间、文物古迹等物质要素进行保护，另一方面要对如萱洲皮影戏、衡山土菜等非物质要素进行保护，延续古镇传统文化内涵。

控制即对未来建设发展、旅游开发及整治措施等进行控制，现存对古镇风貌有不良影响的构筑物需进行整治，以确保古镇不丧失原有风貌。

3.整体统一、地域特色的原则

古镇生态性环境艺术设计规划涉及古镇发展的各个方面，从广义上讲，甚至是不能局限于古镇周边的，而应在更大的范围内统筹考虑。要求统观全局，整体把握。从整体出发，结合湖南衡阳的整体自然、人文环境考虑，构成一个有机系统。生态性环境艺术设计的一个重要方面是其地域生态特性，所以地方性原则也显得尤其重要。要求对地方特色有深入的了解和观察，以及在实际生活的体验基础上进行规划设计。尊重地方的传统文化以及本土风格，并从中得出启示，创作出既具有本土风格又具有时代气质的精品古镇。在设计的过程中协调好生态性环境艺术的各个重要因素，这其中包括自然、生物和文化。需要进行合理的安排和构建，优化内部结构，通过整体原则的设计使得生态系统达到一个良好的状态。

4.因地制宜、以人为本的原则

古镇生态性环境艺术设计规划要根据古镇所处区域的地理位置、环境特征、功能定位等正确处理社会经济发展与人口、资源、环境的关系，坚持因地制宜的原则进行实地调查。提高可操作性，使规划符合实际发展要求。尊重原古镇生态地形、地貌、气候、声、光、大气环境、植被、本土材料、水环境等进行保护和规划。

以人为本指的是保护和开发过程中要延续居民熟悉的生活方式。古镇开发保护的参与者包括当地居民和游客，不能以保护为名，剥夺了当地居民提高生活质量的权利。居民是古镇地方文化和原生态生活方式的继承者，是古镇文化保护和传承不可分割的一部分。没有"民"的"居"，只是没有灵魂的躯壳。实际上老百姓住在传统民居中，只要有正确的引导，不但不会破坏民居，反而有利于保护。其他古城镇的现存事实证明：凡是有老百姓居住的老房子大都保存下来了，而那些无人居住的老房子、公房，大多拆毁了。这在笔者近些年外出各地实地考察的过程中都屡见不鲜。而在非物质文化遗产方面，离开了人，更别谈传承。不同地域的人居环境在经过了自然物质环境与社会选择的进化，经过历史的沉淀与再造，形成了风格不一的地域人文特色，保护和继承文化遗产，尊重居民的文化和生活习性，同时运用艺术的手段，让新旧人文交相辉映，构筑宜人的生态人居环境。

（三）古镇生态性环境艺术设计方法

1.自然环境的保护

（1）生态水环境规划。

萱洲毗邻湘江，位于湘江中游。湘江流域地属亚热带季风湿润性气候，雨量丰沛且年内分配不均，降水多集中在春夏之间，流域年均气温16～18℃，7～9月气温最高，平均24～29℃，冬冷夏热，暑热期长，形成了流域内高温多湿的气候特征。

河街文化正是萱洲古镇传统地域文化的代表，而作为河街文化主体的生态水资源规划更显得尤为重要。古镇水体规划作为生态环境的一个重要组成部分，担负着当地居民和游客生活、休息和玩赏的功能。因此，就古镇水体规划提供几点参考建议。

①创造丰富的滨湖空间，为居民和游客提供公共活动场所。

根据萱洲古镇湘江河的自然环境承载能力以及动植物的基本情况等，结合古镇的区位和规模，布置多样性、多功能的水体活动空间及设施。

②设置合理的滨湖步道、亲水休闲码头，增添相关景观设施。

建设滨湖步道和亲水码头的重要目的是让游人能够更方便地接触和体验自然水，感受浓郁的古河街人文风情和地域特色。古镇东南部沿湘江北侧现有一面积约 230 ㎡空地，该区视野开阔，亲水性好，可规划在此新建亲水休闲码头，成为古镇公共活动空间之一。规划在沿江一带水岸中增加水车、碾米机、打稻机等传统农作设施，展现农耕文化、稻作文化，丰富河街沿岸景观。修缮临河建筑立面，完善服务设施。使临河风光带成为萱洲最富魅力和最具发展潜力的景观带。

③对湘江河沿岸垃圾、杂物进行清理。

规划严格保护河岸两侧的滩涂、耕地、植被，不得随意建设建筑物及构筑物，严禁向河内倾倒垃圾及排放污水。保护河街青山碧水的田园风貌。

④建设生态的护岸设计。

生态护岸以治河工程学为基础，融合生态学、生物学、园林学及景观学等多种学科于一体的新型河道护岸技术。其原则和宗旨是确保水系的基本功能，恢复和保持水系及周边环境的自然景观，改善水系生态环境，提高亲水性，提升土地的使用价值。因此，生态护岸技术被称为绿色自然环境保护技术，它是在传统护岸满足于河道防洪、排涝、蓄水，河道的浆砌块石或混凝土材料的结构设计基础上，结合河道周边历史环境、生态环境、人文环境进行设计。

生态护岸的技术措施有网石笼结构生态护岸、固土植物护坡、植被型生态混凝土护坡、土工材料复合种植技术、自然型护岸、水泥生态种植护岸、多孔质结构护岸等，结合萱洲古镇的地理环境、水文特点等情况，在原有基础上采用固土植物护坡技术和多自然型护岸。固土植物护坡是利用根系发达的植物固土护坡，既可以防止水土流失，又可以满足生态环境修复需要，还可以美化环境。多自然型护岸是在自然型以本土天然的植被、原石、木材等材料替代混凝土护岸的基础上，巧妙地使用自然石、混凝土等硬质材料。这种多自然型护岸设计既保持了河岸的自然特性，又确保了护岸工程抗洪能力的稳定性。

（2）生态绿化系统规划。

古镇生态绿化是在改善古镇生态环境，创造融合自然的生态旅游空间的基础上，运用生态学原理和技术，考虑功能分区、人口密度、绿地服务半径、生态环境状况和防灾等需求进行布局。因此，古镇生态绿化应积极借鉴和应用生态恢复和重建的理论和技术，构成稳定、高效、持续和经济的古镇绿地生态系统。

①在古镇人流交会的中心或铺地广场，规划采用自然式布局，自由、随意而恰到好处地种植大树或古桩，下设休息座凳，景观与实用功能皆具，并适当种植当地的本土植物如桂花、樟树、梨树、李树、凤尾竹等，以增添古镇的古朴气息、强调地域特色。

②古镇院落及路旁现有果木树种较多，规划可在现状的基础上，扩大现有果木种植规模，突出果木群体景观。

③在综合管理服务区，建设功能与景观皆具的生态停车场。在大型停车场上，按交通要求有序种植高大乔木，早春嫩叶舒展，盛夏绿荫覆盖，深秋层林尽染，寒冬阳光和煦。

④基本农田、经济作物保护区绿化维持原貌。

⑤湘江沿岸是萱洲古镇的重要景观带，其两侧绿化应突出展现古河街绿化特色。规划保留河岸现有绿化格调，保留上层乔木，局部区域根据河岸流线的变化，丛状种植喜水、挺水植物，如鸢尾、菖蒲等，丰富水中植物景观。同时沿河滩可种植湘南特色野菊花种类、常见药用植物、观赏蔬菜种类，如金银花、野菊、火棘等，于粗犷中见精细，自然中见纯真。

2.古镇历史街区规划

（1）平面规划。

根据古镇现有情况分析，将古镇合理的划分为古街景观区、老居民区、休闲娱乐区、水上娱乐区、住宅新区、农产品交易区、镇行政区、农田区等区域。这种有规划的布局能够满足古镇居民的需求及游客旅游的需求。

（2）立面保护规划。

①统一进行规定以形成统一整体的建筑立面，注重建筑外环境及古镇的老街区、建筑群、古遗址整体环境的保护。

②新建建筑以2层为主，局部3层，建筑高度控制在13米以内。与文物保护

建筑相邻的新建、改建和扩建建筑的高度，不得高于前后左右相邻的文物保护建筑中最高部分的建筑高度，当新建、改建、扩建项目报批时，应提供该项目与其相邻的文物保护建筑的视线影响分析。建筑体量、布局方式、立面风貌、色彩、质感、肌理等应与旧建筑形式一致。

③建筑色彩延续黑、白、灰的建筑基调，建筑材料以木材和少量砖墙或粉墙为主。

④设计遵循提取古镇民居已有元素和符号，进行重组设计的原则。注意氛围的统一。

3.古镇建筑设计规划

生态建筑设计的目标是要协调好建筑与人、建筑与自然、人与自然三者之间的相互关系，满足人和自然共同、持续、和谐发展的需要。其宗旨是不破坏当地环境因子循环的同时体现建筑的地域特性，创造最佳的人居环境。因此，生态建筑在常规建筑考虑的选址规划、场地设计、建筑布局以及外环境景观设计等基本内容的基础上，还要关注建筑活动对资源、环境、生态以及人类健康生存的影响，更加倾向于"以人为本"的设计。因此，在设计中应该尊重自然，体现"因地制宜""整体优先""生态优先""发展变化"的原则。

萱洲的民居建筑密集，大多以宗祠为中心进行修建，住宅之间以马头山墙进行分隔，由于受到地理环境的制约，古镇巷道狭小，民居多为两层建筑，在总体布局、设计及营造上是当时建筑技术、建筑材料、生产力水平、经济实力状况等的集中体现，反映了民俗、民风、民情，是民族文化的集中表现。同时，传统民居顺应自然、因地制宜、就地取材、节约能源的思想是符合我们现在所倡导的生态观念和可持续发展观念，为现在的建筑创作提供灵感。但是，萱洲传统民居在创造生态建筑的方法与技术方面有成功的一面，但由于受到思想观念、经济条件、科学技术等的影响也有不足的地方，尤其是随着时代的发展和人们生活水平的提高，部分居民为改善居住环境而拆旧建新，忽视当地的生态环境和地方传统文化使得古镇逐渐失去自身的乡土特色和地方文化特色。因此，在现代化发展的今天，如何运用当今的科学技术，挖掘民居中的生态本质，使传统民居和现代技术结合改善当今建筑耗能大、污染严重的问题是我们现在设计的重中之重。

在考察中发现，虽然传统民居在其生态性及环境方面为我们提供了规划的基础，但民居中也存在采光、通风、防水、防潮等一些问题，尤其是在春末夏初之际，那些地面只经过基本的夯实，而没有加以任何面层处理的房间地面泛潮非常严重，严重影响了人们的生活质量，因此，在我们考察中也发现，萱洲古镇老街中除了少数中老年人居住在原有的房屋中，大部分年轻人搬至镇里生活条件更好的繁华地带。结合萱洲古镇的具体情况，"保护旧镇、发展新区"是古镇生态性规划的理想模式。

4.古镇基础设施规划

（1）交通设施规划。

生态交通的特征是舒适、自然，环保，目的是贴近自然的生活，减少环境压力，更好地融入当地的人文环境和自然环境。古镇的公路和辅助道路在建设中要求不能破坏原有的自然景观、植物群落和水系等，要保证旅游服务、生活、生产所需的物质、燃料、原材料和垃圾能够运出和运进，保证人们的生活不受到影响。

（2）排水设施规划。

古镇内排水主要是雨水和污水排放，对污水处理的要求取决于古镇主要排水系统的性能。排水规划的目的是保证旅游区的干净卫生，维护旅游资源和生态平衡，为游人和旅游区居民提供一个良好的环境。

（3）生态照明设施。

萱洲古镇在照明系统规划时既要考虑白天的景观，也要考虑在夜间有优质的夜景和其他功能。

照明节能原则：古镇的夜景照明中应遵循"节约、生态、适用、美观"的原则，以降低能源消耗和保证安全实用为前提进行照明设计。

照明节能措施：选择合理的照度水平、均匀度——在古镇入口、广场等人流集散的区域，照度水平和均匀度都以不小于主干道为标准。根据电光源的显色指数、使用寿命、调光性能、点燃特性等选择新型节能光源，如用荧光灯替换白炽灯，用高压钠灯、金卤灯代替换高压汞灯等。

照明设施还要在项目施工完成后进行维护管理，并定期对灯具的清洗、维护、更换才能保证照明设施的高效运行。

5.生态旅游规划

在全球大力倡导低碳生活，发展低污染和低能耗的生态经济的今天，生态旅游应运而生。旅游服务设施主要用于解决游客住宿、餐饮、购物、休闲娱乐等所必需的设施，这些服务设施的规划应考虑当地材料的使用、环境和谐景观的生态型公共服务设施，利用各种高科技含量的新型建材或天然材料，向人们展示方便、舒适、健康、经济的节能、节地、节水、绿化、美化、自净、自生的服务设施关怀。这些新型建材，国际上称为健康建材、绿色建材、生态建材等，即包含在"绿色材料"之中。"绿色材料"是指在原材料选取、生产制造、使用过程、废料处理等过程中，对地球环境的影响最小，对人类的生存和健康有利的材料。与传统建材相比，新型建材不仅可以降低自然资源的消耗和能耗，而且能使大量工业废弃物得到合理的开发与利用。新型建材不仅不会对人类生存环境造成污染，而是有益于人体健康，有助于改善公共服务功能，有隔音、杀菌、调湿、调温、调光、阻燃、抗震、防射线等作用。

第三节　其他生态环境艺术设计案例

其他的优秀生态性环境艺术设计还很多。例如，皖南民居、北京2008年奥运会的国家游泳中心、马来西亚的IBM展示大楼、北京西长安街凯晨广场等等。本节将对这些优秀的生态性环境艺术设计进行简单介绍，以帮助读者对当前生态环境艺术设计的实践有更多了解。

一、皖南民居生态艺术设计概述

目前我国生态环境艺术设计中，皖南民居很具有代表性，处在一种原生态的科学状态。这里体现生态性环境艺术设计的多方优点，以及生态性环境艺术设计对传统、本土的继承和发展。著名的皖南民居就是很好的例子。尽管该地区夏季室外温度达到37~38℃，但这些传统民居仍可将日间室内温度基本控制在31℃

左右。这里就皖南民居设计的生态性特征做一个具体的分析。

（一）皖南民居的选址

皖南民居选址布局与自然环境融为一体，村落依据"风水理论"，强调天人合一。大多依山傍水，既考虑到生产生活上的便利，又因地势设有"左青龙，右白虎，前朱雀，后玄武"的对景。据考证，宏村当时东西北三面环山，南面开阔，按风水理论属"阳火太盛"，于是建成大面积水域"南湖"，使村落置身于山环水抱之中，体现了风水理论的"藏风聚气"。另外，皖南古村落十分注重村头组景，在进入村落前的村郊接合部分，利用山势的高低起伏，营造出岗峦溪流，河塘点缀以牌坊、石桥、亭阁等建筑，树林疏落有致的诗意景象，形成优美的水口园林。诚然，古人所建之"水口"，主观上是迎合了风水水口的聚气理论，然而客观上将村落隐于自然景观之中或建造成易守难攻的形态，使外人不敢贸然入内。明清易代及抗日战争时期，清军和日寇经过此地都不敢深入的原因，一方面是由于皖南山区的复杂地形，另一方面则是村落自身建筑防护采取的皆为易守难攻的布局方式。

（二）皖南民居建筑材料的选择

皖南民居的建筑材料以及其设计结合的当地的地理和气候的条件，在很大程度上节约了资源的使用。尤其是循环利用方面做得很好。整个建筑材料的运用恰到好处，既有很高的艺术价值，也有很高的使用价值。例如，皖南民居的白粉墙面做得很科学。再如，马头墙、青瓦，还有青砖的使用。另外延续古代中原地区和南方的杆栏式建筑的痕迹明显。并且皖南民居通风、防雨等都极具地方特色。

皖南民居建筑材料的运用和我国传统建筑背景有很大的联系。西方人因为崇尚彰显粗犷的美，所以注重以砖石为主要建筑材料，其代表永恒的观点。例如，古埃及的金字塔采用了很多大长方石头为材料，还有罗马的斗兽场等，再看看希腊帕台农神庙的那些石柱。基本上都首选砖石作为建筑材料。而我们中国古代儒、道都是提倡和谐的观点，主张道法自然，基本上持顺其自然的态度。从来都强调和谐的中国，基本上习惯采用质地温和的木头做材料。这种材料其实是很生态的，很适合生态环境艺术设计的理念，但是古代的时候用得较多，现代因为木头容易腐烂，所以没有广泛地得到采用。皖南民居室内柱体一般都采用木质材料，墙壁底部采用青砖，墙壁采用的是稻草加泥浆制成的砖块。这些特点都很符合人类想亲近大自然的特性。

（三）皖南民居具体构造技术的分析

单是对建筑材料的属性有充分的认识不足以说明可以取得良好的生态设计效果。根据每种材料的性能来安排适当的用法或综合运用的具体技术是我们更应关注的重点。

1.围护构件的保温隔热

从住宅节能角度看，住宅能耗分为住宅的固定能耗、住宅的施工能耗和住宅的使用能耗。住宅的固定能耗指建筑采用的材料生产所产生的能耗；住宅的施工能耗是指施工、材料运输、建筑维护等所产生的能耗；而住宅的使用能耗是指住宅在使用过程中，冬季采暖，夏季制冷所产生的能耗，这部分与居民生活关系最为密切。从这一角度讲，住宅建筑保温隔热性能的增强，等于间接减少了不可再生能源的消耗，达到了可持续发展的目的。加强建筑的保温隔热性能的技术也有两条路可供选择，一是发展高新技术，二是从原生性较强的传统建筑中寻找答案。对传统建筑的围护构件的保温隔热性能的分析从现实意义上讲更能将其研究成果尽快转化为现实的效益；从经济上讲也符合普通居民的承受能力。对传统民居建筑围护结构的研究与对新材料新技术的研究成本比较而言，传统民居的研究成果是对高新技术材料研究的必要补充，而这些方法可能并不增加成本，反而可能降低投资成本。

（1）墙体。

皖南民居的外墙一般采用空斗墙外刷白灰，在空斗墙内多做吸壁樘板，以加强防盗与整洁的效果，吸壁樘板上油桐油或贴墙纸。这样一来，仅空斗墙与如今的240mm实心墙相比热传导降低就很大，吸壁樘板的采用更是加强了这种效果：吸壁樘板与空斗墙之间形成一层空气夹层，而且空气夹层与阁楼的气窗相连，夏季夜晚的室内热量通过气窗可以很快散掉（其保温隔热类似于"双层皮"幕墙）。以此来调节室内温度，其效果与如今的240mm实心墙相比，生态效果十分明显。从构造类别来看，与现代建筑相比，这种木构体系没有构造柱与圈梁所形成的"热桥效应"，对保温隔热显然也是十分有利的。

（2）屋顶与天花。

屋顶与天花的构造也是构成围护结构总体热工性的关键因素之一。皖南民居的屋顶通常主要由盖瓦与瓦下望砖构成，望砖与盖瓦之间有一空气夹层也加强了保温隔热的性能，通过这一措施，同时间内盖瓦与望砖的温差达10℃左右。天花常做得比较高敞，做一层"撒上明珠"的明架天花，不仅加强了通风效果还获得一层空气夹层。由此可见，这种构造形式的保温隔热性能超群。此外，皖南传统民居内部也并非每一房间都如此构造，在厨房与储藏等附属用房常常省去吸壁樘板以节省材料。

（3）地面。

皖南民居的地面也是根据使用功能的不同而分别使用不同的材料，一般在堂屋用三合土或地砖，在卧室等处用木地板，高起堂屋地面约300mm，设置带通风口的踢脚板，也形成一层空气夹层，不仅保温隔热还能防潮。

（4）色彩。

建筑的围护节能还体现在其外面所施的色彩上，许多人都知道皖南民居的一大特色就是"粉墙黛瓦"，所谓粉墙就是白墙面，皖南传统民居选择白墙不仅有美学与封建等级制度影响的原因，还有色彩对太阳光的反射率的差异，据研究测算，白色表面（设定太阳能吸收率为0.2）与深色表面相比（设定太阳能吸收率为0.8）在夏季平均能降低室温1~2℃。

2.木构架

皖南民居建筑多为穿斗式木构架，其结构体系采用木梁和木柱承重、墙体仅起到围护、分隔和连接的作用，其传力途径由屋面、梁柱、基础至地基。中国式木构方式自身具备良好的抗震性能，有外国学者早就注意到，欧洲木构盛用斜撑，其抗震性能还不如中国之不用斜撑，其木构每一节点都允许少量松动，于是能逐点吸收地震能量，这就是在地震时能够"墙倒屋不塌"具备良好的抗震安全性能的原因。此外，还在其砖墙和屋内周边立柱之间采用连接构件，以增强墙体的整体稳定性。

3.室内小环境

室内小环境直接影响到建筑使用者的总体感受和身心健康。室内小环境的好坏可以从空气质量、热舒适度、光环境等几个主要方面去分析。现代建筑室内主要通过空调系统与照明系统的运行来满足人们的舒适性要求，而皖南传统民居受到当时生产力发展水平的限制，只能通过其营建技术的巧妙设计最大限度地利用"自然能源"来满足建筑使用者的舒适性要求。皖南民居从客观条件出发，因地制宜，通过各种手段使建筑使用者的需求获得最大限度的适宜，这正是朴素生态观的生动体现。

（1）通风降温。

我国传统民居因地制宜，结合不同气候创造了各式各样的自然通风方式，特别是传统民居中的大小院落起着通风聚气的作用，都是值得借鉴的榜样。皖南传统民居在利用被动手段控制室内环境方面也有很多成功的范例。例如，皖南民居的大面积的门窗通过可拆卸设计与房屋空间的高敞相配合最大限度造成风压形成穿堂风来获得通风降温的效果。具体的实现过程为：在皖南传统村镇中都设有集会用的广场，方便交通的巷道，以及民居内的大小院落中的天井等大小不等的露天空间。它们除了有各自的使用功能外，还在客观上起到了组织自然通风的作用。在夏季白天，室外温度要比室内温度高，一到晚上旷野上的空气降温速度最快，而村落内部因道路，建筑在白天吸收的热量还未来得及散发出来，形成热空气迅速上升，村落周围的冷空气随之而来，从而形成风压这构成通风的首要条件。而村落内部大小不等的露天空间则形成通道，使得村落内部构成风循环。而到夏季夜晚时候，村落内部的空气又比院落内的温度高，院落内的热空气因天井的烟囱效应快速上升，院落外的冷空气补充进来，又形成了院落内部的风循环，从而带动室内的通风。皖南传统民居建筑单体的建造同样也考虑到通风降温的因素，以皖南宏村的碧园为例，其水榭架空在院内的水池边并与堂屋相连，池水流经水榭底部，延伸至堂屋内。到了炎热的夏夜，一方面，池水在流动过程中吸收了堂屋空气中的一部分热量，起到了一定的降温效果；另一方面，由于堂屋与院内的空气存在温差，于是形成风循环，内外空气通过水榭底部流动，带走了堂屋内的热空气，从而起到室内通风作用，降低了室温。

（2）采光。

室内光线的取得主要来源于天然采光与人工照明。而天然采光获得的自然光与人工照明获得的人工光相比，不管是从健康角度还是从节能角度来看尽量获得自然光更符合生态的要求。考虑自然光的获得必须考虑建筑所处的地理位置、日照特点与建筑的外形等因素。传统建筑的采光由于受到当时的生产力发展水平的限制，不可能大量使用人工照明，这也就必然需要在建筑建造过程中采用多种方式扩大天然采光。皖南传统民居中天井的设置保证堂屋有充足的光线，天井四周设置挑檐能在冬季加强采光又能在夏季避免直射阳光，皖南传统民居的窗一般都比较大而且可以拆卸，在夏季保证了通风和避免直射阳光，而在冬季则可完全打开保证充足的日照，使得人们在一年四季都可在房间内获得比较舒适的光照效果。

4.给排水系统设计

皖南民居从村镇和民居的平面来看都非常注意给排水系统的合理设计。从村镇规划上讲，注意因地制宜，依托和发挥天然水系的作用，再根据历史的经验总结，形成一套巧妙的人工水系建设方法。人工水系通常建立在天然水系基础上，主要是用"引"的技术将水通过引水口引入村镇内部，再利用地势差带动水系内部流动，通过村镇内部或明或暗的沟渠穿过村镇。这样既为人们提供了便利的生活用水，又可将污水及时带走，还能在雨季起到排内涝的作用。村落的水系基本是靠近天然溪流，重新建立一套人工沟渠系统。其中最为精妙的要数著名的牛形村落——黟县宏村的水圳，其布局严整而又不失灵活，一条人工水圳从村西的滩溪引来碧泉，经过九曲十弯，过村中的人工池塘——月沼，流过每家每户，最后注入村南的人工湖——南湖，灌农田，浇果木，重入滩溪。其中，月沼水是地下的涌泉，后开挖为池塘，本为"死水"，通过水圳的联系在月沼将溪水与泉水汇合停储，特别是利用月沼的形状合理设置进排水口，十分符合流体力学的原理，带动月沼内的水全部可以流动，无"死角"，起到自然清淤的作用。宏村的排水系统无怪乎被现代学者称为"古代的自来水"。再看建筑单体，皖南传统民居中都有天井，在天井与巷弄间有青石铺的活水道，再在院中设池沼窖井，有利于雨水及时排走。下雨时四周屋面流水经屋檐的落水管排入天井，再经天井四周地沟排入沟渠或水缸，即所谓的"四水归堂"，有聚财的吉祥象征。此外，皖南民居的透水铺地也是自然的排水通道，卵石与条石等石材经常用来作为铺地的绝佳原料，既能求得地面的平整性及避免泥泞，同时保证下雨时雨水能直接进入土壤，涵养水源，便于排水。犹如在地面上穿上透气透水的一层外套，保护土壤自身的生态系统。

直到今天，皖南传统民居这种原始的没有采用现代科学技术的建筑仍然能够适应人们的使用要求，这充分说明了这种传统的生态化建筑技术具有很强的可持续性。作为现代控制论的原理来讲，一个相对"稳定"的系统—系统结构相对简单的系统较之于复杂的系统要稳定得多。把这个理论延伸到环境艺术当中，使用低技术——传统技术的生态系统远比以外部技术手段的方式来说，其可行性更高。

二、其他优秀生态性环境艺术设计案例

（一）北京2008年奥运会的国家游泳中心

北京2008年奥运会的国家游泳中心以维多利亚时代著名的物理学家凯尔文爵士的最经济的"14边体"空间分隔的"凯尔文泡沫"方法。不是仅仅把韦尔-费伦泡沫融入传统的建筑设计，而且大胆采用全新的方法，在传统的体育馆中，墙壁和天花板等结构都由纵横交错的立柱和缆线等支撑，墙壁和天花板等构成一个整体。北京2008年奥运会的国家游泳中心从泡沫结构中分割出建筑的整体形状，然后从同一块泡沫中划分出各个内部空间。由此产生的结构，从墙壁到天花板都顺畅连接，天衣无缝。北京2008年奥运会的国家游泳中心由于采用了节约资源的设计，以从屋顶收集并循环的方式解决80%消耗掉的水的供应问题，减少建筑对单纯供水方面的依赖和排放到下水道中的污水对城市污水处理系统的压力；由于建筑表面使用新型的材料——ETFE薄膜（一种四氟乙烯的透明特氟隆），具有透光性和热传导性，建筑可以充分利用太阳能和自然照明；另外使用将室外空气引入池水表面、可调整出发台、带孔的终点池岸、先进的视觉和声音出发信号等这些改进将使比赛池成为世界上最有利于运动员发挥水平的泳池。

（二）马来西亚的IBM展示大楼

在马来西亚的IBM展示大楼设计中，作者通过过渡空间，空间院落，竖构景观及自然通风核等设计构思，创造了一种高层建筑的"生物气候学摩天楼"的新模式，这是注重与当地炎热的地域气候特点的一种新的探索。建筑的地域性受经济和技术的影响，埃及建筑师哈桑·法赛根据本地区的经济技术条件，对埃及传统与民间的弯窿结构技术加以创新，使其为穷人建造的低造价的建筑达到了一个新的艺术境界，为发展中国家的建筑师树立了一个典范。因此，城市中的建筑和

环境设计，一方面要大力提高经济水平，有选择地学习和吸收先进技术，另一方面要改进与完善现有技术，并充分发挥传统技术的潜力。此外，应适当采用地方材料、符号等形成城市基本特征，色调和特质因素，保护作为城市文化载体的历史文物，保护自然风光和风土人情。

（三）北京西长安街凯晨广场

凯晨广场坐落在北京西长安街，建筑外观全部采用价值2亿元人民币、中国最大的环楼双层呼吸式玻璃幕墙，整个项目的玻璃幕墙面积将达到5万平方米。幕墙技术由瑞士旭密林公司担当技术总顾问，并聘请世界著名建筑设计事务所SOM为其精心设计。整个玻璃幕墙由3层玻璃构筑，每个单元板块高3.9m，宽1.5m；玻璃单元厚度为250nm，最外层的玻璃采用夹层玻璃，厚度10.76nm，平整度好，减少变形，减少折射；内层玻璃则采用了LOW-E玻璃，隔热性能强，这种幕墙可将外部热量反射，阻止热量进入；室外空气通过位于外幕墙玻璃窗上部和下部的开缝形成外循环，同时还在两层幕墙之间内设80mm宽的带穿孔的铝合金百叶遮阳，先进的楼宇自控系统（BA）连接电脑总控中心，可以根据季节和气候条件自动改变遮阳角度，既保证采光，又杜绝日晒，实现生态舒适的办公环境。

（四）上海BERC大楼

BERC大楼位于上海的郊区，是一个集办公室与实验室一体的建筑物，同时还设有促进绿色科技的展览空间。大楼的设计灵感很多来源于皖南民居。如在皖南民居中通常都会有一个天井作为建筑物的中心，这个空间的作用是帮助调节房屋内部的微气候，同时，也可以作为一个聚会和交流的空间。受到当地的环境处理传统方法的启发，在BERC大楼首层就设置了一个带有室内花园的中庭空间，将展览区域与交流区域分离开来。上面的楼层中还建有阳台，能够为建筑物内的使用者提供一个交流的空间，并可以让他们看到一层的室内花园。中庭的屋顶是玻璃的，目的是保证日光能够直接照射到建筑物的内部。因此，屋顶的最高点就是太阳能的拔风窗，用于增强自然通风的效果。

（五）英国萨顿的BedZED零能耗生态村

BedZED生态村是一个多功能的城市开发项目，由82套住宅、2500m²的工作场所、商店和其他社区设施组成，生态村共容纳244户，限定在3层高的宜居尺度以内，达到了每公顷148个住户的居住密度。开发商的目的是使可持续发展"更加简单、更富吸引力、更使民众经受得起"，在确保现代化城市生活的所有先进条件的同时，让人们可以生活在舒适、环保、节能的居住区中。工作场所位于住宅的阴影区内，但北立面大面积的三层玻璃天窗可以提供充分的天然采光，从而降低了对人工照明的需要。位于另一侧的住宅，可以更好地吸收南向的阳光和有效利用被动式太阳能。此外，将工作场所置于阴影区，可以减少过度加热的可能性，也同时降低了使用鼓风机驱动的通风系统和空调系统所浪费的能量。大部分住宅的玻璃窗都与南向呈20°的朝向，以便最大限度地接受太阳能辐射。每个住宅都有双层玻璃的阳光屋。大面积的可开启窗扇使阳台空气流通，可以保证夏季通风。北立面的天窗和窗户形成了贯穿式通风和热压"烟囱"效应的结合。建筑的构造细部和材料选择得到了特别重视，以提高蓄能的效果。屋顶、墙壁和地面上厚达300mm超隔热的"大衣"可一直保持室内温暖，而太阳光、人的活动、灯光、器具的热水散发的热量能满足所有的供暖需要。保温层设于结构外侧（外保温），可以避免热桥作用，同时也把高蓄热性混凝土作为天花、墙壁和地面的内表面而暴露，用以调节室内温度。这在夏季能够提供足够的蓄冷以免过热；而在冬季则可蓄热，并在寒冷的时段如晚上和阴天，缓慢地释放热量。

参考文献

[1]   席跃良. 环境艺术设计概论[M]. 北京：清华大学出版社,2006.

[2]   郑曙旸. 环境艺术设计[M]. 北京：中国建筑工业出版社,2007.

[3]   冯美宇. 建筑设计原理[M]. 武汉：武汉理工大学出版社,2007.

[4]   吴家骅. 环境艺术设计史纲[M]. 重庆：重庆大学出版社,2002.

[5]   陆小彪,钱安明. 设计思维[M]. 合肥：合肥工业大学出版社,2006.

[6]   李晓莹,张艳霞. 艺术设计概论[M]. 北京：北京理工大学出版社,2009.

[7]   彭泽立. 设计概论[M]. 长沙：中南大学出版社,2004.

[8]   李晓莹,张艳霞. 艺术设计概论[M]. 北京：北京理工大学出版社,2009.

[9]   凌继尧等. 艺术设计概论[M]. 北京：北京大学出版社,2012.

[10]   胡荣桂. 环境生态学[M]. 武汉：华中科技大学出版社,2012.

[11]   邱晓葵室内设计[M]北京：高等教育出版社,2008.

[12]   陆小彪,钱安明. 设计思维[M]. 合肥：合肥工业大学出版社,2006.

[13]   张朝晖. 环境艺术设计基础[M]. 武汉：武汉大学出版社,2008.

[14]   李蔚青. 环境艺术设计基础[M]. 北京：科学出版社,2010.

[15]   郝卫国. 环境艺术设计概论[M]. 北京：中国建筑工业出版社,2006.

[16]   李强室. 内设计基础[M]. 北京：化学工业出版社,2010.

[17]   来增详,陆震纬. 室内设计原理[M]. 北京：中国建筑工业出版社,1996.

[18]   吴昊. 环境艺术设计[M]. 长沙：湖南美术出版社,2005.

[19]   蔺宝钢,吕小辉,何泉. 环境景观设计[M]. 武汉：华中科技大学出版社,2007.

[20]   董万里,段红波,包青林. 环境艺术设计原理(上)[M]. 重庆：重庆大学出版社,2003.

[21]   董万里,许亮. 环境艺术设计原理(下)[M]. 重庆：重庆大学出版社,2003.

[22]   毕留举. 城市公共环境设施设计[M]. 长沙：湖南大学出版社,2010.

[23] 江湘云. 设计材料及加工工艺[M]. 北京：北京理工大学出版社,2010.

[24] 谭纵波. 城市规划[M]. 北京：清华大学出版社,2005.

[25] 吴志强,李德华. 城市规划原理[M]. 北京：中国建筑工业出版社,2010.

[26] 闫学东. 城市规划[M]. 北京：北京交通大学出版社,2011.

[27] 樊森. 现代园区规划[M]. 西安：陕西科学技术出版社,2013.

[28] 王炳坤. 城乡规划设计参考[M]. 天津大学出版社有限责任公司,2013.

[29] 齐康,张浪等. 城市绿地生态技术[M]. 南京：东南大学出版社,2013.

[30] 殷为华. 新区域主义理论 中国区域规划新视角[M]. 南京：东南大学出版社,2013.

[31] 王让会. 生态规划导论[M]. 北京：气象出版社,2012.

[32] 王先杰. 观光农业规划设计[M]. 北京：气象出版社,2012.

[33] 巢新冬,周丽娟. 园林规划设计[M]. 杭州：浙江大学出版社,2012.

[34] 黄明莎. 探讨"生态"在公园规划中的体现[J]. 艺术科技,2017(3)：324.

[35] 李杰铭,张晓瑞,李涛. 城市规划与生态规划的耦合机制与方法[J]. 湖北文理学院学报,2016(11)：71-74.

[36] 邓浩. 现代生态文明下的环境艺术设计[J]. 收藏与投资,2017(3).

[37] 郭蓉佳. 浅析环境艺术设计中的生态理念[J]. 戏剧之家,2017(13)：191.

[38] 姜博. 浅析环境艺术设计中的生态理念[J]. 艺术品鉴. ,2017(6)：2.

[39] 王洋,单一丹. 环境艺术设计中的生态理念的探讨[J]. 明日风尚. 2017,(11)：56.

[40] 张甜景. 论环境艺术设计中的生态观念[J]. 魅力中国. 2017,(30)：6.

[41] 程刚. 环境艺术设计中生态理念的应用[J]. 建材与装饰,2017(21)：108.

[42] 梁聪. 试论环境艺术设计中的生态理念[J]. 房地产导刊,2017(20).

[43] 杨琼. 论环境艺术设计中的生态理念[J]. 明日风尚,2017(9)：44.

[44] 朱立新. 试论环境艺术设计中的生态理念[J]. 新商务周刊,2017(4).

[45] 黄永豪. 基于生态理念下的环境艺术设计[J]. 民营科技,2017(7)：207.

[46] 彭敏. 浅谈建筑设计与环境艺术设计的关系[J]. 大陆桥视野,2017(8)：115.

[47] 美感. 建筑设计与环境艺术设计的关系探讨[J]. 明日风尚,2017(11)：13.

[48] 左旭. 浅析环境艺术设计现状及策略[J]. 长江丛刊,2017(8)：202.

[49] 熊清华. 人类学视域中的环境艺术设计[J]. 武汉理工大学学报(社会科学版),2017(1): 33-37.

[50] 周悦. 环境艺术设计与精神生态[J]. 科学与财富,2017(22): 80.

[51] 房芳. 论生态理念在环境艺术设计中的运用[J]. 艺术教育,2017(3): 219-220.

[52] 丁晗. 生态理念在环境艺术设计中的体现研究[J]. 文艺生活(文艺理论),2017(1): 24.

[53] 李真. 探究环境艺术设计生态理念与其艺术特征[J]. 中国科技博览,2017(4).

[54] 周培文. 生态理念在环境艺术设计中的作用研究[J]. 丝路视野,2017(20): 192.

[55] 赵科军. 论生态理念在环境艺术设计中的融入[J]. 科技展望,2017(1): 269, 271.

[56] 李荣,张美洁,孟程虹. 探讨生态与环保理念在环境艺术设计中的融入[J]. 明日风尚,2017(6): 42.

[57] 刘倩. 环境艺术设计系统论[J]. 知音励志,2017(6): 260.

[58] 闫丽. 浅谈现代环境艺术设计[J]. 未来英才,2017(10): 297.

[59] 徐卿涵. 探讨建筑与环境艺术设计[J]. 建材与装饰,2017(8): 81-82.

[60] 田晓岩. 试论环境艺术设计中的生态理念[J]. 江西建材,2017(3): 14,18.

[61] 胡杨梓. 试论"生态设计"与城市环境艺术设计[J]. 艺术科技,2017(3): 312-313.

[62] 田晓岩. 试论环境艺术设计中的生态理念[J]. 江西建材,2017(3): 14,18.

[63] 孙娇婕,陈禹杉. 环境艺术设计中的生态理念问题[J]. 中国科技博览,2017(9): 229.

[64] 任郑君. 浅析环境艺术设计中的生态理念[J]. 中国科技博览,2017(18): 228-228.

[65] 杨益. 我国建筑室内环境艺术设计的现状与发展[J]. 黑龙江科技信息,2017(11): 188-188.

[66] 赵忠彦. 特色小镇建设中环境艺术设计途径探析[J]. 中华建设,2017(5): 90-91.

[67]   赵东娜．绿色设计理念在现代环境艺术设计中的应用[J]．资源节约与环
        保,2017(4)：97-98.

[68]   罗淞雅．现代城市建设中的环境艺术设计研究[J]．乡村科技,2017(18)：
        27-28.

[69]   刘丹．环境艺术设计在推动地区经济发展中的作用[J]．中国商论,2017(22)：
        107-108.

[70]   周蕊．环境艺术设计中设计美学的应用研究[J]．文艺生活(文艺理论),2017(8)：
        62.

[71]   陈德胜．生态可持续发展理念下的环境艺术设计教学改革[J]．艺术品鉴,2017
        (8)：368.

[72]   杨晶晶．基于生态文明理念下环境艺术设计专业动态教学方法探析[J]．大
        众文艺,2017,(11)：222-223.

[73]   宋迪,冯辛茹．环境艺术设计生态理念与其艺术特征[J]．农村经济与科技,2017
        (8)：14.

[74]   徐小平,朴青顺．基于生态文明背景下现代环境艺术设计研究[J]．四川水
        泥,2017(1)：74-74.

[75]   黄禹涵．论生态理念在环境艺术设计中的融入[J]．环球市场,2017(2)：95-
        95.

[76]   肖宏宇．刍议生态文明观下的现代环境艺术设计[J]．大众文艺,2017(16)：141.

[77]   周显政．生态文明观下的现代环境艺术设计[J]．明日风尚,2017(4)：81.

[78]   刘倩．生态文明观下的现代环境艺术设计[J]．艺术品鉴,2017(7)：69.

[79]   林祥辉．环境艺术设计中的生态设计理念研究[J]．大众文艺,2017(11)：
        137.

[80]   刘倩．生态文明观下的现代环境艺术设计[J]．明日风尚,2017(14)：77.

[81]   沈磊．浅谈环境艺术设计中的生态理念问题[J]．科学与财富,2017(25).

[82]   周薇,黄炼．环境艺术设计教学基于可持续发展理念的改革研究[J]．山西农
        经,2017(5)：136.

[83]   廖瑞莉．探析环境艺术设计在现代城市景观建设中的作用[J]．四川水泥．
        2017,(1)：79.

[84] 杨玲,唐煜楠. 教学理论与实践应用并重——评《环境艺术设计教学与研究》[J]. 大学教育科学,2017,(4)：130.

[85] 白洁. 生态理念在环境艺术设计中的应用[J]. 现代园艺,2017,(18)：69-70.

[86] 邬浩阳. 室内环境艺术设计中的生态理念及其应用[J]. 现代职业教育,2017(19)：60.

[87] 周楠. 浅谈城市环境艺术设计与城市环境关系[J]. 艺术品鉴,2017(3)：95,123.

[88] 汪坤. 传统民居对现代环境艺术设计的影响[J]. 艺术教育,2017(4)：198-199.

[89] 黄啸天. 绿色清新植物在环境艺术设计中的作用[J]. 明日风尚,2017(5)：65.

[90] 周可亮. 室内环境艺术设计的人性化处理研究[J]. 艺术品鉴,2017(2)：53.

[91] 陈媛媛. 传统民居与现代环境艺术设计的互利共生[J]. 艺术研究,2017(2)：168-169.

[92] 张更峰. 绿色理念在现代环境艺术设计中的渗透[J]. 科技经济导刊,2017(8)：133.

[93] 张乃心. 环境艺术设计中的可持续性发展[J]. 明日风尚,2017(19)：67.

[94] 梁静思. 环境艺术设计的生态性分析[J]. 艺术品鉴,2016(5)：69-70.

[95] 李豪承. 探析环境艺术设计中的生态理念[J]. 艺术品鉴,2016(3)：71,131.

[96] 齐元歆,朱华. 环境艺术设计中的生态理念探析[J]. 艺术品鉴,2016(3)：57.

[97] 张如梦,佟建. 环境艺术设计中的生态平衡[J]. 建材与装饰,2016(2)：114-115.

[98] 吴兴初. 环境艺术设计中的生态理念问题[J]. 新教育时代电子杂志(学生版),2016(18)：122.

[99] 汪慧. 解析环境艺术设计的生态性[J]. 辽宁科技学院学报,2016(6)：54-55,64.

[100] 冯琛. 试论环境艺术设计中的生态理念[J]. 明日风尚,2016(5)：15-16.

[101] 王馥郁. 环境艺术设计的生态性分析[J]. 安徽建筑,2016(5)：105-106.

[102] 许冬. 环境艺术设计中的生态理念研究[J]. 大众文艺,2016(18)：107.

[103] 王琛,黄为. 环境艺术设计中的生态理念问题[J]. 收藏与投资,2016(12).

[104] 殷童．环境艺术设计中的生态理念问题[J]．经营管理者,2016(32)：405．

[105] 秦燕,裴雯．论环境艺术设计在现代城市景观建设中的作用[J]．大众文艺,2017(8)：94–94．

[106] 信静．浅析环境艺术设计对社会生态的促进作用[J].中国绿色画报,2016(3)：123．

[107] 向业容．生态文明视角下的现代环境艺术设计探究[J]．鸭绿江(下半月版),2016(5)：204．

[108] 姚定军．生态文明观对现代环境艺术设计的影响[J].赤峰学院学报(自然科学版),2016(6)：141–142．

[109] 李湘华．生态学理念在环境艺术设计中的应用研究[J]．中国科技博览,2016(14)．

[110] 隋瑞正．生态文明观下的现代环境艺术设计[J]．四川戏剧,2016(8)：67–69．